기술직 공무원

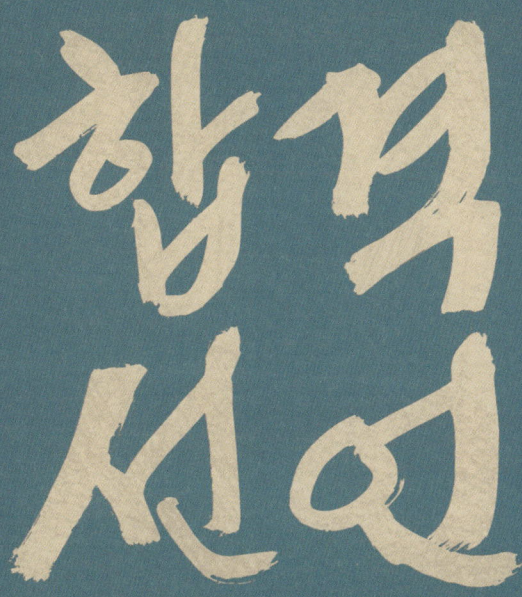

합격
선언

www.goseowon.co.kr

Preface

'정보사회', '제3의 물결'이라는 단어가 낯설지 않은 오늘날, 과학기술의 중요성이 날로 증대되고 있음은 더 이상 말할 것도 없습니다. 이러한 사회적 분위기는 기업뿐만 아니라 정부에서도 나타났습니다.

기술직공무원의 수요가 점점 늘어나고 그들의 활동영역이 확대되면서 기술직에 대한 관심이 높아져 기술직공무원 임용시험은 일반직 못지않게 높은 경쟁률을 보이고 있습니다.

기술직공무원 합격선언 시리즈는 기술직공무원 임용시험에 도전하려는 수험생들에게 도움이 되고자 발행되었습니다.

본서는 방대한 양의 이론 중 필수적으로 알아야 할 핵심이론을 정리하고, 출제가 예상되는 문제만을 엄선하여 수록하였습니다. 또한 최신출제경향을 파악할 수 있도록 최근기출문제를 상세한 해설과 함께 구성하였습니다.

신념을 가지고 도전하는 사람은 반드시 그 꿈을 이룰 수 있습니다. 서원각이 수험생 여러분의 꿈을 응원합니다.

Structure

CHAPTER
01

제1편 식품 속의 영양소
식품 속의 수분

▶ **1** 식품에서 수분의 역할 및 형태

① 식품에서의 수분의 역할

(1) 화학적 반응에서 용매의 역할 및 반응물
식품의 저장, 가공 중에 가수분해를 한다.
제가 반응물로 작용하여 가수분해 반응에

식품 속의 수분
출제예상문제

01

1 다음 중 유리수에 대한 설명으로 옳은 것은?

① 식품이 체내에서 연소될 때 생기는 물
② 용질에 대해 용매로 작용하지 못하는 물
③ 염류, 당류, 수용성 단백질을 녹일 수 있는 물
④ 미생물의 번식과 발아에 이용되지 못하는 물

📝NOTE | 유리수의 성질
㉠ 0℃ 이하에서는 쉽게

핵심이론정리
식품화학개론 전반에 대해 체계적으로 편장을 구분한 후 해당 단원에서 필수적으로 알아야 할 내용을 정리하여 수록했습니다. 출제가 예상되는 핵심적인 내용만을 학습함으로써 단기간에 학습 효율을 높일 수 있습니다.

출제예상문제
그동안 치러진 국가직 및 지방직 기출문제를 분석하여 출제가 예상되는 문제만을 엄선하여 수록하였습니다. 다양한 난도와 유형의 문제들로 연습하여 확실하게 대비할 수 있습니다.

CHAPTER

제1회

실력평가 모의고사

1 다음 중 용매로 작용하는 물의 특징이 아닌 것은?

① 끓는점이 매우 높다.　　　　　　② 전해질이
③ 표면장력이 크다.　　　　　　　　④ 냉동식품

2 결합수에 대한 설명으로 옳지 않은 것은?

① 결합수의 함량은 식품의 종류와 무관한다.
〜 또 포자의 발아 · 번식에 이요〜

상세한 해설

매 문제 상세한 해설을 달아 문제풀이만으로도 개념학습이 가능하도록 하였습니다. 문제풀이와 함께 이론정리를 함으로써 완벽하게 학습할 수 있습니다.

CHAPTER

02

2011. 5. 14 제1회 지

1 식품과 식품의 성분에 대한 설명으로 옳지 않은 것은?

① 식품이란 한 종류 이상의 영양소를 가지며, 인체에 해가 없고, 먹을 수
　말한다.
② 단백질, 지질, 탄수화물, 무기질, 비타민을 식품의 5대 영양소라고
③ 식품은 영양 기능, 기호적 기능 및 생체조절 기능이 있다.
④ 식품의 영양소는 열량소, 구성소, 조절소로 구분할 수 있고, 탄
　한다.

NOTE ㉠ 열량소 : 탄수화물(4cal), 단백질(4cal), 지방(9cal)
　　　㉡ 구성소 : 단백질, 무기질
　　　㉢ 조절소 : 비타민, 무기질, 물

최근기출문제분석

최근 시행된 기출문제를 수록하여 시험출제경향을 파악할 수 있도록 하였습니다. 기출문제를 풀어봄으로써 보다 철저하게 대비할 수 있습니다.

Contents

part 01 **식품 속의 영양소**

01. 식품 속의 수분 10
  ▶ 출제예상문제 16
02. 탄수화물 22
  ▶ 출제예상문제 45
03. 지질 67
  ▶ 출제예상문제 84
04. 단백질 105
  ▶ 출제예상문제 122
05. 무기질 140
  ▶ 출제예상문제 146
06. 비타민 156
  ▶ 출제예상문제 166
07. 효소 175
  ▶ 출제예상문제 186

part 02 **식품의 특징**

01. 식품의 맛 196
  ▶ 출제예상문제 207
02. 식품의 냄새(향기) 212
  ▶ 출제예상문제 219
03. 식품의 색 224
  ▶ 출제예상문제 230

part 03 식품의 성질 및 성분

01. 식품의 물성 ·· 250
  ▶ 출제예상문제 ··· 257
02. 식품 중의 유독성분 ·· 264
  ▶ 출제예상문제 ··· 272

part 부록I 실력평가모의고사

제1회 실력평가모의고사 ·· 280
제2회 실력평가모의고사 ·· 284
제3회 실력평가모의고사 ·· 289
제4회 실력평가모의고사 ·· 293
제5회 실력평가모의고사 ·· 297
제6회 실력평가모의고사 ·· 301
제7회 실력평가모의고사 ·· 306
제8회 실력평가모의고사 ·· 311
제9회 실력평가모의고사 ·· 316
제10회 실력평가모의고사 ·· 321
정답 및 해설 ·· 326

part 부록II 최근기출문제분석

2010. 5. 22 제1회 지방직 시행 ·· 350
2011. 5. 14 제1회 지방직 시행 ·· 360

PART

01

식품 속의 영양소

01. 식품 속의 수분

02. 탄수화물

03. 지질

04. 단백질

05. 무기질

06. 비타민

07. 효소

식품 속의 수분

1 식품에서 수분의 역할 및 형태

① 식품에서의 수분의 역할

(1) 화학적 반응에서 용매의 역할 및 반응물

① 식품의 저장, 가공 중에 가수분해를 한다.

② 물 자체가 반응물로 작용하여 가수분해 반응에 관여한다.

③ 소량의 수분이 산화를 촉매하는 미량금속을 수화시킨다.

④ 과산화물과 수소결합하여 항산화기능을 한다.

⑤ 방사선 조사식품에서 주요 자유기를 형성하고, 조사 후 풍미에 영향을 끼친다.

(2) 조직변화

① 식품의 구성성분 중 일부 수분이 식품으로부터 이탈되거나 흡습되는 경우 식품 조직감에 많은 변화를 가져와 원래의 조직과는 상이하게 나타난다.

② 자연적 건조, 건조공정, 탈수공정에서 조직, 밀도, 물리적 구조의 변화를 가져와 품질의 변화를 유발하는 것이다.

(3) 미생물 성장에 필수적

수분활성도에 따라 미생물의 성장 여부가 구별되고, 미생물들의 성장에 직접적인 영향을 준다.

(4) 영양적 역할

수분은 우리 몸의 체온을 유지하는 데 중요한 역할을 한다. 따라서 체내 수분의 양을 일정하게 유지해야 한다(항상성).

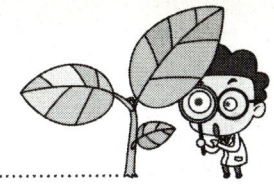

② 자유수와 결합수

(1) 자유수(유리수 ; free water)
① 식품 중에 유리상태로 있는 수분이다.

② 식품을 건조시키면 쉽게 제거되며 0℃ 이하의 저온에서 동결된다.

③ 전해질을 잘 녹인다.

④ 끓는점과 어는점이 매우 높다(수소결합).

⑤ 비중은 4℃에서 최고이다.

⑥ 표면장력과 점성이 크다.

(2) 결합수(bound water)
① 식품 중의 탄수화물, 단백질 등의 성분과 결합하고 있는 수분으로, 보통의 물과는 성질이 다르다.

② 식품성분과 단단히 결합하고 있어 −18℃ 이하에서도 액체상태로 존재하는 물이다.

③ 대기 중에서 100℃ 이상으로 가열해도 제거되지 않는다.

④ 용매로 작용하지 않으며, 식품 중 미생물 포자의 발아, 번식에도 이용되지 않는다.

⑤ 자유수보다 밀도가 크다.

⑥ 동식물 조직 내에서 압착해도 제거되지 않는다.

⑦ 냉동식품에서 변질의 원인이 된다.

> ♠TIP| 식품 중의 유리수나 결합도가 약한 결합수를 제거하면 미생물이 번식하지 못하므로 식품을
> 안전하게 저장할 수 있다.

2 수분활성도와 등온탈흡습곡선

① 수분활성도(water activity)

(1) 수분활성도의 개요

① **식품의 수분함량**

   ⊙ 식품 중에 존재하는 수분은 대기 중의 수분함량(상대습도 ; RH)과 식품자체의 특성에 의해 정해진다.

   ⓒ 식품을 보관하고 있는 공기가 건조하면 식품에서 수분이 증발하여 식품이 건조하게 된다.

   ⓒ 식품을 보관하고 있는 주위의 습도가 높으면 건조식품은 수분을 흡수하여 주위환경의 습도와 평형을 이룰 때까지 흡습한다.

② **수분활성도의 개념** … 일정한 온도에서 그 식품이 나타내는 수증기압 P와 그 온도에서의 물의 포화수증기압 P_O와의 비로 정의하며 Aw로 표시한다.

$$Aw = \frac{P}{P_O} = \frac{Mw}{Mw + Ms}$$

  ◦ Aw : 수분활성도
  ◦ P : 식품의 수증기압
  ◦ P_O : 물의 포화수증기압
  ◦ Mw : 식품 중의 물의 몰수(% 농도/분자량)
  ◦ Ms : 식품 중의 용질의 몰수(% 농도/분자량)

(2) 식품 중의 수분활성도

① 순수한 물의 수분활성도는 1이지만 대부분의 식품은 단백질, 녹말 등 고형성분이 있어 상대적으로 수분과 수증기압이 적으므로 보통 건조식품의 Aw는 0.60 ~ 0.64이며, 수분이 많은 식품은 0.98 ~ 0.99이다.

② **미생물이 번식할 수 있는 수분활성도**

   ⊙ 보통 세균 : 0.90 ~ 0.94 이상

   ⓒ 효모 : 0.88 이상

   ⓒ 보통 곰팡이 : 0.80 이상

   ⓔ 내건성 곰팡이 : 0.65 이상

   ⓜ 내삼투압 효모 : 0.60 이상

② 등온탈흡습곡선

(1) 등온탈흡습곡선의 개념

① 상대습도(RH)와 식품의 수분활성(Aw) 또는 수분함량과의 관계를 나타낸 곡선이다.

② **평형수분함량** … 어떤 온도에서 상대습도에 따라 식품의 수분이 주위와 평형을 이룰 때 식품의 수분을 뜻한다.

> ▲TIP│ hysteresis effect(이력현상) … 식품의 흡습과 탈습과정은 완전한 가역반응이 아니므로, 흡습곡선과 탈습곡선은 일치하지 않는다.

(2) 등온흡습곡선의 모양

① 곡선은 각 식품에 따라 다른 곡선을 나타내는데, 일반적으로 S자 모양을 이룬다.

② 곡선의 모양에 따라 식품 중의 수분상태를 알 수 있다.

③ **A부분**(수분함량 5 ~ 10%)

　㉠ 곡선의 처음 부분으로 수분이 매우 적은 상태이다.

　㉡ 식품 중의 수분이 다른 성분과 단단하게 결합하여 단분자층(monomolecular layer)을 이룬다.

　㉢ 물분자는 식품 중의 carboxyl group 및 amino group과 강한 이온결합이 형성된다.

④ **B부분**(수분함량이 완만하게 증가)

　㉠ 식품의 수분이 다분자층(multimolecular layer)을 형성한다.

　㉡ 물분자는 이온화되지 않고 수소결합을 형성한다.

　㉢ 건조식품 중에서 최적수분함량을 갖는 범위이다.

⑤ **C부분**(수분함량 70% 이상)

　㉠ 모관응축으로 인해 수분이 비교적 약하게 결합한다.

　㉡ 물분자는 특별한 결합을 이루지 않는다.

　㉢ 수분이 용매로 작용한다.

　㉣ 효소·화학반응이 촉진되고 미생물 증식이 가능하다.

❦ 등온탈흡습곡선 ❦

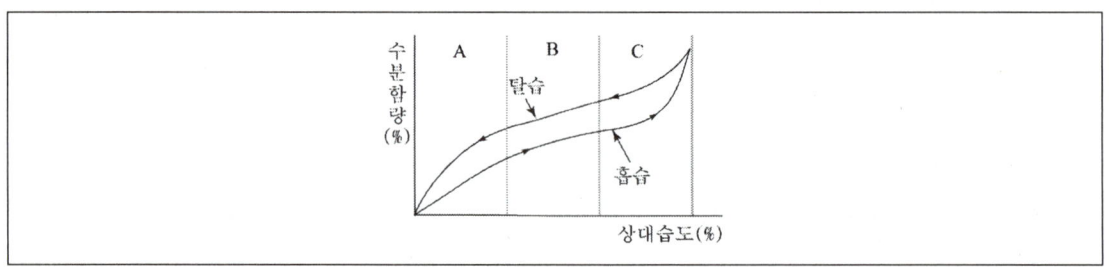

3 건조 · 냉동식품과 수분

① 건조식품과 수분

(1) 일분자층 수분

① 건조식품의 저장성을 유지하는 최대수분함량
- ㉠ 육류 · 어류 및 유제품 : 약 3%
- ㉡ 채소류 : 약 5%
- ㉢ 곡류 : 약 12%

② 저장성과 수분함량
- ㉠ 식품의 물분자가 일분자층을 이루는 수분함량에서 좋은 저장성을 나타낸다.
- ㉡ 일분자층 수분은 식품의 산화를 방지한다.
- ㉢ 일분자층 수분함량보다 적은 수분이 함유되면 오히려 식품의 변질이 촉진된다.

(2) 흡습성

① 모세관 서림작용 ⋯ 세포 사이의 구멍으로 대기 중의 수증기가 서려서 수분함량이 많아진다.

② 흡습성으로 일어날 수 있는 식품의 변화
- ㉠ 외관상의 변화 : 수축, 조직연화, 액화 등
- ㉡ 화학적 변화 : 유지의 변질[carotene 분해에 의한 퇴색, 갈변현상(maillard 반응)에 의한 갈색, 비타민 파괴 등]
- ㉢ 물리적 변화 : 단백질 변성, 점탄성 저하 등

(3) 복원성

① **건조**(drying) ··· 고추건조, 곶감, 오징어 건조 같은 천연건조 상태를 말한다.

② **탈수**(dehydration) ··· 라면, 커피와 같은 인위적 조건에서의 건조이다.

③ **복원**(rehydration) ··· 건조식품이 물을 흡수하여 원상태로 되돌아가는 것으로 맛, 질감 등이 저하된다.

② 냉동식품과 수분

(1) 부피변화와 품질변화

① 식품이 냉동될 때, 부피의 변화는 식품의 수분함량, 용질의 농도에 의존한다.

② 식품의 냉동에서 물의 부피증가로 세포에 기계적 손상을 주어 식품의 품질저하를 일으킨다.
　단백질 응집, 육류의 육즙(드립)손실, 조직감변화

(2) 동결건조

① 얼음을 감압하에 0℃ 이하의 저온에서 액체상태를 거치지 않고 직접 수증기로 승화시키는 조작이다.

② 식품의 향미 · 색이 보존된다.

출제예상문제

1 다음 중 유리수에 대한 설명으로 옳은 것은?

① 식품이 체내에서 연소될 때 생기는 물

② 용질에 대해 용매로 작용하지 못하는 물

③ 염류, 당류, 수용성 단백질을 녹일 수 있는 물

④ 미생물의 번식과 발아에 이용되지 못하는 물

> **NOTE |** 유리수의 성질
> ㉠ 0℃ 이하에서는 쉽게 동결된다.
> ㉡ 미생물의 생육·번식 등을 가능하게 한다.
> ㉢ 건조하면 쉽게 분리되어 제거된다.
> ㉣ 물분자는 수소결합을 하고 있어서 비점과 융점이 높다.
> ㉤ 비중과 비열이 크며, 특히 4℃일 때에 비중이 가장 크다(1,000g/cm³).
> ㉥ 용매로 작용하여 가용성 물질은 잘 녹이고, 불용성 물질은 분산시킨다.

2 다음 중 결합수의 특성으로 옳지 않은 것은?

① 자유수보다 밀도가 작다.

② 미생물 번식과 발아에 이용되지 않는다.

③ 0℃에서는 물론 그보다 낮은 온도에서도 잘 얼지 않는다.

④ 용질에 대해 용매로서 작용하지 않는다.

> **NOTE |** 결합수의 성질
> ㉠ 미생물의 번식과 발아에 이용될 수 없다.
> ㉡ 자유수보다 밀도가 크다.
> ㉢ 용질에 대해서 용매로 작용하지 않는다.
> ㉣ 강한 수소결합으로 인해 압착해도 제거되지 않는다.
> ㉤ 0℃ 이하의 낮은 온도에서도 얼지 않는다.
> ㉥ 대기 중에서 100℃ 이상으로 가열해도 제거되지 않는다.

ANSWER | 1.③ 2.①

3 15% 수분과 10%의 소금을 함유한 식품의 Aw는?(단, 분자량은 $H_2O = 18$, $NaCl = 58.5$이다)

① 0.83

② 0.85

③ 0.90

④ 0.98

>📝**NOTE**
>$$Aw = \frac{Mw}{Mw + Ms} = \left(\frac{\frac{15}{18}}{\frac{15}{18} + \frac{10}{58.5}} \right) = 0.83$$

4 다음 중 결합수에 대한 설명으로 옳은 것은?

① 미생물의 생육과 번식에 이용된다.

② 보통의 물보다 밀도가 높다.

③ 표면장력이 유리수보다 크다.

④ 수증기압이 유리수보다 높다.

>📝**NOTE** ① 용매 역할을 못하므로 식품 중 미생물 포자의 발아·번식에 이용되지 않는다.
>③ 결합수보다 유리수의 표면장력과 점성이 더 크다.
>④ 결합수의 수증기압은 정사적인 물보다 낮으므로 대기 중에서 100℃ 이상으로 가열해도 제거되지 않는다.

5 다음 중 수분활성도(Aw)에 대한 설명으로 옳은 것은?

① 용매로써 이용할 수 있는 수분량을 표시한 것이다.

② 미생물이 활발히 번식할 수 있는 수분량을 표시한 것이다.

③ 식품 속의 수분함량을 % 함량으로 표시한 것이다.

④ 식품이 나타내는 수증기압을 그 온도에서 순수한 물의 최대 수증기압으로 나눈 것이다.

>📝**NOTE** 수분활성도
>㉠ 식품이 나타내는 수증기압 P와 그 온도에서의 물리 최대 수증기압 P_0와의 비를 말한다.
>㉡ $Aw = P/P_0$

ANSWER | 3.① 4.② 5.④

6 식품의 수분활성도를 낮추는 방법이 아닌 것은?

① 식품 중 설탕의 함량을 증가시킨다.

② 식품 중 소금의 함량을 증가시킨다.

③ 식품 중 자유수의 함량을 증가시킨다.

④ 식품을 건조시킨다.

　　✎NOTE| Aw를 뜻하는 수분활성도는 자유수의 함량과 비례하며, Aw가 낮다는 것은 자유수가 적다는 것을 의미한다.

7 일반식품에서의 수분활성도(Aw) 값으로 옳은 것은?

① $Aw = 0$　　　　　　　　　② $Aw = 1$

③ $Aw > 1$　　　　　　　　　④ $Aw < 1$

　　✎NOTE| 물의 수분활성도는 1이며, 대부분의 식품은 물뿐만 아니라 단백질, 녹말 등의 고형성분을 가지므로, 일반식품에 있어서 $Aw < 1$이다.

8 다음 중 수분활성도(Aw)에 대한 설명으로 옳지 않은 것은?

① 곰팡이의 생육은 세균이나 효모보다 수분활성이 낮은 곳에서 잘 된다.

② 미생물이 생육할 수 있는 최적의 조건은 수분활성이 1일 때이다.

③ 식품이 나타내는 수증기압을 순수한 물의 최소 수증기압으로 나눈 값이다.

④ 수분활성도가 낮은 식품에서 생존하는 미생물은 내삼투압효모이다.

　　✎NOTE| ② 수분활성이 1이면 영양분이 없어 미생물이 생육할 수 없다.

9 다음 중 유리수에 대한 설명으로 옳지 않은 것은?

① 점성이 작다.　　　　　　　② 용매로서 사용된다.

③ 전해질을 잘 녹인다.　　　　④ 비열이 크다.

　　✎NOTE| ① 유리수는 점성이 커서 표면장력 현상을 나타낸다.

ANSWER | 6.③ 7.④ 8.② 9.①

10 소금물의 농도가 56%일 때의 수분활성도는?(단, NaCl의 분자량 = 58)

① 약 0.54

② 약 0.61

③ 약 0.72

④ 약 0.83

✎NOTE│ 56%의 소금물이므로 물 44%, 소금 56%, 물분자량 18, 소금분자량 58을 대입하여 계산하면

$$Aw = \frac{\frac{44}{18}}{\frac{44}{18} + \frac{56}{58}} \risingdotseq \frac{2.44}{2.44 + 0.97} \risingdotseq 0.72$$

11 어떤 식품 속의 물의 몰수가 3이고 용질의 몰수가 1이라면 수분활성도는?

① 약 0.71

② 약 0.73

③ 약 0.75

④ 약 0.77

✎NOTE│ $Aw = \frac{P}{P_O} = \frac{물의\ 몰수(Mw)}{물의\ 몰수(Mw) + 용질의\ 몰수(Ms)} = \frac{3}{3+1} = 0.75$

12 식품이 나타내는 수증기압은 0.6이고 그 온도에서 순수한 물의 수증기압이 0.8이라 할 때 수분활성도는?

① 0.73

② 0.75

③ 0.77

④ 0.79

✎NOTE│ 식품이 나타내는 수증기압을 P, 순수한 물의 수증기압은 P_O라 할 때

수분활성도 $Aw = \frac{P}{P_O} = \frac{0.6}{0.8} = 0.75$

13 다음 중 보통 식품의 수분정량 시 상압 하에서의 건조온도로 가장 알맞은 것은?

① 60 ~ 70℃

② 80 ~ 90℃

③ 100 ~ 110℃

④ 120 ~ 130℃

✎NOTE│ 상압건조는 수분의 일반 비등점인 100℃보다 약간 높은 온도로 한다.

ANSWER │ 10.③ 11.③ 12.② 13.③

14 건조되거나 동결건조된 식품을 저장하고자 할 때 적당한 수분함량은?

① 5 ~ 15%

② 30 ~ 45%

③ 45 ~ 55%

④ 55 ~ 65%

> **NOTE** | 미생물의 발육과 수분함량과는 밀접한 관계가 있으므로 식품의 저장수명은 식품의 수분함량의 영향을 크게 받는다. 건조되었거나 동결건조되어 저장성이 좋은 식품의 수분함량은 5 ~ 15% 범위이다.

15 다음 중 이력현상(hysteresis)에 대한 설명으로 옳은 것은?

① 같은 조건에 있어서 식품의 등온흡습곡선과 등온탈습곡선이 일치하지 않는 현상을 말한다.

② 식품의 저장효과가 가장 큰 부분에 대한 설명이다.

③ 수분활성도가 1에 도달하여 모세관 현상을 일으키는 것이다.

④ 등온흡습곡선과 등온탈습곡선이 같게 되는 현상을 말한다.

> **NOTE** | 이력현상 … 식물조직의 모세관으로 수분이 유입될 때와 나올 때의 속도차(잉크병설) 때문에 같은 조건에서의 식품이 등온흡습곡선과 등온탈습곡선이 일치하지 않는 현상

16 다음 중 수분활성에 대한 설명으로 옳지 않은 것은?

① 수분활성은 수액 중의 용질농도에 따라 달라지고 용질농도가 높아지면 낮아진다.

② 식품을 밀폐용기 안에 두면 식품의 수분은 용기 안의 상대습도와 평형을 유지한다.

③ 기체의 상대습도 개념을 기질이 되는 물질에 적용한 것이 수분활성이다.

④ 대부분 미생물의 최저 Aw는 0에 가깝다.

> **NOTE** | ④ 미생물은 식품을 변패시킬 때 수분을 사용하므로 식품 중에 수분함량이 많아야 한다. 따라서 최저 Aw는 1에 가깝게 된다.
> ※ 미생물의 최저 Aw
> ㉠ 곰팡이 : 0.8
> ㉡ 세균 : 0.91
> ㉢ 효모 : 0.88

ANSWER | 14.① 15.① 16.④

17 식품조리 시 일어나는 변화는 대부분 물을 매개로 하여 일어난다. 이 물에 대한 설명 중 옳은 것은?

① 식품성분 중의 불용성 물질들을 물 속에 분산시켜 교질상태를 이루는 물을 결합수라 한다.

② 식품을 구성하고 있는 수분 중 자유수는 효소의 활성화에 이용되지 못한다.

③ 물은 수소결합에 의해 분자간에 결합되어 있다.

④ 물의 융해열은 기화열보다 높다.

✎NOTE| 물은 수소결합을 이루기 때문에 비슷한 분자량의 물질들보다 끓는점이 높다.

18 수분의 체내 작용 중 옳지 않은 것은?

① 체온조절   ② 영양소 운반

③ 소화액의 성분   ④ 에너지 발생

✎NOTE| ④ 수분은 대사되어도 에너지를 발생하지 않는다.

19 수분활성도(Aw)의 설명으로 옳은 것은?

① 식품에 존재하는 자유수와 결합수의 양을 더한 값이다.

② 식품의 수분활성도는 항상 1보다 크다.

③ 일정온도에서 식품이 나타내는 수증기압과 순수한 물의 수증기압의 비이다.

④ 식품 속의 수분함량을 백분율로 표시한 것이다.

✎NOTE| 수분활성도(Aw)는 어떤 임의의 온도에서 식품이 나타내는 수증기압에 대한 그 온도에 있어서의 순수한 물의 수증기압의 비로 결정된다.

20 물분자의 비등점, 융점 등 물리적 성질이 비슷한 분자량을 갖는 다른 화합물(CH_4, NH_3, H_2S)과 비교하여 특이하게 높게 나타나는 이유와 관련된 것은?

① 원자수   ② 수소결합

③ 공유결합   ④ 밀도

✎NOTE| 물분자는 2개의 원자 사이에 수소 원자가 결합되어 일어나는 화합적 결합이다.

ANSWER | 17.③ 18.④ 19.③ 20.②

CHAPTER

02 탄수화물

1 탄수화물의 개요

① 탄수화물의 개념 및 구성

(1) 탄수화물의 개념

① 지구상에서 가장 풍부한 생체분자이다.

② 매년 1,000여 톤 이상의 CO_2와 H_2O가 식물과 조류의 광합성에 의해 셀룰로오스와 다른식물성 산물로 변환된다.

(2) 탄수화물의 구성

① 당질은 폴리하이드록시 알데하이드나 케톤 또는 가수분해로 화합물질을 만드는 물질이다.

② '수소 : 산소'가 '2 : 1'의 비율로 되어있는 탄소의 수화물(hydrate)임을 나타내는 실험식($C_mH_{2n}O_n$)을 갖고 있다.

　예 포도당(글루코오스) : $C_6H_{12}O_6$

② 탄수화물의 역할 및 분류

(1) 역할(기능)

① 당분과 녹말은 전세계 대부분의 지역에서 주식으로 이용된다.

② **당질의 산화** … 대부분의 비광합성 세포에서 주요한 에너지의 생성경로이다.

③ **불용성 당질의 중합체** … 세균·식물의 세포벽, 동물의 결합조직, 세포 외피의 구조와 방어 요소로 이용된다.

④ 세포들 사이를 접착하고 골격, 관절을 부드럽게 한다.

⑤ **단백질 · 지방질과 공유결합한 복잡한 당질 중합체** … 복합당질의 세포간에 있어서의 위치 · 대사 경로를 결정하는 신호(signal)로서 작용한다.

(2) 당질의 분류(크기에 따라서)

① **단당류**(monosaccharide)

  ㉠ 더 이상 가수분해되지 않는 탄수화물이다.

  ㉡ 탄소의 수에 따라 2탄당, 3탄당, 4탄당, 5탄당으로 분류한다.

  ㉢ 자연계에 가장 많은 것이 5탄당과 6탄당이다.

    예 D-glulose : 6탄당

  ㉣ 이당류, 올리고당류, 다당류의 구성단위이다.

  ㉤ 입체 이성질체가 존재한다.

② **다당류**(polysaccharide)

  ㉠ 몇백, 몇천 단위의 단당류를 가진 긴 사슬로 되어 있다.

  ㉡ **다당류의 종류**

  • 셀룰로오스 : 선형사슬

  • 글리코겐 : 가지사슬

  • 가장 풍부한 다당류 : 녹말 · 셀룰로오스(D-글루코오스 단위, 글리코시드 결합의 양식 다름)

③ **올리고당류**(oligosaccharide)

  ㉠ 단당류의 단위들이 특이한 글리코시드 결합에 의해 서로 이어져서 만들어진 짧은 사슬로 구성된다.

    예 설탕(sucrose) : D-글루코오스와 D-프룩토오스가 공유결합으로 연결된 것이다.

  ㉡ 3개 내지 그 이상의 단당류의 단위로 구성된다.

  ㉢ 대부분 유리상태로 존재하지 않고 복합당질 중에서 비당류(지방질, 단백질)와 결합되어 있다.

    ♠TIP | 단순당류와 이당류는 보통 접미사 "-ose"로 끝나는 이름을 가진다.

  ㉣ 올리고당의 구성단위가 되는 단당류는 6탄당이다.

2 ▶ 단당류와 이당류

① 단당류

(1) 단당류의 개요

① 단당류의 특징

   ㉠ 무색의 결정형 고체로 물에 잘 녹으나 비극성 용매에는 잘 녹지 않는다.

   ㉡ 대부분 단맛을 가진다.

   ㉢ 골격은 가지사슬이 없는 단일결합을 한 탄소사슬이다.

② 단당류의 구성

   ㉠ 탄소원자들 중 하나는 산소원자와 이중결합을 한다(카르보닐기).

   ㉡ 다른 탄소원자들은 각각 하나씩의 히드록시기를 가진다.

   ㉢ 알도오스(aldose) : 카르보닐기가 탄소사슬의 끝에 있을 경우를 말한다.

       📖 R-CHO(알데히드)

   ㉣ 케토오스(ketose) : 카르보닐기가 다른 자리에 있는 경우를 말한다.

       📖 R-CO(케톤)

   ㉤ 같은 다당류의 탄소사슬은 각각 aldose와 ketose를 가지고 있다.

③ 단당류의 종류

   ㉠ 골격의 탄소수에 따른 분류

     • 3탄당(triose) : 탄소수 3개

     • 4탄당(tetrose) : 탄소수 4개

     • 5탄당(pentose)

       − 탄소수 5개

       − arabinose, xylose, ribose, rhamnose

     • 6탄당(hexose)

       − 탄소수 6개

       − glucose, mannose, galactose, fructose

     • 7탄당(heptose) : 탄소수 7개

   ㉡ triose(가장 간단한 단당류)

     • aldose : 글리세르 알데히드(glyceraldehyde)

     • ketose : 디히드록시 아세톤(dihydroxyacetone)

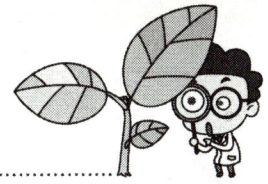

♟ aldose와 ketose의 구조 ♟

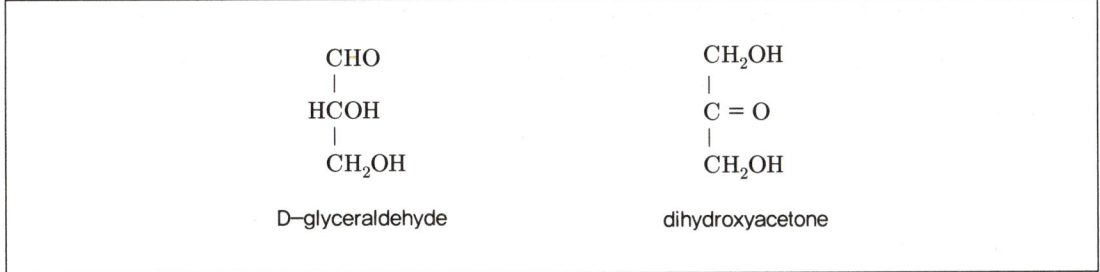

CHO
|
HCOH
|
CH₂OH

D-glyceraldehyde

CH₂OH
|
C = O
|
CH₂OH

dihydroxyacetone

ⓒ 헥소오스류(자연계에 존재하는 가장 흔한 다당류)
  - aldose : D-glucose, D-galactose, D-mannose
  - ketose : D-fructose
ⓓ altose인 D-ribose와 2-deoxy-D-ribose는 핵산의 구성성분이 된다.

(2) 단당류의 이성체

① 광학적 이성질체

ⓐ 광학적 이성질체는 비대칭성 탄소원자를 가지고 있기 때문에 거울상 이성질체가 존재한다.

```
        A                    A
        ‖                    ‖
E ▶ C ◀ B        B ▶ C ◀ E
        ‖                    ‖
        D    mirror          D
```

ⓑ 편광성
  - 빛은 진행방향의 직각인 모든 평면방향으로 전기적 파장을 갖는다. 자연광이 어떠한 프리즘을 지날 때 한 방향의 전기적 파장만을 가진 빛만 통과하는 것을 편광이라고 한다.
  - 1차 프리즘을 통과한 1방향의 빛은 미지물질을 통과하게 된다. 미지물질을 통과한 빛이 미지물질에 의하여 회전된 각도만큼 2차 프리즘을 회전하여 관찰한다. 이때 회전하는 방향의 좌측이면 좌선당(levorotatory, −), 우측이면 우선당(dextrorotory, +)이라고 표현한다.
  - 화학적으로 동일하나 편광면을 회전시키는 능력이 다른 물질을 광학적 이성체라고 한다.
    📄 (+)-glyceraldehyde

② **D형과 L형**

　㉠ 단당류의 알데하이드(CHO)기로부터 가장 멀리있는 비대칭 탄소원자의 −OH기가 우측에 위치한 것이 D형이고, 좌측에 위치한 것이 L형이다.

　　　예 D−glucose

$$
\begin{array}{c}
\mathrm{H\ \ \ O} \\
\diagdown\ \!/\!/ \\
\mathrm{H-C-OH} \\
| \\
\mathrm{H-C-H} \\
| \\
\mathrm{H-C-OH} \\
| \\
\mathrm{H-C-OH} \\
| \\
\mathrm{H-C-OH} \\
| \\
\mathrm{H}
\end{array}
$$

　㉡ 생체 내 대부분의 당은 D형이다.

(3) **단당류의 고리형(Haworth projection)**

① 5 ～ 6개의 탄소기본골격을 가진 단당류는 수용액 중에서 고리형 구조로 존재한다. 여기의 카르보닐기가 탄소사슬의 −OH기(히드록시기)와 산소의 공유결합을 한다.

♟ D−Glucose의 Fischer식과 Haworth식 ♟

D−glucose (Fischer projection)

D−glucopyranose (Haworth projection)

② **anomer**

㉠ 고리형의 구조에서 1번 탄소의 −OH기가 아래에 있으면 α형, 위에 있으면 β형으로 구분한다.

❧ glucose의 anomer ❧

CH_2OH

α 형

CH_2OH

β 형

㉡ α, β형은 선형구조(Fischer projection)가 아닌 고리형(Haworth projection)으로 되어 있다.

③ **피라노오스**(pyranose) … 고리형의 단당류가 육각형 구조로 되어있는 것을 말한다.

🌲TIP │ furanose … 5각형 구조로 되어있는 것을 furanose형이라고 한다.

❧ D-glucose의 phyranose형 ❧

CH_2OH

D-β-glucopyranose

CH_2OH

D-α-glucopyranose

④ 알데히드 또는 케톤은 알코올과 1 : 1의 비로 반응하여 각각 헤미아세탈(hemiacetal)이나 헤미케탈(hemiketal)로 만들어지는 유도체로 비대칭 탄소를 하나 더 늘리는데, 새롭게 키랄중심이 된 탄소의 OH기가 아래쪽에 있으면 α, 위쪽에 있으면 β-이성질체이다.

⑤ **아노머 탄소**(anomeric carbon) … α-D-글루코피라노오스와 β-D-글루코피라노오스처럼 헤미아세탈(또는 헤미케탈)의 탄소원자의 입체배치만이 다른 단당류의 이성질체에서의 헤미아세탈 또는 카르보닐 탄소원자를 아노머 탄소(anomeric carbon)라고 한다.

⑥ **푸라노오스**(furanose)

㉠ 5개의 탄소 고리모양으로 존재하는 당을 말하며 5개의 탄소로 된 고리화합물 푸란을 닮아서 붙여진 이름이다.

㉡ 알도 피라노오스 고리는 알도 푸라노오스 고리보다 훨씬 안정적이며, 알도 헥소오스 용액에는 알도 피라노오스가 훨씬 더 많이 존재한다.

⑦ **헤미케탈**(hemiketal)

　㉠ 케톤이 알코올과 1 : 1로 반응하여 만든다.

　㉡ 헤미아세탈과 같이 비대칭 탄소를 하나 더 늘리며 푸라노스 고리를 만든다.

　㉢ D-프룩토오스는 α-D-프룩토푸라노스와 β-D-프룩토푸라노스의 2가지 아노머가 있으며 β-D-프룩토푸라노스가 더 일반적이다.

⑧ **하스투영법**(haworth projection)

　㉠ 단당류의 고리형을 나타내기 위해서 사용한다.

　㉡ 실제 피라노스 고리는 평면이 아니고 'boat' 또는 'chair'형태이다.

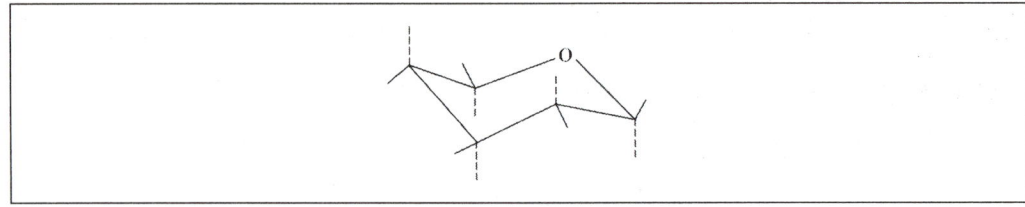

　㉢ 이들 3차원적 구조는 몇 가지 다당류의 생물학적 성질과 기능결정에 중요하다.

　㉣ α-D-글루코피라노스와 α-D-글루코푸라노스를 예로 하였다.

(4) 자연계의 단당류

① **5탄당**

　㉠ arabinose : 식물검질(gum) 중 araban의 구성단위이다.

　㉡ xylose : 식물의 줄기, 잎 중의 xylan의 구성단위이다.

　㉢ ribose : 핵산, 비타민 B_{12}의 구성단위이다.

　㉣ rhamnose : 다른 화합물과 결합하여 배당체(glucoside)로 존재한다.

② **6탄당**

　㉠ **포도당**(glucose) : 혈당(혈액 중 1% 함유), cellulose, glycogen의 구성단위이다.

　㉡ mannose : 곤약의 구성단위이다.

　㉢ galactose : lactose의 구성단위이다.

　㉣ **과당**(fructose) : inulin과 sucrose의 구성단위이다.

　　　　🌲TIP | 과당의 특징
　　　　　① 감미도가 높다.
　　　　　② 용해도가 크다.
　　　　　③ 점도가 낮다(가공식품에 다량 첨가).
　　　　　④ 흡습조해성이 크다.

③ **단당류 관련물질**

　㉠ deoxy sugar : 산소수가 탄소수보다 하나 적은 당이다.

HOH₂C ─ O ─ OH ... ribose

α−D−2−deoxy ribose

　㉡ **당알코올(sugar alcohol)**

　　• 단당류의 aldehyde기가 알코올(CH_2OH, $CHOH$)로 환원된 형으로 단맛이 있다.

　　• 종류 : erythritol, ribitol, sorbitol, mannitol, xyrose, inositol

　㉢ thiosugar : 단당류의 carbonyl기의 산소가 황으로 치환된 것이다.

⚷ thiogluose ⚷

CH₂OH ... OH ... SH ... OH

　㉣ **아미노당(amino sugar)**

　　• 단당류의 2번 탄소의 수산기가 아미노기로 치환된 것이다.

　　• 종류 : glucosamin, galactosamin

　㉤ uronic acid

　　• 단당류 말단의 1급 알코올기가 산화되어 carboxyl기로 된 것이다.

　　• 종류 : glucuronic acid, galacturonic acid

　㉥ **배당체(glucoside)**

　　• 단당류의 carbonyl기 중 수산기가 비당류 aglylone의 수산기와 에테르결합을 한 것이다.

　　• 약리작용을 갖는 것이 많다.

(5) 환원제

① **단당류의 산화** ··· 3가의 철이온(Fe^{3+})이나 2가의 구리이온(Cu^{2+}) 등 비교적 온화한 산화제에 의해서 산화된다.

② **환원당** ··· 철이나 구리이온을 환원시킬 수 있는 당(글루코오스 등)이다.

③ **특징**

　㉠ 당이 산화되는 성질은 당분석에 유용하다(당뇨병 진단에 사용).

　㉡ 당의 수용액에 의해서 환원되는 산화제의 양을 측정함으로써 당의 농도를 측정한다.

② 이당류

(1) 이당류 결합의 특징

① 이당류(말토오스, 락토오스, 수크로오스)는 O-글리코시드 결합으로 두 개의 단당류가 결합된 것이다.

② 한 가지 당의 히드록시기 중 하나가 다른 당의 아노머 탄소와 반응해서 생긴다.

③ **글리코시드 결합의 특징**

　㉠ 산에 의해 쉽게 가수분해된다.

　㉡ 묽은 산과 함께 가열하면 이당류는 유리의 단당류 단위로 가수분해된다.

　㉢ 아노머 탄소가 글리코시드 결합에 관여하면 더 이상 환원당으로 작용하지 않는다.

> 🔔TIP| **환원말단** … 이당류나 다당류에서 유리의 아노머 탄소(글리코시드 결합에 관여하지 않는 아노머 탄소)가 있는 사슬의 끝쪽을 말한다.

(2) 이당류의 종류

① **엿당, 맥아당**(maltose)

　㉠ 전분의 구성단위로 엿기름이나 발아 중의 곡류, 엿에 함량이 많다.

　㉡ α-D-glucose의 1번 탄소와 α-D-glucose 또는 β-D-glucose의 4번 탄소가 결합한 것이다.

　㉢ 환원당으로 작용한다(β-D-글루코오스에 있는 C-1이 산화될 수 있기 때문에).

　㉣ 약명 : Gal($\alpha 1 \rightarrow 4$)Glc

② **젖당, 유당**(lactose)

　㉠ 가수분해 시 D-갈락토오스와 D-글루코오스를 만들며 모든 동물의 젖에만 존재하고 식물에는 존재하지 않는다.

　㉡ **환원성 이당류** : 글루코오스 잔기의 아노머 탄소가 산화에 쓰일 수 있다.

　㉢ 젖산균의 발육을 도와 유해균의 성장을 억제하므로 정장작용을 한다.

　㉣ 장 내 pH를 산성으로 유지하여 Ca^{2+}의 흡수를 도우며, 어린아이의 경우 골격형성을 좋게 한다.

③ **설탕, 자당**(sucrose)

ㄱ 글루코오스와 프룩토오스로 된 이당류로 식물에서 만들어진다.

ㄴ 비환원당 : 유리의 아노미 탄소가 없으므로(환원성 말단이 없음) 환원당으로 작용할 수 없다.

ㄷ 약명 : Glc(α1→2)Fru, Fru(β2→1)Glc

ㄹ 광합성의 주요한 생성물(잎에서 다른 부분으로 당질 운반시 중요)이다.

ㅁ **설탕의 가수분해 : 전화**(inversion)

• 설탕 가수분해 효소(invertase)에 의해 가수분해가 일어난다.

• 우선성인 설탕이 가수분해되면 좌선성인 포도당과 과당의 등량혼합물이 생긴다. 이렇게 설탕의 가수분해 시 우선성에서 좌선성으로 광회전도가 변화되므로 가수분해시 생성된 포도당과 과당의 등량혼합물을 전화당(invert sugar)이라고 한다.

$$C_{12}H_{22}H_{11} + H_2O \xrightarrow[\text{invertase}]{\text{산}} C_6H_{12}O_6 + C_6H_{12}O_6$$

(설탕)　　　　　　　(포도당)　　(과당)

$$[\alpha]_D^{20} = +66.4°, \quad [\alpha]_{20}^D = 52.5° + (-92°) = \frac{(+52.5° - 92°)}{2} = -20°$$

ㅂ **당류의 감미도**

• 당류의 감미도와 용해도의 크기는 대체로 일치한다.

• 감미도의 크기 : 과당 > invert sugar > 설탕 > 포도당 > 엿당 > 젖당

🔒 **설탕과 감미물질의 감미도 비교곡선** 🔒

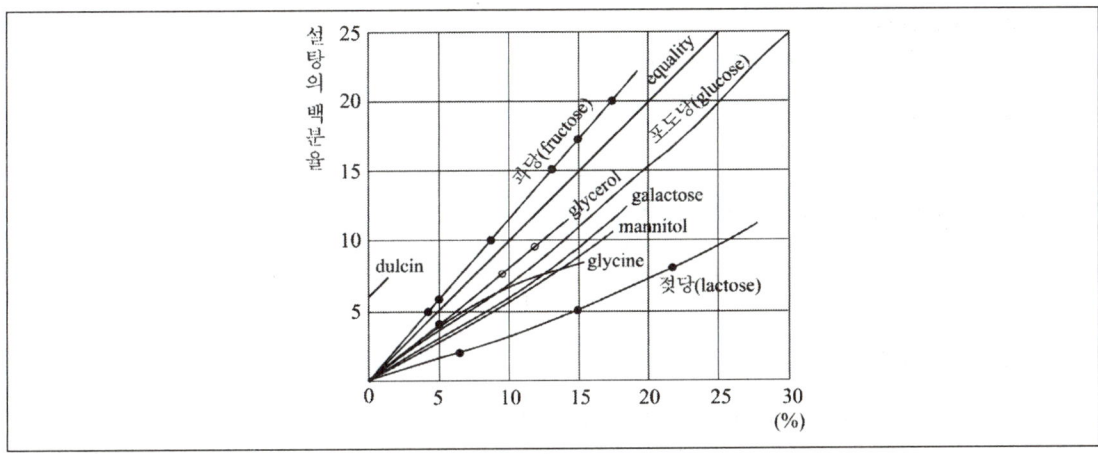

④ **프레말토오스**

ㄱ D-글루코오스의 이당류이다.

ㄴ α-D-글루코오스끼리 글리코시드 결합을 한다.

ㄷ 2개의 아노머 탄소가 모두 관여하며 비환원성 당이다.

ㄹ 곤충의 순환액(헤모림프)의 주요성분으로, 에너지의 저장물질로 작용한다.

(3) 이당류나 올리고당의 명명규칙

① 화합물은 비환원성 말단을 오른쪽에 오도록 쓴다.

② 당과 당의 결합은 산소원자를 매개하는 것을 표시하기 위해 O를 단당류 단위의 이름 앞에 쓴다.

　　예 수크로오스 : $O - \alpha -D - glucopyranosyl - (1 \rightarrow 2) - \beta - D - fructofuranoside.$

③ 첫 단당류 단위를 두 번째 단당류에 결합시키는 아노머 탄소의 입체배치를 쓴다(α, β).

④ 5탄소와 6탄소의 고리구조를 구별하기 위해 푸라노실, 피라노실이라는 말을 각각 단당류 단위의 이름에 추가한다.

⑤ 글리코시드 결합에 의해 연결된 2개의 탄소원자 번호를 화살표에 의해 접속시켜 괄호 안에 표시한다.

　　예 $(1 \rightarrow 4)$: 첫 당단위의 C-1이 두 번째 당의 C-4와 연결

⑥ 세 번째 잔기가 있으면 두 번째 글리코시드 결합이 똑같은 형태로 그 다음에 쓰여진다.

⑦ 복잡하므로 3개의 글자로 된 약어가 종종 쓰여진다.

3　다당류와 프로테오글리칸

①　다당류의 개요

(1) 다당류의 개념

① 두 가지 이상의 단당류가 결합한 것으로 단일종류의 단당류로 구성된 단순다당류와 두 종류 이상의 단당류가 결합된 복합다당류가 있다.

② 자연계에서 찾아볼 수 있는 당질들은 대부분 분자량이 큰 중합체인 다당류로 존재한다.

(2) 다당류(글리칸)의 분류

반복되는 단당류 단위의 성질, 사슬의 길이, 당의 결합하지 않은 가지(잔기)간의 결합양식, 가지의 정도에 따라 다르다.

① **단순다당류**
　㉠ 한 종류의 단당류 단위로 결합된 다당류이다.
　㉡ 생체연료로 쓰이는 다당류의 저장형(전분, 글리코겐)이다.
　㉢ 식물의 세포벽과 동물의 회골격의 구조성분으로서의 역할(셀룰로오스, 키틴)을 한다.

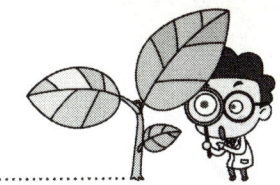

② **복합다당류**

　㉠ 서로 다른 두 가지 종류 이상의 단당류 단위로 결합된다.

　㉡ 모든 생물계에서 세포의 외적 지지체이다.

　㉢ 박테리아 세포 외막의 단단한 층(펩티도글리칸) : 2종류의 당단위가 번갈아 연결된다.

　㉣ 동물 조직에서 세포, 조직, 기관보호, 형태 지탱, 각 세포를 붙들어주는 매트릭스를 형성한다.

　㉤ 히알구론산 : 연골과 힘줄의 강도, 유연성에 관계한다.

　㉥ 프로테오글리칸

　　• 다당류가 단백질과 결합하여 매우 큰 집합체의 일부를 만든다.

　　• 세포 분비물의 높은 점성과 유활성을 제공한다.

(3) 다당류의 특징

① **효소에 의해 중합** ⋯ 각 종류의 단당류가 합성되고 있는 중합체에 더해지려면 서로 다른 각각의 효소가 필요하며, 각 효소는 앞의 단당류의 단위를 끼워넣는 효소가 해낼 때만 작용한다.

② 몇 가지의 효소는 번갈아 작용하며 정확히 반복되는 배열을 가진 다당류의 중합체를 만든다.

② 　다당류의 종류

(1) 녹말, 전분(starch)과 글리코겐(glycogen)

① **개요**

　㉠ 생체 연료로서 존재한다.

　㉡ 식물의 전분과 동물 세포의 글리코겐은 자연계에서 가장 중요한 저장형 다당류이다.

　㉢ 특징

　　• 세포 안에서 큰 덩어리나 과립으로 존재한다.

　　• 다수의 히드록시기를 가지므로 물과 수소결합이 쉬워 고도로 수화되어 있다.

② **전분** ⋯ 아밀로오스와 아밀로펙틴으로 된 2가지 형태의 글루코오스 중합체를 함유한다.

　㉠ 아밀로오스

　　• D-글루코오스 단위가 $(\alpha 1 \rightarrow 4)$ 결합으로 연결, 가지가 없는 형의 긴사슬 분자량이 몇 천~50만까지 다양하며, glucose 6분자씩 helix를 형성한다.

　　• 청색반응(blue value) : helix 공간 내에 I가 결합하여 청색이 된다. 청색의 정도에 따라 amylose 양의 측정이 가능하다.

© 아밀로펙틴

- 분자량이 아밀로오스보다 매우 크며(10만~100만), 가지가 매우 많다.
- 아밀로펙틴 사슬에서 계속되는 글루코오스 잔기간의 글리코시드 결합은 $(\alpha1 \rightarrow 4)$형이지만 24~30개의 잔기마다 있는 가지의 분지점에서는 $(\alpha1 \rightarrow 6)$형의 결합이 된다.

© 전분분해효소

- α-amylase(액화효소) : α-1, 4 결합을 끊어준다. 이자액과 침에 들어있다.
- β-amylase(당화효소) : 전분을 maltose단위로 끊어준다.
- phosphamylase : glulose로 분해한다.
- α-amyloglucosidase : 한계 dextrin에 작용하여 glulose를 생성한다.

♟ amylose의 구조 ♟

♟ amylopectin의 구조 ♟

③ **글리코겐**

    ㉠ 동물 세포의 주요한 저장 다당류이다.

    ㉡ 구조

       • 아밀로펙틴처럼 글루코오스가 $(\alpha 1 \rightarrow 4)$결합으로 되어 있고 가지의 분지점은 $(\alpha 1 \rightarrow 6)$ 결합으로 되어있는데 가지가 8 ~ 12개의 잔기마다 있으므로 녹말보다 가지가 매우 많으며 훨씬 조밀하다.

       • amylopectin의 중합체이다.

    ㉢ 간장에 풍부(습중량의 7%)하며, 골격근에도 존재한다.

    ㉣ 간세포에서는 매우 가지가 많은 단일의 글리코겐 분자들로 된 작은 과립이 뭉친 큰 과립으로 존재(평균 분자량이 몇백만)한다.

    ㉤ 글리코겐 과립들은 글리코겐의 합성, 분해에 관여하는 효소와 단단히 결합하고 있다.

④ **전분과 글리코겐의 분해**

    ㉠ 전분과 글리코겐이 에너지원으로 쓰일 때 글루코오스 단위는 비환원성 말단에서부터 한번에 하나씩 떨어져 나간다(비환원성 말단은 가지수만큼 있고 환원성 말단은 1개임).

    ㉡ 비환원성 말단에서 작용하는 분해효소는 동시에 많은 말단에서 작용하여 다당류의 단당류로의 분해를 촉진한다.

⑤ **글루코오스를 단당류의 형으로 저장할 수 없는 이유** … 글리코겐은 물에 불용성으로 시토졸의 삼투압에 영향을 매우 적게 미치는데 글루코오스는 삼투압에 크게 영향을 미치므로 만약 시토졸이 2%의 글루코오스 용액을 갖고 있다면 삼투압은 위험스러울 정도로 상승할 것이다.

(2) 덱스트린(dextrin)

① **개념** … 전분은 산, 알칼리, 효소 등에 의하여 가수분해가 일어나는데 최종 가수분해 산물인 포도당과 엿당을 제외한 모든 중간 가수분해 산물을 dextrin이라고 총칭한다.

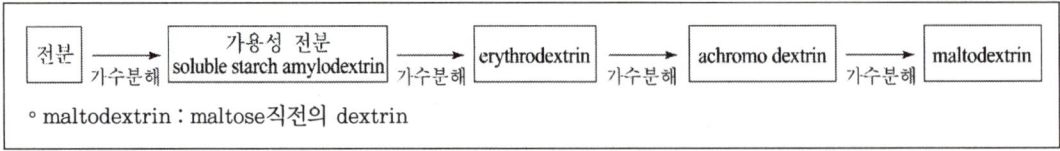

② **전분의 호정화**(dextrinization) … 전분에 물을 가하지 않고 160℃ 이상으로 가열하여 가용성 전분을 거쳐 덱스트린으로 변화하는 현상을 말한다.

　예 강냉이 콩 볶는 것

(3) 셀룰로오스와 키틴(구조적으로 단순다당류)

① **셀룰로오스**(cellulose)
　㉠ 섬유와 같은 모양의 질긴 불용성 물질이다.
　㉡ 식물의 세포벽, 줄기, 대 몸통, 목질부, 나무와 솜 등에 존재한다.
　㉢ 구조
　　• 10,000 ~ 15,000개의 β-D-glucos 단위로 된 곧은 사슬로 가지가 없으며 아밀로오스나 글리코겐의 주사슬과 비슷하다.
　　• 아밀로오스·아밀로펙틴·글리코겐과는 반대로 글루코오스 잔기가 β 결합($\beta1 \rightarrow 4$)을 하며 결합의 형태는 셀룰로오스와 아밀로오스 등의 3차원적 구조이고, 물리적 성질에 영향을 준다.
　　　　🔔TIP | 셀룰로오스는 청색반응(blue value)을 나타내지 않는다.
　㉣ 당을 포함하는 거대분자로 3차원적 구조이다. 공유결합에 의해 어느 정도 굳은 구조의 서브유닛이 약한 상호작용으로 안정화(수많은 히드록시기로 인한 수소결합의 강한 영향)한다.
　㉤ β-D-글루코오스의 중합체 : 의자형 입체배치의 견고한 피라노오스 고리의 연속이다.
　　• 자유로운 회전이 가능한 2개의 탄소를 연결하는 산소원자에 의해 연결(글리코시드 결합)된다.
　　• 가장 안정한 콘포메이션
　　　– 의자형태의 각 당의 잔기가 인접한 잔기에 대해 180° 회전하고 직선상으로 뻗은 사슬이 가장 안정하다.
　　　– 녹말과 글리코겐은 수소결합에 의해 감겨진 구조가 가장 안정하다.
　　• 근접해 있는 몇 개의 당 사슬들은 당 사슬간 또는 당 사슬 내의 수소결합으로 안정한 구조를 형성하고, 직선상으로 안정한 거대분자 섬유가 되어 신장력을 보인다.
　　• 용도 : 종이 마분지, 레이온, 단열타일, 포장 및 건축자재 등 많은 가공제품에 쓰인다.
　㉥ 분해 : 글리코겐과 녹말은 α-아밀라아제에 의해 가수분해되는 반면 셀룰로오스의 ($\beta1 \rightarrow 4$)결합은 α-아밀라아제에 의해서 분해되지 않는다. 체내에 셀룰로오스를 분해하는 효소가 없으므로 거의 소화되지 않고 체외로 배설된다.

▲TIP | **셀룰로오스의 분해** ··· 흰개미의 장 안에서 공생성 미생물인 trichohympha와 소·반추동물의 1위에 있는 박테리아와 원생생물에서 분비하는 셀룰라아제에 의해서만 분해된다.

② **키틴**(chitin)

  ㉠ N-아세틸-D-글루코사민 잔기가 β 결합에 의해 구성된 선형의 단순다당류이다.

  ㉡ **셀룰로오스와의 화학적 차이점** : C-2의 히드록시기가 아세틸화된 아미노기로 치환된다.

  ㉢ 셀롤로오스와 비슷한 곧은 사슬의 섬유를 만들고, 척추동물에서 소화가 되지 않는다.

  ㉣ 절지동물(곤충, 가재, 게)의 단단한 외골격의 주성분으로, 셀룰로오스 다음으로 풍부한 다당류이다.

(4) 펙틴 물질(pectin substrances)

① **펙틴 물질의 특징**

  ㉠ 세포막 사이에 존재하여 결착시켜 주는 물질(시멘트 효과)이다.

  ㉡ 감귤류와 기타 과일류에 함량이 많다.

  ㉢ 기본단위 : galacturonic acid

  ㉣ gel화 : 미산성(pH 3.2 ~ 3.5)에서 적당량의 설탕을 함유하면 gel화된다.

  ㉤ 유화제 : 유지에 대하여 좋은 유탁액을 만들며 마요네즈의 안정제로 사용된다.

② **protopectin**

  ㉠ pectin의 모체로 물에 녹지 않는다.

  ㉡ 성숙되지 않은 과일에 존재한다.

  ㉢ protopectinase에 의하여 가용성인 pectin이 된다.

③ **pectin** ··· α-D-galacturonic acid가 α-1, 4 결합으로 연결되어 있는 폴리뉴클레오티드 사슬 형성(직쇄상) 분자이다.

④ **pectinic acid** ··· pectin에서 메틸기가 제거된 중간단계의 화합물이다.

⑤ **pectic acid** ··· metyl기가 전혀 존재하지 않는 polygalacturonic acid 상태이다.

⑤ **펙틴의 분해**

  ㉠ pectin esterase(pectinase, pection methoxylase, pectin methyl esterase)는 pectin의 methyl기를 분해한다.

  ㉡ polygalacturonase(pectinase, pectolase)는 polygalacturonic acid의 glycoside 결합을 끊고 galacturonic acid를 생성한다.

(5) 천연검질

① **특징** … 식품공업에서 접착제·결합제·열량조절제·결정화 억제제·유화제·청징제·거품안정제·피막형성제 등의 목적으로 사용된다.

② **아라비아검**(gum arabic)

    ㉠ acacia veral의 껍질에서 추출한다.

    ㉡ galacntose의 β-1, 3결합으로 연결되어 있다.

    ㉢ 안정제와 유화제로 사용된다.

③ **한천**(agar)

    ㉠ 홍조류와 녹조류에서 추출되는 다당류이다.

    ㉡ 안정제, gel형성제 등으로 사용된다.

④ **알긴**(algin)

    ㉠ alginic acid의 염이다.

    ㉡ alginic acid는 미역, 다시마 등의 갈조류의 세포막의 주성분으로 존재하는 다당류이다.

    ㉢ 주스, 아이스크림 등에서 농화제·유화제로 사용된다.

(6) 점질다당류(muco polysaccharides)

① 아미노당을 성분으로 하는 생화학적 기능의 물질이다.

② **Hyaluronic acid** … 동물의 결합조직에 분포하여 세포간의 시멘트 역할을 하며 조직의 구조를 유지한다.

③ **Heparin** … 간, 지라(비장) 등에 존재하는 물질로 혈액응고 저지작용을 한다.

(7) 박테리아 세포벽

① **박테리아 세포벽의 개요** … N-아세틸글루코사민과 N-아세틸무람산이 번갈아 결합된 헤테로 중합체이며 박테리아의 종류마다 구조가 다르다.

② **펩티도글리칸 분해효소**(리소자임)

    ㉠ N-아세틸글루코사민과 N-아세틸무람산을 잇는 글리코시드 결합을 가수분해하여 박테리아를 죽인다.

    ㉡ 눈물에 있으며 눈에 대한 박테리아의 공격을 방어한다.

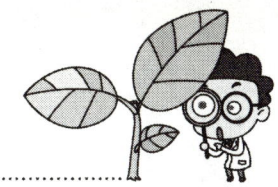

4 ▶ 당단백질과 당지방질

① 당단백질과 당지방질의 개요

(1) 개념

많은 막단백질과 어떤 종류의 막지방질들의 공유결합으로 연결된 올리고당류를 말한다.

> 🌲TIP | **당단백질** … 유핵세포에서 분비되는 대부분의 단백질이 속한다.

(2) 특징

① **올리고당류** … 친수성이 커서 결합된 단백질과 지방질의 수용성을 변화시킨다.

② 당단백질과 당지방질의 올리고당류는 특이적인 생물학적 역할을 한다.

③ **구조**

　㉠ 가능한 다당류의 종류, 결합 양식의 순열과 조합은 수없이 많으므로 결합 양식이 다양하며 구조가 단조롭지 않다.

　㉡ 각각의 올리고당은 상호작용하는 효소와 수용체에 의해서 식별이 가능하다.

② 당단백질과 당지방질의 기능

(1) 생물학적 기능을 가지고 있는 당단백질의 올리고당류

① **당단백질**

　㉠ 세포막상에 있는 단백질의 대부분이 여기에 속한다.

　㉡ 당사슬 부분은 막의 바깥 표면에 위치한다.

　㉢ 척추동물 혈액 속의 몇몇 운반단백질, 면역 글로불린, 리소좀 내 단백질 등의 가용성 당단백질이 있다.

② **가용성 당단백질의 역할**

　㉠ 올리고당류 사슬 말단의 시알산 잔기 : 단백질이 혈류 중에서 계속 순환할 것인지 간에서 제거될 것인지를 결정하는 정보를 가지고 있다.

ⓒ 세룰로플라스민(ceruloplasmin) : 사람이나 다른 척추동물의 혈액 중에서 구리를 운반한다.
- 말단에서 시알산을 가지고 있는 몇 개의 올리고당류 사슬이 결합한 것이다.
- 말단의 시알산 단위 제거 : 세룰로플라스민은 혈액 중에서 **빠르게** 사라진다.

③ 간세포의 세포막
ⓐ 시알산을 잃은 당단백질의 특이한 결합부위를 가진다.
ⓑ 이 수용체에 결합된 당단백질들은 간세포로 들어가 리소좀에서 분해된다.

④ 시알산의 제거
ⓐ 오래된 단백질을 분해·교체하기 위한 표시방법이다.
ⓑ 포유류의 체액 순환계로부터 오래된 적혈구를 제거하는 데 비슷한 메커니즘이 관여한다.
ⓒ 새로 합성된 적혈구는 말단 시알산을 가진 올리고당 사슬이 결합된 막 당단백질을 갖는다.
ⓓ **실험적으로 시알산 제거**
- 혈액채취 → 시알산 가수분해 효소처리 → 혈류에 넣음 → 몇 시간 내에 사라진다.
- 온전한 올리고당을 가진 세포는 며칠동안 계속 순환된다.

⑤ **새로 합성된 단백질에 특별한 올리고당의 부가** … 그 단백질을 세포 내 특이한 부위 또는 세포 바깥이나 표면으로 이동시키는 역할을 한다.

(2) 세포막 구성성분으로서의 당단백질과 지방질 다당류

① **강글리오시드** … 극성 머리부분은 시알산과 다른 단당류 단위를 가진 복잡한 올리고당이다.

② **지방질 다당류**
ⓐ 대장균, 살모넬라균과 같은 Gram 음성 세균의 외막의 주요 구성성분이다.
ⓑ 세균에 감염됐을 때 반응하는 면역계에 의해 생성된 항체의 주요 표적이 된다.

> ♠TIP | 당질의 분석
> ⓐ 분획 원심분리
> ⓑ 이온교환 크로마토그래피
> ⓒ gel 여과
> ⓓ 고분자의 당을 강산으로 가수분해 → 단당류의 혼합물 → 적당한 휘발성 유도체로 만듦 → 가스·액체 크로마토그래피로 분리, 동정 및 정량으로 다당류의 조성을 측정
> ⓔ 곧은 사슬의 탈중합체 : 메틸요오드로 처리 → 단당류간의 글리코시드 결합위치 결정 가능
> ⓕ α 또는 β-글리코시드만 가수분해하는 글리코시드 가수분해 효소의 작용 → 아노머 탄소의 입체화학을 결정
> ⓖ 복잡한 헤테로 다당류의 전체구조 결정 : 특이적인 글리코시드 가수분해 효소를 순차적으로 적용시키고 분리·동정
> ⓗ 질량분광분석, 고해상능 핵자기 공명흡수장치 사용

5 ▶ 전분의 호화와 노화

① 전분의 호화(α화)

(1) 개념

① **생전분**(β 전분)
  ㉠ 분자배열이 규칙적이며 미세한 결정 상태로 존재한다.
  ㉡ 물분자 및 소화효소와의 친화력이 적어 소화하기 어렵다.

② **호화전분**(α 전분)
  ㉠ 분자배열이 불규칙적이며 무정형 상태로 존재한다.
  ㉡ 효소작용을 받기 쉬워 소화가 쉽다.

③ **전분의 호화** … β 전분이 α 전분으로 전환되는 것을 말한다.

(2) 호화의 매커니즘

① **제1단계**(물의 흡수)
  ㉠ 약 25 ~ 30%까지 물을 흡수하는 가역적 과정이다.
  ㉡ 전분입자의 외관상 변화는 없다(micell 구조를 유지한다).
  　　　🌲TIP | **micell 구조** … 전분 분자 내 아밀로오스와 아밀로펙틴의 수소결합 유지

② **제2단계**(팽윤)
  ㉠ 온도상승에 따라 전분입자와 현탁액의 물 흡수량이 증가한다.
  ㉡ 전분입자는 급속히 팽윤된다.
  ㉢ 아밀로오스와 아밀로펙틴의 분자운동이 심해져서 수소결합이 끊어진다.

③ **제3단계**(겔형성)
  ㉠ 팽윤이 최대에 이르는 단계이다.
  ㉡ 전분입자가 붕괴되고 투명한 콜로이드 용액이 된다.
  ㉢ 물에 잘 녹는 아밀로오스는 전분입자 밖으로 나오고 전분입자는 파괴되어 점성이 증가된다.
  ㉣ 아밀로오스에 의하여 sol, 아밀로펙틴에 의하여 gel이 형성된다.
  ㉤ 전분입자가 서로 엉기면서 호화가 완결된다.

(3) 전분의 X선 간섭도

① 전분 분자마다 고유한 형태의 간섭도를 나타낸다.

♟ 전분종류에 따른 X선 간섭도 ♟

간섭도	전분종류
A형	쌀, 옥수수 등의 곡류전분
B형	감자, 밤 등
C형	고구마, 칡, 타피오카, 완두 등

② 호화가 일어나면 전분의 micell 구조가 파괴되어 규칙적인 분자배열이 없어지고 불명확하고 희미한 V형의 X-선 간섭도를 나타낸다.

♟ 전분의 X-선 간섭도 ♟

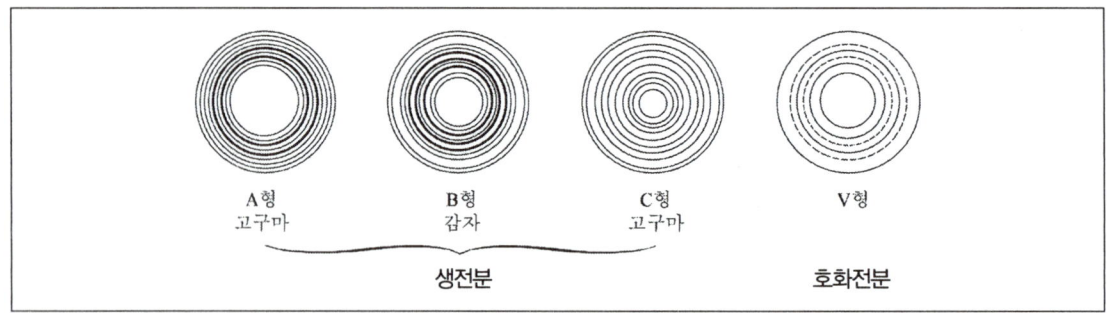

(4) 호화에 영향을 미치는 요인

① **전분의 종류**(입자구조) … 아밀로오스와 아밀로펙틴의 함량에 따라 달라지며 입자가 클수록 호화가 촉진된다.

    ㉠ 입자구조의 차이 : 입자가 클수록 호화가 촉진된다. 감자전분의 호화속도가 옥수수전분 보다 쉽게 일어난다.

    ㉡ 아밀로오스와 아밀로펙틴의 함량 : 아밀로펙틴의 함량이 낮은 전분의 호화가 쉽다.

② **pH** … 알칼리에서 팽윤과 호화가 촉진된다.

③ **수분, 온도** … 온도가 높을수록, 수분이 많을수록 호화가 촉진된다.

(5) 팽윤제

① 전분 현탁액에 팽윤제가 존재하면 호화온도를 낮춘다.

② 음이온이 팽윤제로서의 작용이 강하며 황산염은 호화를 억제한다.

② 전분의 노화(retrogradation, β화)

(1) 개념

① α 전분을 실온에 장시간 방치할 때 점차 굳어져서 β 전분으로 되돌아 가는 현상을 말한다.

② 밥, 빵, 떡이 굳어지는 현상 등이 이에 속한다.

③ 전분이 노화되면 입자는 micell 구조로 되돌아간다.

④ 노화된 전분은 효소작용을 받기 어려워 소화가 어렵다.

(2) 노화에 영향을 미치는 요인

① **전분의 종류**

　㉠ 전분분자 구조의 차이에 따라 노화속도가 달라진다.

　　예 옥수수, 밀은 노화가 잘 되며, 고구마, 감자는 노화가 잘 되지 않는다.

　㉡ 아밀로오스, 아밀로펙틴의 함량 : 아밀로펙틴은 가지가 많아 입체장애를 받아 콜로이드 용액을 만드는 것이 어려워 노화속도가 느리다.

각종 전분(2%, 수용액)의 노화속도

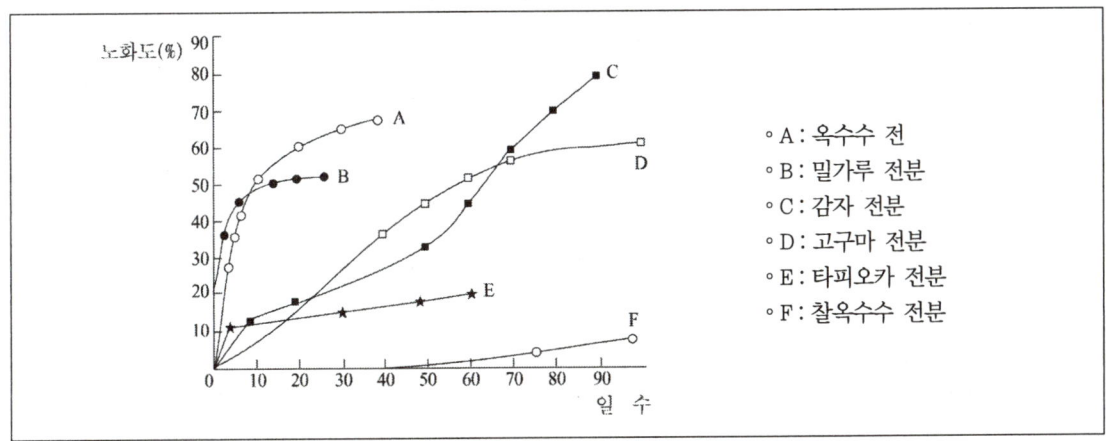

　∘ A : 옥수수 전
　∘ B : 밀가루 전분
　∘ C : 감자 전분
　∘ D : 고구마 전분
　∘ E : 타피오카 전분
　∘ F : 찰옥수수 전분

② **온도**

　㉠ 60℃ 이상에서는 노화가 거의 일어나지 않는다.

　㉡ 2 ~ 5℃의 냉장고 온도에서 가장 잘 일어난다.

③ **수분함량** ⋯ 30 ~ 60%에서 노화가 가장 잘 된다.

④ pH

　ⓐ pH 7 이상의 알칼리 용액에서는 노화가 잘 일어나지 않는다.

　ⓑ 황산과 염산 등의 강산에 의하여 노화속도가 증가한다.

⑤ **공존물질** … 각종 무기 및 유기이온이 노화를 억제한다.

(3) 노화를 억제하는 방법

① **수분함량조절** … α 전분의 수분을 10% 이하로 하면 노화가 억제된다(건조식품의 원리).

② **냉동** … 빙점 이하로 냉동건조 시키면 노화가 억제된다.

③ **설탕첨가** … 탈수제로 작용하여 α 전분을 단시간에 건조시킨 것과 같은 효과를 낸다.

④ **유화제 첨가** … 전분콜로이드 용액의 안정도를 증가시켜 전분분자의 침전이나 결정 형성을 억제한다.

　▣ mono-glyceride, di-glyceride, sucrose fatty acid ester

③ 당질의 분해와 변질

(1) 캐러멜화(caramelization)

① 당류를 수분 없이 그대로 가열하여 녹는점 근처에서 녹인 후 온도를 더 올려 점조한 갈색 물질이 생성되게 하는 것을 말한다.

② 당분자 내의 탈수작용에 의하여 생긴 hydroxymethylfurfural이 중합된 물질이다.

③ 캐러멜화 반응에 의하여 생성되는 가열분해물들은 식품의 향미에 영향을 준다.

(2) 효소 및 미생물에 의한 변화

① 전분질 식품을 저온으로 저장할 때 전분 내의 효소에 의하여 전분의 가수분해가 일어난다.

② 20℃ 정도에서 저장하면 amylase, maltase 등의 작용으로 glucose가 생성되어 단맛이 증가한다.

③ 과일류가 익으면서 단맛이 증가하는 것은 유기산의 감소와 함께 포도당이 과당으로 전환되기 때문이다.

탄수화물

출제예상문제

1 다음 중 핵산의 구성성분이며, ATP, CoA, NAD 등의 생리물질의 구성성분은?

① arabinose

② ribose

③ amylose

④ glucose

> **NOTE** ribose
> ㉠ 핵산의 성분으로 체내에 필요한 생리물질의 구성성분이다.
> ㉡ 5탄당이며, 효모에 의한 발효는 일어나지 않는다.

2 다음 중 가열하지 않고 전분을 즉시 호화시키는 물질은?

① HCl

② NaCl

③ CH_2COOH

④ NaOH

> **NOTE** 알칼리를 첨가하면 호화가 촉진된다.
> ※ HCl이나 H_2SO_4의 용액은 노화를 촉진시킨다.

3 다음 중 옳지 않은 것은?

① mannitol − mannose가 산화되어 된 것이다.

② gluconic acid − glucose의 C_1이 산화되어 COOH가 된 것이다.

③ glucuronic acid − C_6가 산화되어 COOH가 된 것이다.

④ sorbitol − C_1이 환원되어 CH_2OH로 된 것이다.

> **NOTE** ① mannitol은 mannose가 환원된 것으로서 버섯, 균류, 해조류 그 밖의 여러 식물계에 널리
> 분포되어 있으며, 식물체가 썩을 때 생기는 점질물은 모두 mannitol을 가진다.

ANSWER | 1.② 2.④ 3.①

4 다음 당류 중 감미의 표준물질로 이용되는 것은?

① glucose

② fructose

③ sucrose

④ lactose

> **✎ NOTE** | 감미의 표준물질로 이용되는 당은 sucrose로 glucose와 fructose가 결합된 이당류이다.

5 다음 중 전분의 가수분해 반응으로 얻을 수 있는 물질이 아닌 것은?

① 과당

② 포도당

③ 맥아당

④ 말토올리고당

> **✎ NOTE** | 전분은 알파 아밀라제(α -Amylase)에 의해 가수분해 돼 포도당과 맥아당을 생산하고 시간이 지나면 젖산(젖산균)이 생산되는 과정을 거치게 된다.

6 다음 중 호화현상에 대한 설명으로 옳지 않은 것은?

① 일반적으로 60℃ 전후가 호화에 필요한 최저온도이다.

② 수분함량이 30 ~ 60%일 때 가장 일어나기 쉽다.

③ 호화된 전분의 X-선 간섭도는 불명료한 V형이다.

④ 생전분에 물을 넣고 가열하였을 때 일어난다.

> **✎ NOTE** | ② 수분함량이 30 ~ 60%일 때는 노화가 가장 잘 일어난다.

7 α -전분이 노화되면 어떤 형의 X-선 간섭도를 나타내는가?

① A형

② B형

③ C형

④ V형

> **✎ NOTE** | 생전분은 β전분으로 X-선 간섭도는 각자 고유한 A, B, C형을 갖는다. 생전분이 호화되어 α -전분이 되면 X선 간섭도는 V형이 되며, 노화되어 전분의 β화가 일어날 때는 B형의 간섭도를 나타낸다.

ANSWER | 4.③ 5.① 6.② 7.②

8 다음 중 탄수화물의 일반적인 화학적 성질에 대한 것으로 옳지 않은 것은?

① 무색의 결정을 형성한다.

② 알코올에 잘 녹는다.

③ 환원성이 있다.

④ 물에 잘 녹는다.

✎NOTE| ② 탄수화물은 물에는 잘 녹지만 알코올에는 잘 녹지 않는다.

9 아밀로오스와 아밀로펙틴을 비교한 것으로 옳은 것은?

① 아밀로오스의 분자구조가 더 복잡하다.

② 일반적으로 아밀로오스의 분자량이 더 크다.

③ 아이오딘 정색반응에서 아밀로펙틴은 청색을 띤다.

④ 아밀로펙틴이 호화작용을 더 잘 일으킨다.

✎NOTE| ③ 아밀로오스의 아이오딘 반응은 청색을 띠지만 아밀로펙틴은 적자색을 띤다.

10 다음 중 핵산계 조미료와 관계되는 당은?

① galactose ② fructose

③ ribose ④ mannose

✎NOTE| ribose는 핵산계 조미료인 IMP, GMP 등의 구성성분이다.

11 다음 중 ketohexose에 속하는 것은?

① glucose ② galactose

③ fructose ④ ribose

✎NOTE| ketohexose … ketone기를 가지는 6탄당으로 fructose가 있다.

ANSWER| 8.② 9.③ 10.③ 11.③

12 여러 조효소류의 구성성분으로 동물 체내의 energy 대사에 관여하는 5탄당은?

① ribose

② xylose

③ arabinose

④ rhamnose

> ✎**NOTE**| ribose
> ㉠ 핵산(RNA)의 구성성분이다.
> ㉡ 생리적으로 중요한 물질인 비타민 B_2, ATP, CoA, NAD 등의 구성성분이다.

13 glucose 중에서 aldehyde기로부터 가장 멀리 떨어져 있는 부제탄소의 OH기가 좌측에 있는 것은 무슨 형인가?

① α 형

② β 형

③ D형

④ L형

> ✎**NOTE**| 부제탄소의 OH기가 좌측에 있는 glucose를 L-glucose라 하고, 우측에 있는 glucose를 D-glucose라 한다.

14 다음 중 cellulose의 결합양식으로 옳은 것은?

① α -1, 4결합

② β -1 ,4결합

③ α -1, 6결합

④ β -1, 6결합

> ✎**NOTE**| 섬유소는 세포막의 주성분으로 포도당이 β-1, 4결합을 하고 있어서 전체는 직선상의 분자를 이루고 있다.

15 다음 중 과당이 함유되지 않은 것은?

① inulin

② starch

③ raffinose

④ sucrose

> ✎**NOTE**| 전분(starch)은 glucose의 중합체로 과당(fructose)을 함유하지 않는다.
> ① fructose의 중합체이다.
> ③ 목화씨 내에 들어있는 당(삼당류)으로 galactose + glucose + fructose로 구성된다.
> ④ glucose와 fructose로 된 이당류이다.

ANSWER | 12.① 13.④ 14.② 15.②

16 다음 중 단순다당류에 속하지 않는 것은?

① cellulose

② starch

③ hemicellulose

④ inulin

> ✎NOTE│ 다당류의 종류
> ㉠ 단순다당류
>   • 글루코오스의 축합체 : starch, glycogen, cellulose
>   • fructose의 축합체 : inulin
> ㉡ 복합다당류 : hemicellulose, pectin물질, 천연검질 등

17 다음 중 전분의 가수분해 과정을 바르게 나열한 것은?

① starch → oligosaccharide → maltose → dextrin → glucose

② starch → dextrin → glucose → maltose → oligosaccharide

③ starch → dextrin → oligosaccharide → maltose → glucose

④ starch → maltose → oligosaccharide → glucose → dextrin

> ✎NOTE│ 전분 → 호정 → 올리고당(다당류) → 엿당, 맥아당(이당류) → 글루코오스(단당류) 순으로 가수분해한다.

18 다음 노화의 현상으로 옳은 것은?

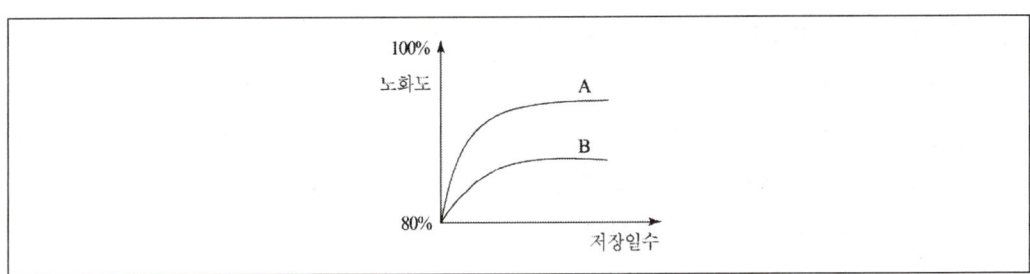

① B가 A보다 amylose 함량이 많다.

② B가 A보다 amylopectin 함량이 적다.

③ A가 B보다 amylopectin 함량이 많다.

④ A가 B보다 amylose 함량이 많다.

> ✎NOTE│ amylose가 많은 A가 노화의 속도도 빠르고, 노화되는 전분의 양도 많다.

ANSWER │ 16.③ 17.③ 18.④

19 다음 설명에 대한 것으로 옳은 것은?

> glucose의 1번 탄소와 fructose의 2번 탄소의 hemiacetal성 OH끼리의 결합으로 변선광 및 환원성을 나타내지 않는다.

① maltose
② sucrose
③ lactose
④ raffinose

✎NOTE | 설탕은 묽은 산 또는 효소, 알칼리에 의하여 쉽게 가수분해되어 glucose와 fructose를 각 1분자씩을 생성한다.

20 다음 중 α전분의 특성으로 옳지 않은 것은?

① 소화율 증대
② colloid 용액 형성
③ X-선 회절실험에서 동심원륜의 소실
④ 규칙적인 분자 배열의 micell 상태

✎NOTE | α전분(호화전분)
  ㉠ 불규칙적인 분자배열을 가지는 무정형 상태이다.
  ㉡ 효소작용을 받기 쉬우므로 소화가 되기 쉽다.

21 다음 중 invert sugar의 특징으로 옳지 않은 것은?

① 벌꿀의 주성분이다.
② 좌선성에서 우선성이 된다.
③ glucose와 fructose가 1:1로 혼합되었다.
④ sucrose에 invertase가 작용하여 생긴다.

✎NOTE | 전화당(invert sugar)
  ㉠ 우선성이 좌선성으로 변하는 특징을 갖는다.
  ㉡ 설탕이 가수분해된 것이다.
  ㉢ 포도당과 과당의 동량의 혼합물이다.
  ㉣ 벌꿀의 주성분이다.

ANSWER | 19.② 20.④ 21.②

22 다음 중 유즙, 뇌신경, 식물조직, 해초에 함유되어 있는 단당류는?

① glucose   ② fructose

③ galactose   ④ lactose

> **NOTE** 갈락토오스(galactose)
> ㉠ 다당류인 한천, 이당류인 젖당의 구성성분이다.
> ㉡ 식물조직, 해초, 젖, 뇌, 신경 중에 함유되어 있다.

23 α화된 전분을 상온에 방치하면 micell구조를 가진 β전분으로 돌아가는 현상은?

① 산패   ② 노화

③ 자동산화   ④ 호화

> **NOTE** 노화(retrogradation) … α전분을 실온에서 방치하면 원래의 규칙적인 배열로 돌아가 차차 굳어져서 β전분으로 되돌아가는 현상이다.

24 다음 중 glycogen에 대한 설명으로 옳지 않은 것은?

① 분자량이 100만 이상이며, 대개 구형을 이룬다.
② 동물성 전분이며 간과 근육에 저장 탄수화물로 존재한다.
③ amylopectin보다 가지가 적고, 사슬의 길이가 길다.
④ α-D-glucose가 α-1, 4 결합 및 α-1, 6 결합으로 되어 있다.

> **NOTE** ③ glycogen은 amylopectin보다 가지가 많으며 분자 전체로서 구형을 이루고 있다. 또 사슬의 길이가 짧아 동물성 전분으로 간이나 근육에 저장 탄수화물로 활용도가 높다.

25 다음 중 탄수화물의 특징으로 옳지 않은 것은?

① -OH기가 들어 있다.   ③ -CHO기 또는 =CO기가 들어 있다.

③ 일반식은 $C_m(H_2O)_n$이다.   ④ 물분자(H_2O)가 들어 있다.

> **NOTE** 탄수화물은 탄소, 수소, 산소의 3원소가 $C_m(H_2O)_n$의 일반식의 형태로 표시되며, 2개 이상의 -OH와 -CHO나 =CO기 중에 하나가 있어야 한다.

ANSWER | 22.③ 23.② 24.③ 25.④

26 갑각류의 껍질성분으로 N-acetyl glucosamine으로 구성된 다당류는?

① cellulose ② chitin

③ mannan ④ inulin

    ✎NOTE| chitin은 N-acetyl glucosamine이 β-1, 4결합으로 반복되어 있는 다당류이다. 게, 새우, 가재 등의 갑각류의 골격조직에 강화되어 있다.

27 다음 중 환원당만으로 짝지어진 것은?

㉠ 수크로오스(sucrose)	㉡ 락토오스(lactose)
㉢ 셀로바이오스(cellobiose)	㉣ 스타키오스(stachyose)

① ㉠㉡ ② ㉡㉢

③ ㉢㉣ ④ ㉠㉣

    ✎NOTE| 말토오스, 락토오스, 세로비오스 등의 올리고당은 환원말단기가 유리되어 있어서 환원당이라고 한다.

28 당류의 감미도의 높은 순으로 바르게 나열된 것은?

① lactose > maltose > glucose > lactose

② sucrose > glucose > lactose > maltose

③ glucose > sucrose > maltose > lactose

④ sucrose > glucose > maltose > lactose

    ✎NOTE| 감미도는 sourose를 100으로 기준하여 나타낸 것으로 fructose > sucrose > glucose > maltose > lactose 순이다.

ANSWER | 26.② 27.② 28.④

29 단맛의 상대적 감미도에 대한 설명으로 옳은 것은?

① 기준은 10%의 glucose 용액을 100으로 한다.

② 기준은 100%의 glucose 용액을 100으로 한다.

③ 기준은 10%의 sucrose 용액을 100으로 한다.

④ 기준은 100%의 sucrose 용액을 100으로 한다.

> **NOTE**| 감미도 … 설탕(10% 수용액)의 감미를 100으로 기준하여 과당은 173, 갈락토오스는 32, 전화당은 127, 유당은 16 정도를 나타낸다.

30 당류의 용해성이 큰 것부터 바르게 나열된 것은?

① fructose − sucrose − glucose − maltose

② sucrose − fructose − glucose − maltose

③ glucose − sucrose − fructose − maltose

④ maltose − glucose − fructose − sucrose

> **NOTE**| 용해도는 감미도에 비례하여 fructose > sucrose > glucose > maltose 순이다.

31 다음 당을 $CuSO_4$의 알칼리 용액에 넣고 가열할 때 Cu_2O의 붉은색 침전이 생기지 않는 것은?

① glucose

② sucrose

③ maltose

④ lactose

> **NOTE**| 설탕은 비환원당이고, α, β의 이성체가 존재하지 않으므로 붉은색 침전이 생기지 않는다.

32 다음 중 호화를 억제하는 물질은?

① $MgSO_4$

② KCNS

③ $AgNO_3$

④ NH_4NO_3

> **NOTE**| 호화에 영향을 미치는 인자로 전분의 종류, 온도, 수분의 함량, pH, 팽윤제 등이 있으며, 알칼리 염류는 전분의 팽윤과 호화를 촉진시키고, 황산염은 호화를 억제시켜 준다.

ANSWER | 29.③ 30.① 31.② 32.①

33 다음 중 탄수화물에 대한 설명으로 옳지 않은 것은?

① 탄수화물은 가수분해된다.

② 식물성 식품보다 동물성 식품에 탄수화물의 함량이 많다.

③ 사람이 이용하는 에너지원으로 체내에 축적되지 않는다.

④ 식물의 지지성분으로 사용된다.

> **NOTE** ② 식물은 탄수화물을 주로 에너지와 구성성분으로 저장하지만, 동물은 에너지원으로 소모하고 남은 탄수화물을 단백질 형태로 변환하여 체조직을 구성하고 있으므로 탄수화물의 함량은 식물에 비해 적다.

34 다음 중 5탄당에 속하지 않는 것은?

① arabinose　　　　　　② xylose

③ ribose　　　　　　　　④ glucose

> **NOTE** 5탄당에는 xylose, ribose, deoxyribose, arabinose가 있다.
> ④ 6탄당이다.

35 다음 중 3탄당으로 옳은 것은?

① arabinose　　　　　　② glycerose

③ fructose　　　　　　　④ xylose

> **NOTE** 3탄당의 종류로는 glycerose, dihydroxyacetone 등이 있다.
> ①④ 5탄당　③ 6탄당

36 다음 중 가수분해되어 2분자의 glucose를 생성하는 이당류는 무엇인가?

① maltose　　　　　　　② saccharic acid

③ sucrose　　　　　　　④ mannose

> **NOTE** maltose … 가수분해되어 2분자의 glucose를 생성하며 starch의 기본 구성단위이다. 엿기름, 발아 중의 곡류 중에 많다.

ANSWER | 33.② 34.④ 35.② 36.①

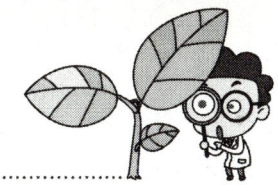

37 다음 중 galactose에 대한 설명으로 옳은 것은?

① 천연에서 대부분 좌선성으로 존재한다.

② 5탄당이다.

③ 천연에 L형으로 존재한다.

④ 발효성을 가지며 우유에 존재한다.

> ✎NOTE | galactose
> ㉠ 자연에서 D형, 우선성으로 존재하며, 유리상태로는 거의 존재하지 않는다.
> ㉡ lactose, galactan, gum, arabic 등의 구성성분으로 우유, 해초 등에 함유되어 있다.
> ㉢ 발효성은 있지만 발효의 속도는 늦다.

38 다음 중 단당류의 성질로 옳지 않은 것은?

① 알코올에는 용해되기 어렵다.

② 묽은 산에는 영향이 없으나 강산과 가열하면 물을 잃어버린다.

③ 요오드에 의해 발색된다.

④ glucose에 효소를 작용하면 이성질화가 일어난다.

> ✎NOTE | ③ 탄수화물의 요오드 발색은 다당류인 amylose와 요오드의 내포화합물 형성에 의한 것으로, 이때 청색을 나타낸다.

39 fructose에 대한 설명으로 옳지 않은 것은?

① 천연에서 D형, 좌선성으로 존재한다.

② 벌꿀, 과일 등에 존재하며 다수의 결합으로 inulin을 형성한다.

③ 유리상태의 과당은 pyranose형이다.

④ glucose와 결합하여 mannose를 형성한다.

> ✎NOTE | fructose … ketohexose의 대표적인 물질로 자연에서는 D-형의 좌선성을 가진다. 벌꿀, 과일 등에 존재하며 glucose와 결합하여 sucrose를 형성한다.

ANSWER | 37.④ 38.③ 39.④

40 다음 중 starch의 기본 구성단위에 해당하는 것은?

① raffinose
② panose
③ starchyose
④ maltose

✎NOTE┃ starch의 기본 구성성분은 α-D-glucose 2개가 α-1, 4결합한 maltose이다.

41 천연당류 중 가장 감미도가 높은 것은?

① lactose
② sucrose
③ fructose
④ invert sugar

✎NOTE┃ 당류의 감미도 크기 … fructose > invert sugar > sucrose > glucose > maltose > galactose > lactose 순이다.

42 다음 중 핵산계 조미료의 구성성분인 당류는?

① arabinose
② glucose
③ rhamnose
④ ribose

✎NOTE┃ ribose
㉠ 동·식물에 존재하는 RNA, ATP, CoA 등의 구성성분으로 생리적으로 중요한 물질이다.
㉡ 효모에 의해 발효되지 않으며 핵산의 구성성분이다.

43 다음 중 비환원성의 당류는?

① 맥아당
② 유당
③ 자당
④ 과당

✎NOTE┃ 환원당과 비환원당
㉠ 환원당 : 단당류, 맥아당, 유당, gentiobiase, cellobiose 등
㉡ 비환원당 : sucrose, raffinose, stachyose 등

ANSWER┃ 40.④ 41.③ 42.④ 43.③

44 다음 중 hemiacetal을 생성하는 두 물질이 옳게 묶인 것은?

① aldehyde, ketone
② ester, aldehyde
③ alcohol, aldehyde
④ alcohol, ketone

　　✎NOTE│ hemiacetal은 aldehyde와 alcohol이 반응하여 생성된다.

45 다음 중 단당류에 대한 설명으로 옳지 않은 것은?

① 천연에 존재하는 단당류는 대부분 3탄당과 5탄당이다.
② aldehyde기를 갖는 것은 aldose라 한다.
③ 변선광 현상을 볼 수 있다.
④ 가장 구조가 간단한 것은 3탄당이다.

　　✎NOTE│ 단당류 … 탄수화물 중 더 이상 가수분해되지 않는 것으로, 천연에 존재하는 단당류는 5탄당과 6탄당이다.

46 변성 전분 중 물에 잘 녹고 그 용액을 건조하면 투명한 필름을 형성하여 가공식품의 피막제, 접착제, 설탕결정억제제 등으로 이용되는 것은?

① 호화전분
② 호정화(dextrinization) 전분
③ 가교전분
④ 히드록시알킬(hydroxyalkyl) 전분

　　✎NOTE│ 전분의 호정화란 전분에 물을 넣지 않고 160~170℃ 정도로 가열하여 열 분해되어 여러 크기의 호정으로 분해되는 현상으로 호정화가 일어나면 전분보다 분자량이 적어 물에 녹기 쉽다.

47 다음 중 pectin의 구성물질이 되는 당류는?

① glulose
② maltose
③ glycogen
④ galacturonic acid

✎**NOTE|** pectin을 가수분해하면 80~95%의 galacturonic acid와 arabinose, galactose, xylose, rhamnose 등이 생성된다.

48 다음 중 cellulose의 결합방식에 해당하는 것은?

① $\alpha-1$, 6결합
② $\alpha-1$, 4결합
③ $\beta-1$, 6결합
④ $\beta-1$, 4결합

✎**NOTE|** cellulose는 β-glucose로 결합하여 blue value를 나타내지 않는다.

49 다음 중 amylose에 대한 설명으로 옳지 않은 것은?

① α-amylase의 작용을 받는다.
② 포도당 6분자가 한 단위가 되어 나선형으로 꼬여 있다.
③ 냉수에는 용해되지 않는다.
④ 물을 넣고 가열하면 점성이 강한 풀이 된다.

✎**NOTE|** ④ amylose를 가열하면 구성하고 있던 결합이 끊어지게 되어 불투명해지고 점성이 약하게 된다.

50 다음 중 이당류는 어느 것인가?

① maltose
② mannose
③ glucose
④ fructose

✎**NOTE|** 말토오스는 2개의 glucose로 이루어진 이당류이다.
②③④ 단당류

ANSWER| 47.④ 48.④ 49.④ 50.①

51 다음 6탄당 중 돼지감자의 주 탄수화물인 inulin의 구성당은?

① D-glucose
② D-fructose
③ D-galactose
④ D-mannose

✎NOTE| 자연계에서 결합상태의 fructose는 돼지감자의 주 탄수화물인 inulin의 구성당으로 존재한다.

52 다음 중에서 D-glucose의 Haworth의 투시식은?

① 열린 사슬구조
② 평면 5각형의 고리구조
③ 평면 6각형의 고리구조
④ 의자형 6각형의 고리구조

✎NOTE| D-glucose는 C-5의 OH와 C-1의 카르보닐기가 hemiacetal결합으로 고리를 형성하는 데 C-5의 OH에 의하여 고리가 형성되며 6원환이 된다.

53 다음 중 복합다당류인 pectin에 대한 설명으로 옳지 않은 것은?

① 잼, 젤리 가공시 사용한다.
② 미역, 다시마 등의 갈조류 세포막의 다당류이다.
③ 가수분해하면 galacturonic acid가 생산된다.
④ 알코올과 아세톤에는 녹지 않으므로 pectin을 분리시키는 데 사용한다.

✎NOTE| ② 갈조류의 세포막에 주로 존재하는 다당류는 algin이다.

54 다음 중 단순다당류에 속하는 것은?

① 알진(algin)
② 한천(agar)
③ 아라비아검(gum arabic)
④ 셀룰로오스(cellulose)

✎NOTE| 단순다당류란 구성당이 한 종류인 것으로 셀룰로오스, 키틴, 펙틴 등은 구조다당류, 전분, 글리코겐 등은 저장다당류이다.

ANSWER | 51.② 52.④ 53.② 54.④

55 다음 당류 중 4당류에 속하는 것은?

① stachyose   ② mannose

③ raffinose   ④ xylose

> **NOTE** | stachyose는 raffinose와 galactose로 구성되어 있는 4당류이다.

56 다음 중 amylopectin으로만 이루어진 천연식품은?

① 바나나   ② 찹쌀

③ 옥수수   ④ 감자

> **NOTE** | 찹쌀의 전분은 amylopectin으로 이루어져 점성이 뛰어나다.

57 galactose에 대한 설명으로 옳지 않은 것은?

① 동물의 체내에서 단백질과 결합하여 cerebroside의 구성성분이 된다.

② 5탄당에 해당한다.

③ 천연의 것은 우선성이며, 유리상태로 존재하지 않는다.

④ agaric acid의 구성성분이다.

> **NOTE** | ② galactose는 6탄당에 해당한다.
> ※ galactose의 특징
> ㉠ 천연상태에서는 D형, 우선성이며, 유리상태로 존재하지 않는다.
> ㉡ 동물의 체내에서 단백질과 결합하여 cerebroside의 구성성분이다.
> ㉢ lactose와 agaric acid의 구성성분이다.

58 다음 중 amylopectin에 대한 설명으로 옳지 않은 것은?

① 포도당이 $\alpha-1$, 4 결합과 $\alpha-1$, 6 결합으로 되어 있다.
② 직선적인 부분은 포도당 6개를 단위로 나선형으로 되어 있다.
③ amylose보다 분자가 크고 복잡하다.
④ 분자가 분지상 구조를 가지고 있다.

✎NOTE | ② amylopectin은 가지가 많은 나무와 같이 다수의 α-glucose 분자들이 분지상으로 연결된 전분이다.

59 다음 중 glucose에 의한 반응이 없는 것은?

① seliwanoff 반응　　　　　　② benedict 반응
③ tollens 반응　　　　　　　　④ phenylhydragine과의 반응

✎NOTE | seliwanoff 반응은 ketose에 특이성을 가지는 반응으로 ketose에 대하여 적색을 나타낸다.
※ 환원당의 정성반응
　ⓐ fehling 반응
　ⓑ benedic 반응
　ⓒ tollens 반응(은거울 반응)
　ⓓ phenylhydrogine 반응(osazone 생성)

60 다음 중 녹말을 가수분해할 때 생성되는 최초 산물은?

① erythrodextrin　　　　　　② maltose
③ soluble starch　　　　　　④ achrodextrin

✎NOTE | 녹말의 가수분해과정 ··· starch → soluble starch → amylodextrin → erythrodextrin → achrodextrin → maltodextrin → maltose → glucose

61 설탕의 감미도를 100으로 했을 때 맥아당의 감미도는?

① 40　　　　　　　　　　　② 50
③ 60　　　　　　　　　　　④ 70

✎NOTE | 맥아당은 설탕의 60% 정도의 감미도를 나타낸다.

ANSWER | 58.② 59.① 60.③ 61.③

62 설탕에 대한 설명으로 옳지 않은 것은?

① 200℃ 이상으로 가열하면 카라멜이 된다.

② 비환원당이다.

③ invertase에 의하여 포도당과 과당이 생긴다.

④ 설탕이 가수분해될 때 우선성이 좌선성으로 변하는 현상을 β화라 한다.

> **NOTE|** ④ 설탕이 가수분해될 때 우선성이 좌선성으로 변하는 현상은 전화라고 한다.

63 식품공업에서 접착제, 유화제, 안정제 등으로 사용되는 다당류는?

① gum arabic　　　　　　　　② pectin

③ dextrin　　　　　　　　　　④ cellulose

> **NOTE|** 식물, 해조류, 미생물 등에서 추출한 검질은 접착제, 결합제, 청징제, 유화제, 안정제, 중성제 등으로 사용되며, gum arabic, agar, algin 등이 있다.

64 갈조류에 주로 존재하는 당류로 치즈, 아이스크림, 농축 오렌지주스 등의 안정제, 유화제로 사용되는 당류는?

① algin　　　　　　　　　　② carrageenan

③ xanthan gum　　　　　　　④ agar

> **NOTE|** ② 홍조류의 추출물로 겔형성제, 접착제, 안정제로 사용된다.
> ③ 전분이나 포도당 등 탄수화물을 배양액으로 하여 산출하는 고분자 다당질을 정제건조한 것 이다.
> ④ 홍조류인 우뭇가사리나 녹조류에 존재하는 당류로 빵, 과자의 안정제, 우유·유제품 등에 사용된다.

65 amylose와 아이오딘분자가 결합하여 나타내는 정색반응의 색은?

① 청색　　　　　　　　　　② 노란색

③ 적색　　　　　　　　　　④ 적갈색

> **NOTE|** amylose는 아이오딘 정색반응에서 청색을 나타낸다.

ANSWER| 62.④　63.①　64.①　65.①

66 glycogen이 나타내는 아이오딘 정색반응의 색깔은?

① 흑색 　　　　　　　　　　　② 적색

③ 노란색 　　　　　　　　　　 ④ 청색

　　📝**NOTE** amylopectin과 glycogen은 아이오딘 정색반응에서 붉은색을 나타낸다.

67 다음 중 혈액응고 저지작용을 하는 점질다당류로 생리적 작용을 하는 물질은?

① chitin 　　　　　　　　　　 ② heparin

③ hyaluronic acid 　　　　　　 ④ chondroitin sulfate

　　📝**NOTE** heparin은 혈액응고저지작용을 하며 고등동물의 각 조직에 널리 분포한다.

68 다음 중 전분의 호화에 대한 설명으로 옳은 것은?

① 불규칙한 분자배열상태의 β 전분이 생성된다.

② amylose는 가열한 물에 녹는 gel이 된다.

③ amylopectin은 불용성의 sol이 된다.

④ 알칼리에서 호화가 촉진된다.

　　📝**NOTE** 전분의 호화 … 규칙적인 분자배열을 가진 β 전분이 소화가 쉬운 불규칙한 분자배열을 가진 α
　　　　전분으로 전환되는 것을 말한다. amylose는 sol, amylopectin은 gel이 된다.

69 다음 중 점질다당류로서 연골의 주성분인 당류는?

① heparin 　　　　　　　　　　② polydextrose

③ condroitin sulfate 　　　　　 ④ carrageenan

　　📝**NOTE** condroitin sulfate는 glucuronic acid와 acetyl galactosamin-6-sufuric acid로 된 다당류
　　　　로 연골의 성분이다.

70 다음 중 노화가 가장 느린 식품은?

① 감자   ② 고구마
③ 밀   ④ 찹쌀

✎**NOTE**┃ 찹쌀은 대부분이 콜로이드 용액을 만드는 것이 어려워 노화속도가 느린 amylopectin으로 되어 있어 노화가 가장 어렵다.

71 다음 중 건빵, 라면과 같이 α 전분 상태를 유지하며 노화를 억제할 수 있는 수분함량은?

① 10% 이하   ② 25% 이하
③ 35% 이하   ④ 50% 이하

✎**NOTE**┃ 노화는 수분함량이 30 ~ 60%일 때 가장 쉬우며, 10% 이하에서는 노화가 어렵다.

72 다음 중 30 ~ 60%의 수분함량을 가진 양갱이 노화되지 않는 이유는?

① 유화제   ② pH
③ 무기이온   ④ 설탕

✎**NOTE**┃ 양갱은 탈수제로 설탕을 사용하여 건조효과를 나타내므로 장기간 저장해도 노화가 일어나지 않는다.

73 다음 중 전분의 노화를 막는 방법으로 옳지 않은 것은?

① 건조한 곳에 둔다.
② 표면에 glycerol류를 발라준다.
③ 냉장보관한다.
④ 설탕을 첨가한다.

✎**NOTE**┃ ③ 냉장온도는 노화가 가장 잘 일어나는 온도이다.

ANSWER ┃ 70.④   71.①   72.④   73.③

74 전분의 노화에 대한 설명으로 옳은 것은?

① 알칼리 용액에서 노화가 촉진된다.

② amylopectin의 함량이 높은 전분일수록 노화가 빠르다.

③ 수분함량을 10% 이하로 하면 노화가 거의 일어나지 않는다.

④ β 전분이 α 전분으로 되돌아가는 현상이다.

> **NOTE** ① 황산이나 염산 등의 강산에 의해 노화가 촉진된다.
> ② amylopectin의 함량이 많을수록 노화가 느리다.
> ④ 노화는 α 화한 전분을 실온에 방치하면 점차 굳어져 β 전분으로 돌아가는 현상이다.

75 다음 중 캐러멜화가 쉽게 일어나는 당류는?

① fructose

② lactose

③ sugar

④ maltose

> **NOTE** fructose는 캐러멜화가 잘 일어난다.

76 다음 중 당류의 갈색화에 대한 설명으로 옳은 것은?

① 수분과 반응하여 일어나는 반응이다.

② 포도당이 과당보다 갈색화가 쉽다.

③ 독특한 향기성분을 생성한다.

④ 과자제조시 억제되어야 하는 반응이다.

> **NOTE** 캐러멜(caramel)은 당의 분자 내 탈수과정에 의해 생긴 hydroxymethylfurfural의 종합체로서 식품에 독특산 향미를 제공한다.

77 다음 중 복합다당류는?

① starch

② hemicellulose

③ glycogen

④ cellulose

> **NOTE** 복합다당류 … 서로 다른 두 가지 종류 이상의 단당류로 구성된 다당류로 hemicellulose, pectin질, 천연검질 등이 속한다.

ANSWER | 74.③ 75.① 76.③ 77.②

78 전분의 노화가 가장 일어나기 쉬운 조건은?

① 동결상태

② 수분함량 10% 이하의 건조상태

③ 2 ~ 3℃에서 수분함량이 30 ~ 60%일 때

④ 10 ~ 15℃에서 70% 이상의 수분함량일 때

✎NOTE| 전분의 노화는 2 ~ 3℃에서 가장 잘 일어나며 수분함량이 30 ~ 60%일 때 가장 촉진된다.

79 다음 중 전분의 효소나 산처리에 의해서 얻어지기도 하나 보통 180℃ 이상의 열처리로 쉽게 얻어지는 것은?

① 전분의 노화   ② 전분의 호화

③ 글리코겐   ④ 덱스트린화

✎NOTE| 덱스트린은 전분의 부분 분해산물로서 160℃ 이상의 열처리로 쉽게 얻어진다.

80 다음 중 전분의 호화작용과 관계있는 것은?

① glycoside 결합의 형성   ② glycoside 결합의 가수분해

③ 전분 분자들의 중합반응   ④ 수소결합의 절단

✎NOTE| 분자 내 수소결합이 절단되어 결정성 구조가 붕괴되면 물분자가 전분립을 팽윤시켜 전분립이 파열된 상태가 호화이다.

81 전분의 노화와 관련된 설명으로 옳지 않은 것은?

① 아밀로펙틴(amylopectin) 함량이 높을수록 노화가 잘 일어난다.

② 전분 입자간의 수소결합으로 결정성 구조를 가지기 쉽다.

③ 소화효소의 침투가 어려워 소화가 잘 되지 않는다.

④ 유화제를 사용하면 노화진행을 지연시킬 수 있다.

✎NOTE| Amylose 함량이 많을수록 노화가 잘 일어나고 Amylopectoin이 많을수록 노화는 잘 일어나지 않는다.

ANSWER | 78.③ 79.④ 80.④ 81.①

CHAPTER

03

지질

1 지질의 개요

① 지질의 개념과 특성

(1) 지질의 개념

지질은 생물체에 함유되어 있으면서 물에는 거의 녹지 않고, 유기용매(디에틸에테르, 석유에테르, 클로로포름, 아세톤, 벤젠, 이황화탄소, 시염화탄소)에는 잘 녹는 소수성이 강한 물질이다.

(2) 지질의 특성

① 비수용성 성질을 가지고 있어 지방질을 탄수화물과 단백질로부터 분리하는 데 이용된다.

② 일부 지질은 소수성과 친수성이 공존하여 표면활성이 있다.

③ 대사에너지의 저장·운반, 세포막 구성, 주요기관 보호, 세포 표면의 인식 작용의 필수성분 등 생화학적 기능을 수행한다.

④ 글리세롤 에스테르가 전체 동물 및 식물지질의 99%를 차지하고 있다.

② 지질의 분류

(1) 구조에 의한 분류

① **단순지질** … 각종 지방산과 여러가지 알코올만이 에스테르 결합을 이룬 물질이다.

　㉠ **중성지방**(triglycerade) : 여러가지 지방산과 3가 알코올인 글리세롤이 에스테르 결합을 이룬다.

　㉡ **왁스류**(wax) : 고급지방산과 1가 고급알코올의 에스테르 결합이다.

　　ᴅ 밀납(벌집), 경납(뼈)

　㉢ **스테롤 에스테르**(sterol ester) : 스테롤과 지방산의 에스테르 결합이다.

　㉣ **세라마이드**(ceramide) : sphingosine 및 동족체와 지방산의 에스테르 결합이다.

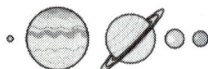

② **복합지질** … 지방산과 알코올 및 기타 다른 종류의 화합물이 결합된 지질을 말한다.

    ㉠ **인지질** : 지방산, 알코올류, 인산, 질소화합물이 결합한 것이다.

    ㉡ **당지질** : 지방산, 알코올류, 인산, 당이 결합한 것이다.

    ㉢ **황지질** : 지방산, 알코올류, 황산이 결합한 것이다.

③ **유도지질** … 단순지질과 복합지질이 가수분해된 것으로 비수용성으로 유기용매에 녹는다.

    ㉠ **지방산** : 천연 중에 존재하는 지방산으로 탄소수 12 이하인 것은 탄소가 적을수록 물에 잘 용해된다.

    ㉡ **고급 알코올류** : 납류의 1가 알코올, 스테롤류, 비타민 A인 레티놀 등이 있다.

    ㉢ **탄화수소** : 지방족 탄화수소, 스쿠알렌, 카로티노이드 등이 있다.

    ㉣ **지용성 비타민** : 비타민 A, 비타민 D, 비타민 E, 비타민 K 등이 있다.

(2) 비누화에 따른 분류

① **비누화 지질** … 알칼리성 물질에 의해 비누화가 이루어질 수 있는 지질로 인지질, 당지질, 왁스류, 중성지방(triglyceride) 등이 포함된다.

$$\text{유지} \xrightarrow{\text{NaOH}} \text{지방산의 Na 염(비누)} + glycerol$$

② **비비누화 지질** … 알칼리에 의하여 가수분해되지 않는 지방질, 카로티노이드, terpene류, 비타민 E, 스테롤류 등으로 비누화될 수 없다.

(3) 극성에 의한 분류

① **비극성 지질** … 탄소수가 12 이상인 지방산, triglyceride류, steryl ester, carotenoid, 납, 비타민 E 등이 있다.

② **극성지질** … 인지질, 당지질 등이 있다.

(4) 구성 지방산에 의한 분류(구성 지방산과 원료의 종류와 특징에 따라 분류)

① **우유 지질**(milkfat) … 포유류의 젖에 있는 지질로, $C_4 \sim C_{12}$의 저급 지방산이 많고 기타 지방산이 소량 포함된다.

② **식물성 버터** … 녹는점 범위가 좁고 포화지방산이 불포화지방산보다 많으나 중성지방(trisaturated acylglycerol)의 함량이 적다.

③ **올레–리놀레산계열 지질**

    ㉠ 올레산과 리놀레산이 많고 포화지방산이 20% 정도 함유되어 있다.

    ㉡ 대부분의 식물성 유지가 해당된다.

④ **lauric acid계열 지방질** … C_{12}의 지방으로 코코넛에 40 ~ 50% 함유되어 있다.

⑤ **리놀렌산계열 지방질** … 아마인유, 밀배아유, 콩기름, 들기름 등의 지방질로 리놀렌산이 많으므로 변패취가 발생하기 쉽다.

⑥ **동물성 지방질**

    ㉠ C_{16}과 C_{18}의 포화지방산이 많고 어느 정도의 올레산과 리놀레산과 같은 불포화지방산이 있으며 소량의 홀수지방산이 포함된 지방질이다.

    ㉡ 포화지방산으로 된 triglyceride가 많으므로 녹는점이 높다.

⑦ **해양동물유** … ω–3 불포화지방산 함량이 많아 산화되기 쉬우며, 비타민 A와 D가 많이 함유되어 있다.

2 지방산

① 지방산의 개요

(1) 지방산의 특징

① 천연유지가 가수분해될 때 생성된다.

② 지방족 말단에 카르복시기(carboxyl, COOH)를 가진 산으로 RCOOH로 표시한다.

③ 대부분 탄소수가 짝수이고 가지 없는 직쇄로서 이중결합의 수가 0 ~ 3개이다.

(2) 지방산의 분류

① **지방산의 길이에 따른 분류**

    ㉠ 단쇄 지방산(short chain fatty acid) : 탄소 4 ~ 10개의 지방산으로 휘발성이 크다.

    ㉡ 중쇄 지방산(medium chain fatty acid) : 탄소 8 ~ 12개의 지방산이다.

    ㉢ 장쇄 지방산(long chain fatty acid) : 탄소 18개 이상의 지방산으로 천연 중에는 C_{14}, C_{16}, C_{18}의 직쇄상 지방산이 많이 존재한다.

② **이중결합의 유무에 따른 분류**

　㉠ **포화지방산**(saturated fatty acid) : 지방산의 탄소결합 중 이중결합이 없는 지방산으로 탄소수가 증가할수록 용해도가 낮다.

　㉡ **불포화지방산**(unsaturated fatty acid) : 지방산의 탄소결합 중 이중결합이 존재하는 지방산이다.

② 포화지방산

(1) 특징

① 탄소수가 증가할수록 물에 녹기 어렵다.

② 탄소수가 증가할수록 녹는점이 상승한다.

③ 천연유지 중에 가장 많이 존재하는 것은 palmitic acid(16 : 0 – 탄소수 : 이중결합), stearic acid(18 : 0) 이다.

(2) 대표적인 포화지방산

탄소수	구조	녹는점(℃)	일반명	학술명
C_4	$CH_3(CH_2)_2COOH$	−8.0	Butyric acid	Butanoic acid
C_6	$CH_3(CH_2)_4COOH$	−4.0	Caproic acid	Hexanoic acid
C_8	$CH_3(CH_2)_6COOH$	16.0	Caprylic acid	Octaroic acid
C_{10}	$CH_3(CH_2)_8COOH$	31.3	Capric acid	Decanoic acid
C_{12}	$CH_3(CH_2)_{10}COOH$	43.5	Lauric acid	Dodecanoic acid
C_{14}	$CH_3(CH_2)_{12}COOH$	54.4	Myristic acid	Tetradecanoic acid
C_{16}	$CH_3(CH_2)_{14}COOH$	62.9	Palmitic acid	Hexadecanoic acid
C_{18}	$CH_3(CH_2)_{16}COOH$	69.6	Stearic acid	Octadecanoic acid
C_{20}	$CH_3(CH_2)_{18}COOH$	75.4	Arachidic acid	Eicosanoic acid
C_{22}	$CH_3(CH_2)_{20}COOH$	80.0	Behenic acid	Docosanoic acid
C_{24}	$CH_3(CH_2)_{22}COOH$	84.2	Lignoceric acid	Tetracosanoic acid
C_{26}	$CH_3(CH_2)_{24}COOH$	87.7	Cerotic acid	Hexacosanoic acid
C_{28}	$CH_3(CH_2)_{26}COOH$	90.9	Mantanic acid	Octacosanoic acid
C_{30}	$CH_3(CH_2)_{28}COOH$	93.6	Melissic acid	Tricontanoic acid

③ 불포화지방산

(1) 특징

① 자연계에 존재하는 대부분의 불포화지방산은 이중결합을 가지고 있다.

② 이중결합을 2개 이상 가진 지방산들은 공액형 이중결합(conjugated double bond)이 아니라 독립형 이중결합을 하고 있다.

③ 이중결합이 1개 있을 때 그에 따른 cis형과 trans형의 입체이성질체가 존재한다. 천연 중의 지방산은 불안정한 cis형으로 존재한다.

(2) 대표적인 불포화지방산과 특징

① oleic acid … 대표적인 불포화지방산으로 탄소수는 18개이고, 9번 탄소에 이중결합이 있으며 cis형이다.

② linoleic acid … 탄소수는 18개이며, 9, 12번에 2개의 이중결합 있고, cis형이다.

③ linolenic acid … 탄소수는 18개이고, 9, 12, 15번에 3개의 이중결합이 있으며, cis형이다.

④ arachidonic acid … 탄소수는 20개이고, 5, 8, 11, 14번에 4개의 이중결합이 있으며, cis형이다.

일반명	학술명	탄소수 : 이중결합수
Myristoleic acid	9-Tetradecenoic	14 : 1
Palmitoleic acid	9-Hexadecenoic	16 : 1
Oleic acid	9-Octadecenoic	18 : 1
Ricinoleic acid	12-hydroxy-9-Octadecartrienoic	18 : 1
Linoleic acid	9, 12-Octadenenoic	18 : 2
α-Linoleinic acid	9, 12, 15-Octadecatrienoic	18 : 3
γ-Linoleinic acid	6, 9, 12-Octadecatrienoic	18 : 3
Arachidonic acid	5, 8, 11, 14-Eicosatetraenoic	20 : 4
Eicosapeatanoic acid	5, 8, 11, 14, 17-Eicosatetraenoic	20 : 5
Erucic acid	13-Docosenoic	24 : 1
Nevonic acid	15-Tetracosenoic	26 : 1
Docosahexanoic acid	4, 7, 10, 13, 16, 19-Docosahexaenoic	23 : 6

(3) 수소첨가

① 천연 불포화지방산에 수소를 첨가하여 포화시켜 마가린, 쇼트닝 등의 제품을 제조한다.

② 제조 중 일부 cis형은 trans형으로 전환된다.

③ trans형은 녹는점이 cis형보다 높아 실온에서 고체로 존재한다.

④ 특징

　ⓙ 장점 : 잘 상하지 않는다.

　ⓛ 단점 : 발암가능성이 있으며, LDL 형성을 증가시킨다.

> ♠TIP | 불포화지방산의 numbering
> 　ⓙ ω (오메가) : 지방산 체인의 말단에서부터 이중결합이 있는 탄소까지의 number
> 　ⓛ 종류
> 　　• ω-3 계열 : linoleic, arachidonic, EPA, DPA
> 　　• ω-6 계열 : linolenic

3　지질의 종류

① 중성지방

(1) 중성지방의 개념

① glycerol 1분자와 3개의 지방산이 ester 결합으로 연결되어 있는 것을 말한다.

② trialylglycerol 또는 triglycerid, 중성지방이라고 부른다.

$$
\begin{array}{l}
\text{CH}_2-\text{OH} \\
\quad | \\
\text{CH}-\text{OH} \quad + \text{ 3개의 RCOOH} \rightarrow \\
\quad | \\
\text{CH}_2-\text{OH}
\end{array}
\qquad
\begin{array}{l}
\qquad\qquad\qquad\quad \text{O} \\
\qquad\qquad\qquad\quad || \\
\text{CH}_2-\text{O}-\text{C}-\text{R}_1 \\
\quad | \qquad\qquad\quad \text{O} \\
\quad | \qquad\qquad\quad || \\
\text{CH}-\text{O}-\text{C}-\text{R}_2 \quad + 3\text{H}_2\text{O} \\
\quad | \qquad\qquad\quad \text{O} \\
\quad | \qquad\qquad\quad || \\
\text{CH}_2-\text{O}-\text{C}-\text{R}_3
\end{array}
$$

$$\text{glycerol} \qquad\qquad\qquad\qquad\qquad \text{triglycerid}$$

(2) 중성지방의 분류

① glycerol에 지방산 1개가 결합된 것을 monoglycerol, 2개의 지방산이 결합한 것은 diglyceride라고 한다.

② 같은 종류의 지방산 3개가 결합한 것을 simple triglyceride라고 하고, 구성 지방산이 두 가지 이상 다른 것이 결합한 경우 mixed triglyceride라고 한다.

② 왁스류(waxes)

(1) 식물성 왁스

① **카르나우바(carnauba) wax** … copernia cerifera라는 식물 잎의 표면에 존재하며 녹는점은 83 ~ 93℃ 정도이다. 주로 화장품에 사용된다.

② **칸델릴라(candelilla) wax** … candelilla shrub의 잎과 줄기에 존재하며 녹는점은 67 ~ 70℃ 정도이다.

③ **japan wax** … 옻나무에서 추출되며 녹는점은 53℃이다.

(2) 동물성 왁스

① **밀랍** … 벌꿀에서 얻어지는 왁스류로 녹는점은 62 ~ 65℃ 정도이다.

② **경랍** … 고래기름에 존재하는 왁스류로 녹는점은 41 ~ 46℃ 정도이다.

③ 복합지질

(1) 인지질(glycerophospholipids)

① 생물체 세포막의 주요 구성성분이다.

② 글리세롤, 인산, 지방산, 질소화합물이 결합되어 있다.

③ 대사 기능이 왕성한 뇌, 심장, 신장, 달걀노른자 중에 많으며, 식물 중에는 콩에 많이 들어있다.

④ **레시틴(lecithin)** … 대표적인 인지질 중 하나로 강한 유화작용(emulsifying action)으로 마가린, 초콜릿, 아이스크림, 마요네즈 등의 유지식품의 유화제로 사용된다.

(2) 당지질(glycoglycerolipids)

① 식물조직에 많이 존재한다.

② 대표적인 것으로는 monogalactosyldiacyl glycerol, digalactosyldiacyl glycerol이다.

③ **특징**

    ㉠ 아세톤에 녹는다.

    ㉡ 인지질과 분리가능하다.

    ㉢ 당지질에 결합되어 있는 지방산은 대부분 고도의 불포화지방산인 경우가 많다.

(3) sphingolipid

① 세포막의 주요 성분이며, C_{18}개의 아미노알코올의 일종인 sphingosine의 유도체를 말한다.

② sphingosine의 N-acyl지방산 유도체는 ceramide라고 한다.

④ 비비누화 지질

(1) sterol

① **개념** … steroid의 기본구조를 가진 물질로 독특한 생리작용을 나타낸다.

steroid의 기본구조   sterol의 일반구조

② **분류**

    ㉠ **동물성 sterol류** : 동물성 지방질에서 발견되는 것으로 cholesterol, lamosterol 등이 있다.

    ㉡ **식물성 sterol류** : 식물성 지방질에서 발견되는 것으로 β-sitosterol, campesterol 등이 있다.

    ㉢ **mycosterol류** : 효모, 곰팡이가 생산하는 것으로 ergosterol 등이 있다.

③ β-sitosterol … 밀배아유, 옥수수기름에 많이 존재한다.

④ ergosterol

    ㉠ 곰팡이나 효모에서 발견되는 대표적인 mycosterol이다.

    ㉡ ergosterol은 provitamin D로 자외선 조사에 의해서 비타민 D_2(calciferol)로 전환된다.

(2) 탄화수소

① 지질과 함께 존재하며 일부 스테롤과 합성에 관여하는 것으로 squalene, terpene류가 있다.

② **squalene**

　㉠ 상어의 간유에서 처음으로 분리된 탄화수소로서 어유에 많이 들어있다.

　㉡ 분자식 : $C_{30}H_{50}$

　㉢ 6개의 isoprene 단위가 연결되어 형성된 triterpene이다.

　㉣ steroid 화합물의 전구물질이다.

♣ 스쿠알렌 ♣

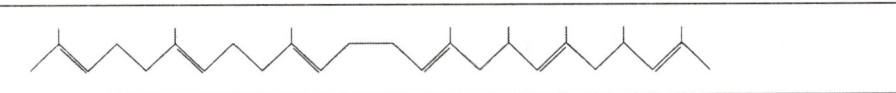

4 유지의 이화학적 성질

① 물리적 성질

(1) 용해성(solubility)

① 유지는 물에 녹지 않고 에테르, 석유벤젠, 벤젠, 클로로포름 등의 유기용매에 녹는다.

② 탄소수가 많고 불화도가 높을수록 용해도가 낮다.

(2) 녹는점과 결정구조

① **녹는점** … 불포화도가 높을수록 저급지방산이 많을수록 녹는점이 낮다.

② **다형현상**(polymurphism)

　㉠ 개념

　　• 단일화합물이 2개 이상의 결정구조를 갖는 현상을 말한다.

　　• 동일한 triglyceride 분자이지만 결정형에 따라 고유의 녹는점을 가진다.

　㉡ 결정형

　　• α형 : 사슬축이 불규칙적인 육방정계이다.

　　• β형 : 사슬축이 반대방향으로 되어있는 사방정계이다.

　　• β'형 : 사슬축이 같은 방향으로 되어있는 삼방정계이다.

ⓒ 안정성
- α형→β'형→β형 : 녹는점이 높은 결정형이 안정성이 높다.
- 불포화지방산의 단순 triglyceride는 β'형이 존재하지 않는 경우가 많다.
- 쇼트닝은 β'형으로 결정화되어야 하지만 β형으로 변화되는 경우 거칠고 모래알 같은 쇼트닝이 생성된다.

(3) 가소성

① 고체에 가해지는 압력이 어느 한계 이상이 되었을 때 변형이 일어나고 그 압력이 제거되었을 때에도 변형이 회복되지 않는 성질이다.

② 버터, 마가린, 초콜릿 등에 중요한 성질이다.

(4) 유지의 팽창

① 고체유지가 특정온도에서 녹아서 액체 성분으로 변할 때 부피팽창이 일어난다.

② **고체지방지수**(Solid Fat Index ; SFI) ⋯ 각 온도에서의 반고체유지의 고체성분 비율이다.

(5) 비중(specific gravity)

① 지방산기의 길이가 길수록, 산의 분포화도가 높을수록 비중이 증가한다.

② 물보다 낮다(0.91 ~ 0.92).

(6) 굴절률

① 대부분 1.45 ~ 1.47의 굴절률을 갖는다.

② 산가가 높을수록 굴절률이 낮다.

③ 불포화도가 높고, 지방산 잔기의 탄소수가 증가할수록 굴절률이 증가한다.

(7) 발연점

① 유지를 가열할 때 유지의 표면에서의 푸른 연기가 발생하는 온도이다.

② 유리지방산의 함량이 높을수록, 노출된 유지의 표면적이 커질수록 발연점이 내려간다.

> ♣TIP | 인화점과 연소점
> ㉠ 인화점 : 유지에서 발생되는 연기가 공기에 섞여서 발화되는 온도로 인화점이 높은 유지가 좋다.
> ㉡ 연소점 : 유지에서 계속적으로 연소를 지속하는 온도이다.

(8) 유화성

① 유지의 분자 중에 친수성기(carboxyl기)와 친유성기(탄화수소)를 가지고 있어 지방을 유화시키는 성질을 말한다.

② **유화제**(emulsitging cyent) ⋯ 유화성을 가지고 있는 물질이다.

③ **대표적인 유화제** ⋯ 레시틴, monoglyceride, diglyceride, bile acid(담즙산 등)이 있다.

② 화학적 성질

(1) 비누화(saponificaton)

① 유지는 산, 알칼리, 과열 증기, lipase에 의하여 분해되는데 이 중 알칼리에 의한 분해를 비누화라고 한다.

$$
\begin{array}{l}
CH_2-O-\overset{\displaystyle O}{\overset{\|}{C}}-R_1 \\
CH-O-\overset{\displaystyle O}{\overset{\|}{C}}-R_2 \\
CH_2-O-\overset{\displaystyle O}{\overset{\|}{C}}-R_3
\end{array}
\;+\;3KOH\longrightarrow\;
\begin{array}{l}
CH_2-OH \qquad R_1COOK \\
CH-OH \;+\; R_2COOK \\
CH_2-OH \qquad R_3COOK
\end{array}
$$

② **비누화값**(검화가, saponification value) ⋯ 유지 1g을 비누화하는 데 필요한 KOH의 mg수이다.

$$
\text{비누화값} = \frac{168,000mg}{\text{유지의 분자량}}
$$

③ 비누화값은 구성 지방산의 분자량에 반비례하므로, 저급지방산일수록 비누화값이 커진다.

(2) 첨가(addition)

불포화지방산의 이중결합에 수소, 할로겐 원자가 쉽게 첨가된다.

① **경화**(hardening)
  ㉠ 촉매하에서 불포화유지에 수소를 첨가하면 녹는점이 높은 포화지방산이 되며, 액체유지는 고체유지가 되어 산화안정성이 향상된다.
  ㉡ 불포화유지의 cis형이 경화에 의하여 trans형이 된다.

② **아이오딘가**(iodine value) … 유지 100g에 첨가되는 아이오딘의 g수를 아이오딘가라고 하며, 아이오딘가는 불포화도를 측정하는 척도가 된다.

③ **rhodan값**

  ㉠ 유지의 불포화도를 측정하는 값이다.

  ㉡ 유지 100g에 첨가되는 rhodan(thiocyanogen)의 당량을 아이오딘 g수로 환산한 값을 말한다.

  ㉢ oleic acid와 linoleic acid, linolenic acid에 첨가되는 아이오딘량과 rhodan량의 차이를 통하여 혼합물 중 각 지방산의 함량을 알 수 있다.

④ **hexabromide값**

  ㉠ 유지를 비누화한 다음 얻어지는 지방산의 100g에 브롬을 첨가시켜 얻어지는 브롬화합물 중 에테르에 녹지 않는 부분의 g수이다.

  ㉡ 유지 중의 linolenic acid의 함량에 비례한다.

  ㉢ 아마인유(amine oil)나 콩기름의 순도결정에 이용된다.

⑤ **산가**

  ㉠ 유지 1g 중에 존재하는 유리지방산(free fatty acid, 산화지방에 존재)을 중화하는 데 필요한 KOH의 mg수이다.

  ㉡ 식용유지의 산가는 1.0 이하이다.

⑥ **acetyl값** … 유지 속에 존재하는 수산기($-OH$)를 가진 hydroxy산의 함량을 표시한 값이다.

$$
\begin{array}{l}
\text{O} \qquad\qquad\qquad\qquad\qquad\qquad\qquad \text{OH} \\
\| \qquad\qquad\qquad\qquad\qquad\qquad\qquad\qquad | \\
CH_2{-}O{-}C{-}(CH_2)_7{-}CH{=}CH{-}CH_2{-}CH{-}(CH_2)_5CH_3 \\
| \qquad\quad\ \ \text{O} \\
| \qquad\quad\ \ \| \\
CH\ {-}O{-}C{-}R_2 \\
| \qquad\quad\ \ \text{O} \\
| \qquad\quad\ \ \| \\
CH_2{-}O{-}C{-}R_3
\end{array}
\qquad
\begin{array}{l}
CH_3CO \\
\qquad\quad \searrow \\
\qquad\quad + \qquad\quad O \xrightarrow{\text{아세틸화}} \\
\qquad\quad \nearrow \\
CH_3CO
\end{array}
$$

$$
\begin{array}{l}
\text{O} \qquad\qquad\qquad\qquad\qquad\qquad\qquad \text{OCOCH}_3 \\
\| \qquad\qquad\qquad\qquad\qquad\qquad\qquad\qquad\ \ | \\
CH_2{-}O{-}C{-}(CH_2)_7{-}CH{=}CH{-}CH_2{-}CH{-}(CH_2)_5CH_3 \\
| \qquad\quad\ \ \text{O} \\
| \qquad\quad\ \ \| \\
CH\ {-}O{-}C{-}R_2 \\
| \qquad\quad\ \ \text{O} \\
| \qquad\quad\ \ \| \\
CH_2{-}O{-}C{-}R_3
\end{array}
\qquad\qquad
+\ 2H_2O \xrightarrow{\text{가수분해}}
$$

⑦ **비누화 후 증류** … 유지를 비누화하고 황산으로 처리한 후 수증기 증류를 하면, 물에 녹는 휘발성 산과 녹지 않는 휘발성 산으로 나뉘어진다.

　㉠ reichert-meissl값 : 지방 5g을 알칼리로 비누화하고 산성에서 증류하여 얻은 수용성 휘발성 지방산을 중화하는 데 필요한 0.1N KOH의 mL수로 버터의 위조검정에 이용한다.

　㉡ polenske값 : 비수용성 휘발성 지방산을 중화하는 데 필요한 0.1N KOH의 mL수로 버터 중의 팜유검사에 이용된다.

⑧ **에스테르 교환반응**

　㉠ triglyceride 분자 중 지방산의 종류와 위치는 에스테르 교환반응에 의하여 변할 수 있다.

　㉡ 식용유지의 가공에서 유지의 사용목적에 알맞은 물성으로 개량하기 위하여 이용한다.

　㉢ 식용유지의 풍미, 열에 대한 안정성, 영양성과 관련이 있다.

5 　유지의 산패

① 　산패의 개념과 분류

(1) 개념

화학적, 미생물학적 원인에 의하여 불쾌한 냄새와 맛을 형성하는 현상이다.

(2) 분류

① **가수분해**(hydrolysis)**에 의한 산패**

　㉠ triglyceride가 물에 의하여 유리지방산과 글리세롤로 분해되어 변질되는 경우가 있다.

　㉡ lipase에 의해 분해되는 경우 : 식물성 유지의 착유 시 발생하며, crude oil, 어유에서 일어나기 쉽다.

② **산화**(oxidation)**에 의한 산패**

　㉠ 자동산화에 의한 산패 : 유지는 공기와 접촉하여 산소를 흡수하고 산소는 유지를 산화시켜 산화 생성물을 형성한다.

　㉡ 일중항산소(singlet oxygen)에 의한 산패 : 감광체와 햇빛의 존재하에서 공기 중 산소분자를 활성이 강한 일중항산소로 만들어 산화한다.

ⓒ **가열산화과정** : 공기의 존재하에 유지를 고온으로 가열할 때 일어나는 산화과정으로 deep fat frying(140~180℃)에서 일어나는 주요한 반응이다.

ⓔ **변향에 의한 산패** : 산화적 산패가 일어나기 전에 불쾌한 냄새와 맛을 나타내는 경우로 적은 산소량에 의해서도 발생할 수 있다.

ⓜ **효소에 의한 산화과정** : 불포화지방산 lipoxygenase에 의하여 hydroperoxide를 생성하고 lipohydroperoxidase에 의하여 hydroperoxide가 분해된다.

② 자동산화에 의한 산패

(1) 초기반응

free radical을 형성한다.

① 각 분자의 활동성 증가로 radical을 형성한다.

$$R:R \xrightarrow{\text{가열에너지, 기계에너지, 광에너지 등}} R\cdot + R\cdot$$

② 유지에 금속이 접촉하여 radical을 형성한다.

$$M\cdot(\text{금속이온}) + R:H(\text{유지분자}) \longrightarrow M:H + R\cdot$$

③ ROOH(hydroperxode, 감광체 산화과정에서 형성된 radical) $\longrightarrow$ RO· + ·OH

④ R· + R'H $\longrightarrow$ RH + R'·

R· + ·O-O· $\longrightarrow$ R-O-O'(peroxy radical)

(2) 연쇄반응

hydroperoxide를 형성한다.

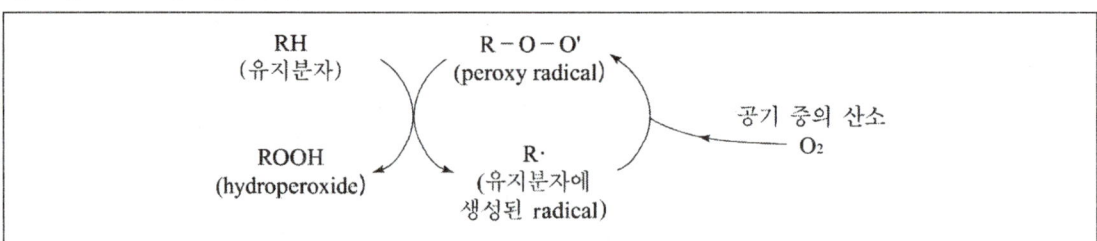

(3) 종결반응

① 자동산화과정 중 hydroperoxide 생성과정

$$R \cdot + R' \cdot \longrightarrow R : R'$$
$$ROO \cdot + R' \cdot \longrightarrow ROO : R'$$

② 유지의 자동산화에 있어서 최종 산화생성물들

$$ROOH \xrightarrow[\text{계속 산화}]{} ROH(alchol)$$

$$R - CH = O(aldehyde)$$

$$\begin{array}{c} R \\ \diagdown \\ C = O(ketone) \\ \diagup \\ R \end{array}$$

$$(hydroperxide)$$

$$\begin{array}{c} O \\ \parallel \\ R - C - OH \end{array}$$

③ 유지의 산화에 영향을 미치는 인자

(1) 지방산의 조성

① 이중결합의 수와 위치에 따라 산화속도가 달라진다.

② 이성질체, 이중결합의 수가 많을수록 산화속도가 빠르다.

③ cis형이 trans형보다 쉽게 산화된다.

④ 공액형 이중결합이 비공액형보다 빠르게 산화된다.

⑤ 실온에서 포화지방산이 불포화지방산보다 산화가 느리다.

(2) 온도

0℃ 이상보다 0℃ 이하에서 저장할 때 유지의 산화속도가 더 빠르다.

(3) 산소의 농도

매우 낮은 산소압에서의 산화속도는 산소압에 거의 비례한다.

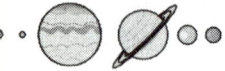

(4) 표면적

공기에 노출된 유지의 표면적은 산화속도에 비례한다.

(5) 수분

① 유지 중의 미량의 수분은 free radical의 공급원이 되어 자동산화과정의 초기반응을 촉진시켜 산화촉진제로 작용한다.

② 수분의 함량이 매우 낮은 건조식품(Aw 0.1 이하)에서 유지의 산화속도가 매우 빠르게 진행되고 Aw 0.3에서 산화속도가 최저에 이른다. 수분활성이 더 높아지면 촉매의 활동이 증가되어 산화속도가 증가한다.

(6) 금속

Co, Cu, Fe, Mn, Ni, Sn 등의 산화촉진 금속이 존재하는 경우 산화가 촉진된다.

(7) 생화학적 물질

hemoglobin cytochrome같은 heme화합물, chlorophyll 등의 감광물질, lipoxygenase 등의 효소가 산화를 촉진한다.

(8) 산화방지제

① **원리** ··· free radical을 억제하거나 금속이온의 활성을 저해하거나 peroxide를 분해한다.

> $RO_2 \cdot$ (peroxide)$+AH$(항산화제)$\rightarrow ROOH+A \cdot$
>
> $A \cdot +BH$(항산화 상승제)$\rightarrow AH+B \cdot$

② **천연 산화방지제**
　　㉠ sesamol, gossypol 등의 식물성 유지에 많이 존재한다.
　　㉡ tocopherol($\delta > \gamma > \beta > \alpha$), polyphenol성 화합물, gum guaiac, spice 등이 있다.

③ **상승제**
　　㉠ 식품 중의 중금속과 킬레이트 결합을 하여 금속의 촉매작용을 차단하여 항산화작용을 한다.
　　㉡ arcorbic acid, phosphoric acid, tartaric acid, 인지방질 등이 있다.

④ 산패측정법

(1) 과산화물가(peroxide value)
① 유지 1kg에 함유된 과산화물의 mMol수, m당량수로 나타낸다.
② 유지의 산패도, 유도기간을 측정한다.

(2) TBA(thiobarbituric acid)
유지의 산패가 진행됨에 따라 생성되는 carbonyl화합물 중 malonaldehyde가 생성되는 것에 기초한다.

(3) 총 carbonyl화합물 측정
① 자동산화 최종단계에 생성되는 carbonyl화합물을 측정한다.
② 산화가 지속되는 중에 계속 증가한다.

(4) anisidine가
① 산화가 지속되는 중에 aldehyde량이 증가한다.
② 아세트산의 존재에서 anisidine이 aldehyde와 반응하여 황색복합체를 생성한다.

(5) kresis 시험
산패발생여부에 대한 정성시험이다.

(6) UV spectrophotometry
산패에 의하여 이중결합이 공액형으로 전환되므로 공액형 이중결합의 양을 측정하여 산패를 확인한다.

1 다음 중 항산화제가 아닌 것은?

① ascorbic acid   ② tocopherol

③ gossypol   ④ hematin

>✎NOTE | ④ 산화촉진제로 작용한다.

2 다음 중 수중유적형 유화제가 아닌 것은?

① 젤라틴   ② 레시틴

③ 난황   ④ 카세인

>✎NOTE | ④ 카세인은 유중수적형 유화제이다.

3 유지의 자동산화에 영향을 미치는 인자로 옳지 않은 것은?

① 금속(Cu, Fe, Ni)

② 온도, 수분, 광선

③ 유지의 분자량

④ 유지의 불포화도

>✎NOTE | 지방의 자동산화 … 온도, 광선, 금속, 불포화지방산, 생화학적 물질, 지방산 조성 등에 의해 영향을 받는다.

ANSWER | 1.④ 2.④ 3.③

4 다음 중 유지의 산패도 측정의 지표가 되는 것은?

① 과산화물가   ② TBA
③ 총카르보닐가   ④ 아이오딘가

> **NOTE** | 과산화물가
> ㉠ 유지 1kg에 함유된 과산화물의 mMol수, m당량수이다.
> ㉡ 유지의 산패도, 유도기간을 측정한다.

5 다음 중 butter의 위조검정에 이용되는 값은?

① iodine value   ② polenske value
③ hener value   ④ reichert-meissl value

> **NOTE** | reichert-meissl value … 유지의 휘발성 지방산 중에서 수용성인 것의 양을 나타내는 척도로 버터의 유사품은 이 수치가 낮아서 위조품 검정에 이용된다.

6 다음 중 이중결합이 3개인 지방산은?

① linolenic acid   ② linoleic acid
③ oleic acid   ④ arachidonic acid

> **NOTE** | 이중결합을 3개 가지는 지방산은 리놀렌산으로 18 : 3의 ω-3계 지방산이다.
> ② 이중결합 2개 ③ 이중결합 1개 ④ 이중결합 4개 이상

7 다음 중 가장 큰 아이오딘가를 갖는 것은?

① triolein   ② tripalmitin
③ trilinolein   ④ triarachidonin

> **NOTE** | 아이오딘가가 130 이상인 유지를 건성유라고 하며 triarchiolonin이 여기에 속한다.
> ※ 아이오딘가가 100 ~ 130의 유지를 반건성유, 100 이하의 유지를 불건성유라고 한다.

ANSWER | 4.① 5.④ 6.① 7.④

8 다음 중 유지 1g 중의 유리지방산을 중화하는 데 소요되는 KOH의 mg수로 표시되는 값은?

① 산가
② 아이오딘가
③ 검화가
④ 과산화물가

✎NOTE| 산가 … 유지 중의 유리지방산의 함량을 측정하는 값으로 정제된 신선한 유지는 0.1 이하이다.

9 지질의 분류상 유도지질(derived lipid)에 속하지 않는 것은 어느 것인가?

① wax
② 고급 알코올
③ 지용성 비타민
④ steroid

✎NOTE| wax류는 고급 1가 alcohol과 고급지방산이 ester화된 것으로 단순지질에 속한다.

10 다음 중 인지질에 속하지 않는 것은?

① 레시틴(lecithin)
② 왁스(wax)
③ 세파린(cephalin)
④ 스핑고마이엘린(sphingomyelin)

✎NOTE| 인지질에는 레시틴, 세파린, 스핑고마이엘린 등이 있으며 왁스는 단순지방에 속한다.

11 다음 중 유지의 이화학적 특성으로 옳지 않은 것은?

① 고급지방산이 많을수록 융점이 낮아진다.
② 저급지방산이 많을수록 용해도는 증가한다.
③ 식품 중에는 비중이 0.92 ~ 0.94인 유지가 많다.
④ 물에는 녹지 않지만 ether에는 잘 녹는다.

✎NOTE| 유지는 불포화지방산의 함량이 많으면 융점이 낮아진다. 따라서 식물성 유지는 불포화지방산이 많고, 동물성 유지는 불포화지방산이 적어 융점이 높아 상온에서 고체 상태로 존재한다. 또, 물에 녹지 않고 ether 등의 비극성 용매에 녹으며, 가수분해되면 지방산과 glycerol이 생성된다.

ANSWER | 8.① 9.① 10.② 11.①

12 인지질에 속하지 않는 것은?

① cephaline   ② sphingomyeline

③ cerebroside   ④ lecithin

　NOTE| ③ 당지질에 속한다.

13 다음 중 단순지질에 속하는 것은?

① 당지질   ② 인지질

③ 지방산   ④ 중성지방

　NOTE| 단순지질의 종류 ··· 중성지방, 왁스, cholesterol ester
　　　　①② 복합지질 　③ 유도지질

14 다음 중 이중결합을 4개 가지고 있는 것은?

① arachidonic acid   ② linolenic acid

③ oleic acid   ④ linoleic acid

　NOTE| 탄소 20개의 이중결합이 4개인 지방산은 arachidonic acid이다.

15 산패가 일어나는 시기로 옳지 않은 것은?

① 산소의 흡수속도가 급증하는 시기

② 유도 기간이 길어지는 시기

③ hydroperoxide(과산화물) 생성속도가 급증하는 시기

④ carbonyl compound의 생성속도가 급증하는 시기

　NOTE| 유도 기간 ··· 유지의 산소 흡수속도가 매우 적은 일정기간을 말하며, 급격한 산패가 발생하기
　　　　직전까지의 기간을 말한다. 그러므로 유도 기간이 길수록 산패는 늦춰진다.

ANSWER | 12.③ 13.④ 14.① 15.②

16 다음 중 지방의 산화종결시 hydroperoxide 분해에 의해 생기는 산패취의 원인물질이 아닌 것은?

① alcohol ② ketone

③ aldehyde ④ ester

> **NOTE** | hydroperoxide의 물질에 의하여 alcohol, aldehyde, ketone 등이 생성되며 산패취의 주요원인 물질이다.

17 다음 중 필수지방산에 속하는 것은?

① oleic acid ② linolenic acid

③ palmitic acid ④ acetic acid

> **NOTE** | linolenic acid는 C_{18} : 2의 필수지방산이다.

18 다음 중 지방의 화학적 성질검사 시 KOH가 들어가지 않는 것은?

① 로단가 ② 산가

③ 검화가 ④ 아세틸가

> **NOTE** | 지방의 성질검사에서 KOH를 사용하는 검사는 산가, 검화가, 아세틸가, reichert-meissl가 등이 있다.

19 다음 중 식용유지로서 갖추어야 할 특성으로 옳은 것은?

① 불포화도가 낮을 것
② 불포화도와 녹는점이 모두 낮을 것
③ 녹는점이 낮을 것
④ 불포화도와 녹는점이 모두 높을 것

> **NOTE** | 식용으로 사용하는 유지는 중성지방이 주성분이고, 녹는점이 낮고 범위가 넓은 것이 용이하다.

ANSWER | 16.④ 17.② 18.① 19.①

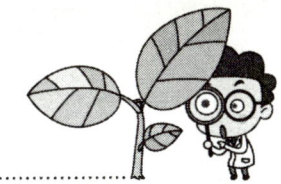

20 다음 중 유지의 녹는점에 대한 설명으로 옳지 않은 것은?

① 식물성 유지는 녹는점이 낮다.
② 불포화지방산이 많은 유지일수록 녹는점은 낮아진다.
③ 저급지방산이 많은 유지일수록 녹는점은 높아진다.
④ 포화지방산이 많은 유지일수록 녹는점은 높아진다.

> NOTE | 유지의 녹는점
> ㉠ 유지는 복합화합물로 녹는점이 일정하지 않다.
> ㉡ 사람의 체온보다 녹는점이 낮은 것이 좋다.
> ㉢ 불포화지방산을 많이 포함한 것은 녹는점이 낮고 실온에서 액체상태이다.
> ㉣ 포화지방산을 많이 포함한 것은 녹는점이 높고 실온에서 고체상태이다.
> ㉤ 포화지방산은 탄소수가 증가할수록 녹는점이 높아진다.

21 다음 중 유지품질의 지표가 되는 것은?

① 포화지방산
② glyceride의 양
③ 유리지방산
④ 필수지방산

> NOTE | 유지의 품질은 유리지방산이 어느 정도 함유되어 있는지 검사하여 산패의 정도를 측정한다.

22 트랜스지방과 관련이 있는 지질의 화학적 변화는?

① 지질의 중합
② 지질의 산화
③ 지질의 고리화
④ 지질의 이성질화

> NOTE | 에노일CoA 이성질화 효소가 이중결합을 트랜스 형태로 전이시켜 베타산화가 이루어지도록 한다.

23 다음 중 낙농제품의 산패의 중요한 원인으로 옳은 것은?

① 자동산화에 의한 산패
② 외부의 나쁜 냄새의 흡수
③ 효소에 의한 가수분해 산패
④ 물과 접촉에 의한 가수분해 산패

> NOTE | 낙농제품의 중요한 산패 원인은 물과 접촉 시 가수분해에 의해 일어나는 산패이다.

ANSWER | 20.③ 21.③ 22.④ 23.④

24 튀김용 유지를 높은 온도에서 가열할 때 나는 자극적인 냄새의 원인은?

① 산패취
② 지방산의 냄새
③ acrolein의 냄새
④ 아미노산의 탄화냄새

> **NOTE** 튀김용 유지를 세게 가열하면 유지에서 뿌연 연기가 나오는데 이때 나오는 acrolein이 자극적인 냄새의 원인이다.

25 과산화물가는 유지의 어떤 특성을 표시하는 기준이 되는가?

① 불포화도
② 산패도
③ 경화도
④ 유리지방산의 양

> **NOTE** 과산화물가 … 유지의 산패도를 측정하기 위해 사용하는 지표로 유지 1kg에 함유된 과산화물의 mMol수, m당량수로 나타낸다.

26 다음 중 reicher-meissl값과 관련이 있는 것은?

① 수용성 지방산
② 불용성 지방산
③ 휘발성 불용성 지방산
④ 휘발성 수용성 지방산

> **NOTE** reicher-meissl값은 유지를 검화하여 휘발성 수용성 지방산의 양을 보기 위함이다.

27 다음 중 포화지방산의 설명으로 옳지 않은 것은?

① 수소 첨가나 halogen화에 영향을 받지 않는다.
② 탄소수가 많을수록 융해점이 상승하는 경향이 있다.
③ 일반적으로 불포화지방산보다 산패가 빠르다.
④ 천연 중에 많이 존재하는 것은 stearic acid와 palmitic acid이다.

> **NOTE** ③ 이중결합이 많을수록 산패가 빠르며, 융점이 낮아진다.

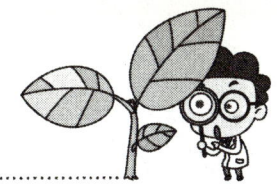

28 glycolipids는 어느 것에 속하는가?

① 유도지질
② 인지질
③ 복합지질
④ 중성지질

✎NOTE| 복합지질에는 스핑고지질(sphingolipid), 당지질(glycolipids), 인지질(phospholipids) 등이 있다.

29 다음 지방산 중에서 녹는점이 가장 낮은 것은?

① oleic acid
② linoleic acid
③ linolenic acid
④ stearic acid

✎NOTE| ① 16.3℃ ② −5℃ ③ −11℃ ④ 70℃

30 지방산에 대한 설명으로 옳지 않은 것은?

① glyceride의 주성분이다.
② $C_6 \sim C_{12}$인 지방산은 휘발성 지방산이라고 한다.
③ 말단에 카르복시기를 가진다.
④ 자연계에 존재하는 지방산은 대부분의 탄소수가 짝수이다.

✎NOTE| ② 탄소수가 $C_4 \sim C_{10}$인 저급지방산을 휘발성 지방산이라고 한다.

31 지질의 성질을 설명한 것으로 옳지 않은 것은?

① 지방산과 글리세롤이 에스테르 결합을 하고 있다.
② 지질을 구성하는 중요한 3가지 원소는 C, H, N이다.
③ 식품에 독특한 향미를 부여한다.
④ 비극성용매에 대해 용해도가 높다.

✎NOTE| ② 지질의 주요 구성원소는 단백질, 탄수화물과 같이 C, H, O의 3원소이며 그 밖에 P, N, S 등의 원소를 가지고 있다.

ANSWER | 28.③ 29.③ 30.② 31.②

32 다음 중 단순지질에 속하는 것이 아닌 것은?

① wax   ② glyceride

③ sterol ester   ④ sterol

NOTE | ④ 유도지방산이다.

33 다음 중 복합지질인 것은?

① 지방산   ② 인지질

③ 왁스   ④ 중성지방

NOTE | ① 유도지질   ③④ 단순지질

34 다음 중 교질용액의 특성이 아닌 것은?

① 분산질이 고체이고 분산매가 액체인 교질용액을 겔(gel)이라 한다.
② 겔 형태의 대표적인 식품으로는 묵, 두부, 젤리 등이 있다.
③ 분산매인 액체에 분산질인 기체가 분산되어 있는 것을 거품이라 한다.
④ 우유, 버터, 마가린은 대표적인 유화식품이다.

NOTE | 겔은 분산매가 고체이고 분산질이 액체인 것으로 사골국, 젤라틴용액, 우유, 그레비 등이 있다.

35 다음 중 유지에 있어서 가장 보편적으로 일어나는 현상은?

① 온도에 의한 변질   ② 산화에 의한 변질

③ 효소에 의한 변질   ④ 미생물에 의한 변질

NOTE | 불포화지방산이 산소에 의해 변질, 산화되는 변화가 가장 많이 발생한다.

36 유지가 산소의 존재하에서 고온에서 가열되어 초래하는 결과가 아닌 것은?

① 착색   ② 점도의 증가

③ 향미의 향상   ④ 영양가의 손실

NOTE | 향미의 변향이 일어나서 불쾌한 냄새가 난다.

ANSWER | 32.④ 33.② 34.① 35.② 36.③

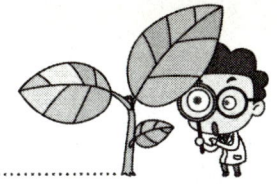

37 다음 중 항산화제의 작용으로 옳은 것은?

① 광에너지를 흡수한다.
② 산소를 제거한다.
③ 과산화물 유리기에는 수소원자를 공여한다.
④ 금속이온의 촉매작용을 제거한다.

> **NOTE** | 항산화제 … 과산화물 유리기나 지방분자 유리기에 수소원자를 공여하고 자신이 유리기가 된다.

38 다음 중 항산화 작용이 가장 큰 것은?

① α –tocopherol
② β –tocopherol
③ γ –tocopherol
④ δ –tocopherol

> **NOTE** | tocopherol의 항산화 효과는 $\delta > \gamma > \beta > \alpha$ 순이다.

39 다음 중 지방산의 이성질체에 대한 설명으로 옳지 않은 것은?

① cis형이 trans형보다 화학적으로 안정적이다.
② 천연에 존재하는 불포화지방산은 대부분 cis형이다.
③ 식물성 유지의 체지방화의 원리가 된다.
④ trans형의 녹는점이 cis형보다 높다.

> **NOTE** | ① 일반적으로 trans형이 cis형보다 안정적이고 식품 가공시에 trans형으로 만들어 사용하기도 한다.

40 다음 중 유지의 산화정도를 측정하는 것은?

① 불포화도
② 탄소수
③ 과산화물가
④ ester결합

> **NOTE** | 유지는 과산화물가에 의해 산화정도를 파악한다.

ANSWER | 37.③ 38.④ 39.① 40.③

41 다음 중 천연지방을 설명한 것으로 옳은 것은?

① 단순 glyceride의 혼합물이다.　　② 산화되지 않는다.

③ 예민한 녹는점을 갖는다.　　④ 혼합 glyceride의 혼합물이다.

　　NOTE| 천연지방에는 여러 종류의 glyceride들이 혼합되어 있으며 다형현상을 나타낸다.

42 다음 중 모든 식용유지의 주요 지방산이 아닌 것은?

① stearic acid　　② linolenic acid

③ palmitic acid　　④ oleic acid

　　NOTE| 주요 지방산은 전체 지방산 함량의 10% 이상인 지방산을 말하며, oleic, stearic, palmitic, linoleic acid가 여기에 속한다.

43 불포화지방산에 대한 설명으로 옳지 않은 것은?

① oleic acid가 대표적이며 탄소수 16개이다.

② 포화지방산보다 녹는점이 낮다.

③ linoleic acid, arachidonic acid 등이 있다.

④ 일반적으로 생체 내에서 합성할 수 없거나 미량 존재한다.

　　NOTE| ① oleic acid는 C_{18}이며 9번 탄소에 이중결합을 1개 가지고 있다.

44 다음 중 지방의 성질로 옳지 않은 것은?

① 단순 glyceride는 예민한 융점을 가진다.

② 지방의 융해온도는 지방산의 분자수에 따라 달라진다.

③ 순수한 지방은 무색무취의 화합물이다.

④ 지방의 비중은 0.9~0.94로서 물보다 가볍다.

　　NOTE| ② 지방의 융해온도는 지방산의 탄소수와 불포화도에 따라 달라지게 된다.

ANSWER| 41.④　42.②　43.①　44.②

45 다음 중 건성유에 해당하는 것은?

① 땅콩기름
② 아마인유
③ 마가린
④ 어유

✎**NOTE**| 건성유 … 아이오딘가가 130 이상인 유지로 아마인유가 여기에 속한다.

46 다음 중 산패가 가장 잘 일어나는 지방산은?

① lignoceric acid
② oleic acid
③ lauric acid
④ linolenic acid

✎**NOTE**| 유지의 산패는 이중결합이 많을수록 산패가 잘 일어나므로 불포화도가 큰 linolenic acid가 가장 산패가 잘 일어난다.

47 다음 중 왁스류에 대한 설명으로 옳지 않은 것은?

① 유지와 달리 글리세롤로 이루어지지 않았다.
② 고급지방산과 고급 1가 알코올의 에스테르 결합이다.
③ 단순지질로 영양적 가치가 뛰어나다.
④ 식물의 잎이나 과실의 표면에 분포한다.

✎**NOTE**| 왁스는 동식물체의 표면에서 수분의 증발을 방지하는 이로운 작용을 하는 보호물질이지만 소화가 되지않고, 영양적 가치가 없다(예 밀납, 경납).

48 유지의 자동산화에 영향을 미치는 인자에 대한 설명으로 옳지 않은 것은?

① 표면적이 넓을수록 산화가 느리다.
② 산화속도는 산소의 양에 비례한다.
③ 불포화지방의 함량이 높으면 산패되기 쉽다.
④ 온도가 높을수록 산화가 촉진된다.

✎**NOTE**| 산소와의 접촉면이 많을수록 산화가 촉진된다.

49 시판되는 식용유를 식용부적합으로 판정하기 위한 근거로 사용할 수 있는 것을 고른 것은?

> ㉠ 높은 산가   ㉡ 높은 요오드가
> ㉢ 높은 비누화가   ㉣ 높은 카보닐가

① ㉠㉡   ② ㉠㉢
③ ㉡㉢   ④ ㉠㉣

> **✎NOTE|** 식용유지의 산패도를 나타내는 지표로는 과산화물가, TBA가, 산가(또는 유리지방산가), 카보닐가가 있다.

50 다음 중 중성지방에 대한 설명으로 옳지 않은 것은?

① glyceride라고 불리기도 한다.
② 동물성 유지는 대부분 중성지방이다.
③ 자연계에 에너지원으로 존재한다.
④ 대사기능이 왕성한 뇌, 심장, 신장에 많이 존재한다.

> **✎NOTE|** ④ 인지질에 대한 설명이다.

51 다음 중 불포화지방산에 대한 설명으로 옳지 않은 것은?

① 천연 중에 trans형으로 존재한다.
② 주로 액체상태이고 산화를 잘 일으킨다.
③ 동물성 유지보다 식물성 유지에 많이 함유되어 있다.
④ 포화지방산보다 녹는점이 낮은 편이다.

> **✎NOTE|** ① 천연 중의 불포화지방산은 대부분 불안정한 cis형이며 cis형은 trans형보다 녹는점이 낮다.

52 다음 중 유지 및 유지제품에 사용되는 합성산화제와 관계없는 것은?

① TBA   ② BHT
③ BHA   ④ propylgallate

> **✎NOTE|** BHA, BHT, propylgallate 등은 독성이 적고 항산화 효과가 커서 유지에 널리 사용되는 항산화제이다.
> ① thiobarbituric acid로 유지의 산패 정도를 측정한다.

ANSWER| 49.④ 50.④ 51.① 52.①

53 다음 중 자동산화가 문제되는 것은?

① 마가린   ② 천연유지
③ 포화지방   ④ 버터

　📝**NOTE** 유지의 자동산화는 천연유지와 같은 불포화지방에 있어서 문제가 된다.

54 다음 중 복합지질에서 유도되지 않은 것은?

① 지방산   ② 콜린
③ 스테롤   ④ 스핑고신

　📝**NOTE** 스테롤은 복합지질이 아니라 유도지질이다.

55 다음 중 지방 및 지방산의 성질에 관한 설명으로 옳은 것은?

① 탄소수가 많고 이중결합수가 많은 지방일수록 유기용매에 잘 녹는다.
② cis형의 불포화지방산이 trans형보다 녹는점이 더 낮다.
③ 포화지방산의 녹는점은 탄소수가 증가할수록 낮아진다.
④ 불포화지방산의 녹는점은 이중결합수가 증가할수록 높아진다.

　📝**NOTE** cis형의 지방산은 trans형의 지방산보다 불안정한 결합이어서 녹는점이 낮다.

56 다음 중 유도지질에 대한 설명으로 옳지 않은 것은?

① 알칼리에 의해 비누화되지 않는다.
② 카로틴 등의 지용성 색소가 여기에 포함된다.
③ 지방산과 다른 원자단의 화합물이다.
④ 극성용매에 잘 용해되지 않는다.

　📝**NOTE** ③ 지방산과 원자단의 화합물은 복합지질이다. 유도지방은 단순지질과 복합지질의 가수분해에 의해 생성된다.

ANSWER | 53.② 54.③ 55.② 56.③

57 지방이 NaOH의 존재하에 ester결합이 가수분해되어 지방산의 염과 glycerol을 생성하는 현상은?

① 산패
② 비누화(검화)
③ 지방의 용해
④ 자동산화

✏️**NOTE** | 지방이 알칼리에 의해 가수분해되는 현상을 비누화 또는 검화라고 한다.

58 다음 중 효소에 의한 산패에 대한 설명으로 옳지 않은 것은?

① lipoxygenase와 lipohydroperoxidase의 두 산화효소가 관계한다.
② 약산성에서 최대 반응속도를 나타낸다.
③ oleic acid는 lipoxygenase의 작용을 받지 않는다.
④ lipohydroperoxidase는 어느 정도 가열해야 활성화된다.

✏️**NOTE** | ② lipoxygenase, lipohydroperoxidase의 최적 pH는 중성 부근이다.

59 다음 중 유지의 자동산화 과정에서 생성되는 알데히드는?

① 지방 유리기
② 케톤
③ 하이드로퍼옥사이드
④ 과산화물 유리기

✏️**NOTE** | 알데히드는 하이드로퍼옥사이드로부터 생성된다.

60 적당량의 수분이 유지의 자동산화를 억제하는 이유로 옳지 않은 것은?

① 식품성분에 보호막을 형성하여 산소와의 접촉을 차단한다.
② 식품성분에 단분자층을 형성할 수 있다.
③ 불포화지방을 포화지방으로 만들 수 있다.
④ 중금속의 활성을 억제한다.

✏️**NOTE** | 적당량의 수분(Aw 0.3)이 불포화지방을 포화지방으로 만들 수는 없다.

ANSWER | 57.② 58.② 59.③ 60.③

61 유지의 자동산화에 대한 설명으로 옳은 것은?

① 유지의 자동산화는 불포화지방산을 많이 함유한 지질에 비해 포화지방산을 많이 함유한 지질에 쉽게 발생한다.
② 유지의 산패 정도는 산가나 과산화물가를 측정하여 주로 평가하며 이들의 값은 유지 산패 과정 동안 계속 증가한다.
③ 불포화지방산을 많이 함유한 식물성 유지는 유지 중에 함유되어 있는 항산화물질에 의해 유도기간이 연장되어 산패가 일어나지 않는다.
④ 요오드가 130 이상인 건성유가 요오드가 100 이하의 불건성유에 비해 산패가 쉽게 일어난다.

✎NOTE| 요오드값은 100g의 유지가 흡수하는 요오드의 g 수를 말하며 요오드값이 130 이상의 것을 건성유, 130~90의 것을 반건성유, 90 이하의 것을 불건성유라고 한다.

62 유지의 경화는 무엇을 첨가하여 나타나는 현상인가?

① 수소 　　　　　　　　　② 질소
③ 탄소 　　　　　　　　　④ 산소

✎NOTE| 경화 … 니켈촉매하에서 불포화유지에 수소를 첨가하면 녹는점이 높은 포화지방산이 되며 액체유지는 고체유지가 되는 현상이다.

63 다음 중 스쿠알렌에 대한 설명으로 옳지 않은 것은?

① 고도의 불포화탄화수소의 일종이다. 　　② 비타민 D의 효력을 촉진시킨다.
③ 식물성 유지에 많이 포함되어 있다. 　　④ 스테롤의 전구물질이다.

✎NOTE| 스쿠알렌은 유도지질로 상어의 간유에 85%가 존재하며, 어유 등에 풍부하고 스테롤의 전구물질로 알려져 있다.

64 유지의 물리적 성질 중 점도가 증가하는 경우로 옳지 않은 것은?

① 고온으로 가열할 때 　　　　② 불포화도가 클 때
③ 식품을 튀긴 기름 　　　　　④ 지방산의 분자량이 클수록

✎NOTE| ② 불포화도가 작을수록 유지의 점도가 증가한다.

ANSWER | 61.④　62.①　63.③　64.②

65 다음 중 레시틴의 설명으로 옳지 않은 것은?

① 글리세롤과 지방산, 인산이 결합한 것이다. ② 양극성 물질이다.

③ 비비누화 지질이다. ④ 달걀노른자에 많이 함유되어 있다.

✎NOTE| 레시틴 … 대표적인 인지질 중의 하나로 알과 콩에 많이 함유되어 있으며 비누화도 잘 되고 유지식품의 유화제로 사용된다.

66 유지의 자동산화에서 산패취의 원인이 아닌 것은?

① alcohol ② triglyceride

③ ketone ④ aldehyde

✎NOTE| 자동산화반응 중 생성된 hydroperoxide는 쉽게 분해되어 aldehyde, ketone, alcohol 등을 만들어 산패취를 일으킨다.
② triglyceride는 지방의 일반적 형태로서 산패취의 원인이 되지 않는다.

67 다음 중 불건성유의 아이오딘화값의 범위는?

① 100 이상 ② 100 이하

③ 100 ~ 130 ④ 130 이상

✎NOTE| 유지의 아이오딘화값
ⓒ 불건성유 : 100 이하
ⓒ 반건성유 : 100 ~ 130
ⓒ 건성유 : 130 이상

68 다음 중 인지질이 아닌 것은?

① cephaline ② cerebroside

③ lecithin ④ sphingomyeline

✎NOTE| cerebroside는 당지질이다.

ANSWER | 65.③ 66.② 67.② 68.②

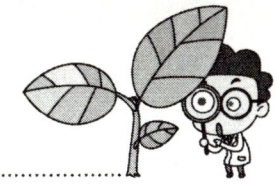

69 지방산의 특성에 대한 설명으로 옳지 않은 것은?

① 필수지방산들은 불포화지방산에 속한다.
② 동일한 탄소수에서 불포화지방산의 녹는점은 포화지방산보다 낮다.
③ 팔미트산(palmitic acid)과 스테아르산(stearic acid)은 포화지방산에 속한다.
④ 불포화지방산에 비하여 포화지방산이 자동산화에 의한 산패가 더 일어나기 쉽다.

✎NOTE│ 포화지방산이 불포화지방산에 비하여 산패가 더 일어나기 쉽다.

70 다음 중 휘발성 지방산에 대하여 바르게 설명한 것은?

① 탄소수가 18개 이하의 지방산이다.
② 비수용성 휘발성 지방산의 양을 결정하는 것은 polenske값이다.
③ 상온에서 휘발성인 지방산을 말한다.
④ 유기용매의 증류를 통해 얻어진다.

✎NOTE│ polenske값 … 비수용성 휘발성 지방산을 중화하는 데 필요한 0.1N KOH mL수

71 다음 중 유지 속에 존재하는 수산기의 양을 측정하는 값은?

① 산가　　　　　　　　　　② 과산화물가
③ rhodan가　　　　　　　　④ 아세틸가

✎NOTE│ 아세틸가는 유지 속의 수산기(-OH)를 가진 hydroxy산의 함량을 나타내는 것으로 아세틸화
한 유지 1g을 가수분해하여 얻어지는 아세트산을 중화하는 데 소비되는 KOH의 mg수이다.
이 실험은 유지 중에 존재하는 수산기의 양을 측정하는 것이다.

72 유지의 발연점에 영향을 미치는 인자로 옳지 않은 것은?

① 유지의 정제도　　　　　　② 용해도
③ 저급지방산의 함량　　　　④ 유리지방산의 함량

✎NOTE│ 유지 중에 미세입자, 휘발성 물질이 존재할수록, 유리지방산, 저급지방산의 함량이 높을수록
유지의 발연점은 낮아진다.

ANSWER │ 69.④　70.②　71.④　72.②

73 다음 중 유지의 변질에 대한 설명으로 옳지 않은 것은?

① 수분이 많은 유지는 효소에 의한 변질이 촉진된다.
② hydroperoxide를 분해하는 효소는 lipoxygenase이다.
③ 불포화도가 클수록 산화속도가 크다.
④ 불포화지방산을 함유한 유지의 산화시에는 과산화물이 생성된다.

✎**NOTE**| ② hydroperoxide를 분해하는 효소는 lipohydroperoxidase이다.

74 다음 중 인지질의 특징으로 옳지 않은 것은?

① 인지질의 기본구조는 phosphatide acid이다.
② 유화제 역할을 한다.
③ 인지질 중에서 phosphatide acid에 choline이 ester결합으로 결합된 것은 cephalin이다.
④ 뇌수, 신경조직에서 많이 발견된다.

✎**NOTE**| ③ cephalin은 phospatidic acid에 ethanolamine이나 serine이 결합되어 있는 인지질이다.

75 rennin의 대표적인 작용은 무엇인가?

① 단백질 분해   ② 지질 분해
③ 젖산 생산   ④ casein을 paracasein으로 변화

✎**NOTE**| rennin은 강력한 응유작용을 가지며 Ca^{2+}의 존재로 casein을 불용성의 paracasein으로 하여 pepsin의 작용을 쉽게 하고, 자신도 소화작용이 있다.

76 유지의 변향에 의한 산패에 대한 설명으로 옳은 것은?

① 자동산화에 의한 산패취와 같은 풍미를 가진다.
② 정제 전 유지의 냄새로 돌아가는 현상이다.
③ 산소에 의한 메커니즘이 아니다.
④ lipase에 의한 변화이다.

✎**NOTE**| 변향은 자동산화가 일어나기 전에 풋내나 비린내 같은 이취가 발생하는 현상으로, linoleic acid의 함량이 높은 유지에서 변향이 더 잘 일어난다.

ANSWER | 73.② 74.③ 75.④ 76.②

77 다음 중 유지의 산화촉진제로 옳지 않은 것은?

① hemoglobin　　　　　　　　② arcorbic acid
③ 금속염　　　　　　　　　　　④ lipoxygenase

✏️**NOTE**｜② 항산화제 작용을 한다.

78 다음의 항산화제 중 산화방지력은 크지만 독성이 크기 때문에 반드시 제거해야 하는 것은?

① sesamol　　　　　　　　　② gossipol
③ lecithin　　　　　　　　　　④ genistein

✏️**NOTE**｜gossipol은 목화씨 기름정제시 반드시 제거해야 한다.

79 다음 중 산화력을 가지고 있지는 않지만 항산화제의 항산화력을 증가시켜주는 물질은?

① sesamol　　　　　　　　　② glycitein
③ tartaric acid　　　　　　　④ hemoglobin

✏️**NOTE**｜이 문제는 상승제에 대한 것으로 상승제로는 ascorbic acid, citric acid, tartaric acid, phytic
acid 등이 있다.
① 참깨 중에 배당체로 존재하는 항산화성분이다.
② 콩 중의 대표적인 항산화성분이다.
④ 산화촉진제 작용을 한다.

80 다음 중 콩에 들어있는 항산화물질이 아닌 것은?

① adidzein　　　　　　　　　② geinstein
③ glycitein　　　　　　　　　④ guaiacol

✏️**NOTE**｜guaiacol은 식용유지에 항산화력을 갖는 gum guaiac의 일종이다.

ANSWER｜77.② 78.② 79.③ 80.④

81 유지의 산패 정도를 알아내는 정성시험으로 붉은색의 정색반응을 이용한 것은?

① anisidin값 　　　　　　　　② kresis시험

③ TBA시험 　　　　　　　　　④ 과산화물값

　　　NOTE | kresis 시험은 유지의 산패 정도를 측정하는 가장 오래된 시험법이다.

82 인지질이 유화제나 세포막의 주요 구성성분이 될 수 있는 이유로 가장 옳은 것은?

① 이성질체가 존재한다.

② 극성과 비극성 부분을 가지고 있다.

③ 글리세롤을 함유하고 있다.

④ 인산 에스테르 결합을 하고 있다.

　　　NOTE | 인지질은 인(p)을 가진 머리 부분과 지방산으로 이루어진 꼬리부분으로 이루어져 있다. 인지
　　　질의 머리 부분은 전하를 띠어 극성물질과만 상호작용하는 친수성이고, 꼬리부분은 비극성물
　　　질과만 상호작용하는 소수성이다.

83 미생물에 의한 유지의 변질에 대한 설명으로 옳지 않은 것은?

① 유지의 변질에 관여하는 미생물은 곰팡이가 대부분이다.

② 가수분해반응도 수반하는 경우가 있다.

③ lipase 변질은 미생물의 효소에 의해 유지를 가수분해시키는 것이다.

④ 불포화지방산에만 산화작용을 일으킨다.

　　　NOTE | ④ 미생물에 의한 유지의 산패는 불포화지방산뿐만 아니라 포화유지에도 산화작용을 일으킨다.

ANSWER | 81.② 82.③ 83.④

CHAPTER

04

제1편 식품 속의 영양소

단백질

1 단백질(protein)의 개요

① 단백질의 개념과 특징

(1) 단백질의 개념

① 생명체의 주요성분으로 생명유지에 가장 중요한 물질이다.

② 1820년 Braconnot가 gelatin을 가수분해하여 glycine을 발견하였다.

③ 1차·2차·3차의 복잡한 입체구조를 형성한다.

> 🔔TIP| Protein … 단백질의 어원은 제1위를 차지한다는 희랍의 proteuo에서 온 것으로 영양소 중 가장 중요한 것으로 인식된다.

(2) 일반적인 특징

① C(51 ~ 55%), H(7%), O(20 ~ 23%), 이외에 N(16%)를 함유하였으며, 기타 S, Fe, Cu, P 등을 함유하였다. N은 반드시 식품으로 섭취하여야 한다.

> 🔔TIP| 조단백질의 양
> ㉠ 식품 100g 중의 질소량×질소계수
> ㉡ 질소계수 : 질소의 함량은 단백질의 종류에 따라 다르지만 일반적으로 16%로 질소계수는 100/16 = 6.25가 된다.

② 아미노산(amino acid)이 구성단위이며 아미노산이 peptide 결합을 한다.

③ 자연계에는 22 ~ 24종의 아미노산이 있으며 20개가 주요 성분으로 분포하고 있다.

④ 고분자화합물로 교질성(콜로이드성질)을 가지고 있으며, 생체의 반투막 투과가 안 된다.

⑤ 가열, 산, 염기의 첨가시 응고
　㉠ PI(등전점) : 특정 pH에서 +, − 전하량이 일정하게 유지되어 ion의 이동이 일어나지 않는점 이다(이 pH에서 가장 용해되기 어려움).
　㉡ albumin : 가열에만 응고한다.
　㉢ gelatin, casein : 가열과 촉매에 응고한다.

⑥ 육류·어류(myosin), 우유·달걀흰자(albumin), 우유(casein), 밀(gluten) 등에 많이 함유되어 있다.

② 단백질 구성원소와 아미노산

(1) 단백질의 구성원소

① **아미노산**(amino acid) ⋯ 단백질의 구성단위이다.

② **아미노산의 구조** ⋯ NH₂(amino기)와 −COOH(carboxyl기)의 작용기를 가지고 있다.

❦ α, L형 아미노산 ❦

$$R - CH - COOH$$
$$|$$
$$NH_2$$

③ **R-group이 가진 화학구조에 의한 분류**

　㉠ 염기성 아미노산 : R-group 내 amino기가 하나 더 있는 경우이다.

　㉡ 산성 아미노산 : R-group 내 carboxyl기가 하나 더 있는 경우이다.

(2) 아미노산

① **아미노산의 분류**

　㉠ 중성 아미노산

　　• 특징 : 1개의 amino기, carboxyl기를 소유하였다.

　　• 종류 : glycine, alanine, serine, threonine, valine, leucine, isoleucine이 속한다.

　㉡ 산성 아미노산

　　• 특징 : 2개의 carboxyl기를 소유하였다.

　　• 종류 : aspartic acid, glutamic acid가 속한다.

　㉢ 염기성 아미노산

　　• 특징 : 2개의 amino기를 소유하였다.

　　• 종류 : arginine, lysine가 속한다.

② **아미노산의 종류**

구분	종류
필수아미노산	tryptophan, phenylalanin, methionine, threonine, leucine, isoleucine, valine, lysine
불필수아미노산	arginin, histidine, tyrosine, cystine, serine, glutamic acid, aspartic acid, glycine, alanine, proline, hydroxyproline, cysteine

③ **필수아미노산과 불필수아미노산**

　㉠ 필수아미노산

　　• 체내에서 합성되지 않으므로 식사를 통하여 반드시 섭취해야 하는 아미노산을 말한다.

　　• leucine, isoleucine, phenylalanine, threonine, tryptophan, valine, methionine, lysine : 일부 체내 합성이 가능하나 합성량이 불충분(제거시 식욕저하와 성장의 둔화)하다.

　　• 히스티딘 : 성인에게는 불필요하지만 발육기의 어린이에게는 필수아미노산이다.

　㉡ 불필수아미노산 : 체내에서 다른 물질로부터 합성이 가능한 아미노산을 말한다(N 함유 화합물 + 당질).

(3) 아미노산의 일반적인 성질

① **양성 전해질**

　㉠ 쌍극자 화합물(dipole compound) : 1분자 내에 +기와 −기가 모두 존재한다.

　㉡ 양쪽성(amphoteric) 전해질로서 알칼리성에서는 산으로, 산성에서는 알칼리로 작용한다.

　㉢ 등전점(isoelectric point ; PI) : PI에서는 base와 acid로 모두 공존한다.

$$\underset{\substack{|\\ NH_3^+}}{R-CH-COOH} \xleftarrow{\ HCl\ } \underset{\substack{|\\ NH_3^+}}{R-CH-COO^-} \xleftarrow{\ NaOH\ } \underset{\substack{|\\ NH_2}}{R-CH-COO^-}$$

base(proton acceptor)로 작용　　　　　　　　　　　　　　　acid(proton doner)로 작용

② **광학적 성질**

　㉠ glycine을 제외한 아미노산은 비대칭탄소를 가지고 있어 2개의 광학이성질체가 존재한다.

　㉡ 단백질을 구성하는 아미노산은 L형이다.

♟ 아미노산의 광학적 이성질체 ♟

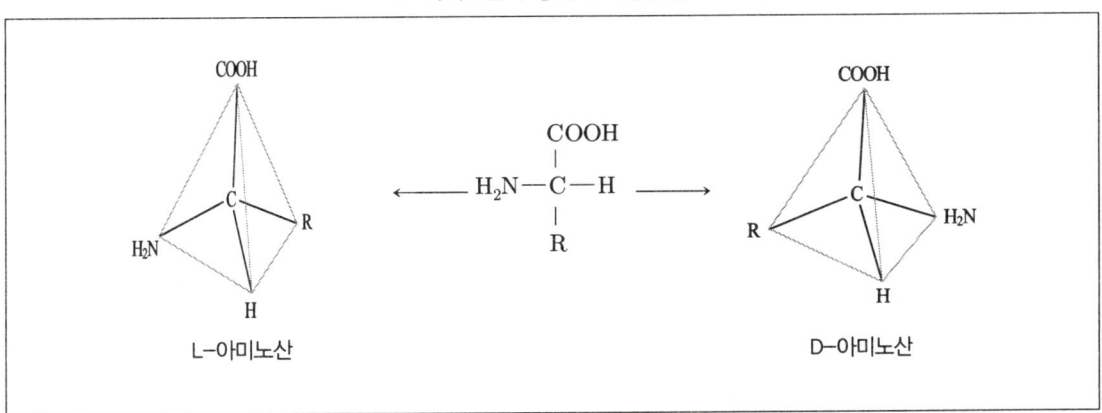

L−아미노산　　　　　　　　　　　　　　　　　　　　D−아미노산

③ **용해성**

    ㉠ 물, 알칼리, 묽은 산에 잘 녹는다.

    ㉡ 비극성용매(에테르, 클로로포름, 아세톤)에는 녹지 않는다.

    ㉢ tyrosin cystin은 물에 녹기 어렵다.

    ㉣ proline hydroxyproline은 알코올에 잘 녹는다.

④ **맛** ··· 단백질은 무미이지만, 아미노산은 특유의 맛을 가지고 있다.

⑤ **아미노산의 화학적 반응**

    ㉠ 에스테르 및 amide 형성

$$R-\underset{\underset{NH_3^+Cl^-}{|}}{CH}-COOH + C_2H_5OH \underset{}{\overset{H^+}{\rightleftharpoons}} R-\underset{\underset{NH_3^+Cl^-}{|}}{CH}-COOC_2H_5 \xrightarrow[NH_3]{\text{과잉의}} R-\underset{\underset{\underset{C_2H_5OH}{+}}{NH_2}}{CH}-CONH_2$$

amide

    ㉡ carboxyl group 제거반응(amine 형성)

$$HC=\underset{\underset{\underset{H}{C}}{\overset{N \quad NH}{\diagdown \quad \diagup}}}{C}-CH_2-\underset{\underset{NH_2}{|}}{CH}-COOH \xrightarrow{Ba(OH)_2} HC=\underset{\underset{\underset{H}{C}}{\overset{N \quad NH}{\diagdown \quad \diagup}}}{C}-CH_2-CH_2-NH_2 + CO_2$$

histamine

    ㉢ 아질산과의 반응

$$R-\underset{\underset{NH_3^+}{|}}{CH}-COOH + HNO_2 \longrightarrow R-\underset{\underset{OH}{|}}{CH}-COOH + N_2 + H_2O + H^+$$

ⓔ ninhydrin 반응

$$산화형\ ninhydrin \quad + NH_3 + \quad 환원형\ ninhydrin \quad \longrightarrow \quad 청색화합물 \quad +3H_2O$$

ⓜ dinitroflourobenzene과의 반응

$$H_2N-CH-COOH + O_2N-\text{(benzene, }NO_2\text{)}-F \longrightarrow O_2N-\text{(benzene, }NO_2\text{)}-NH-CH-COOH + HF$$
$$\qquad\ |\qquad\qquad\qquad\qquad\qquad\qquad\qquad\qquad\qquad\qquad\qquad\qquad\ \ |$$
$$\qquad\ R\qquad\qquad\qquad\qquad\qquad\qquad\qquad\qquad\qquad\qquad\qquad\qquad\ R$$

2 단백질의 종류

① 화학적 분류

(1) 개념

protein의 구조에 의한 분류(물리·화학적 특성에 따라 분류하는 방법) 방법이다.

(2) 분류방법

① **단순단백질**(simple protein)
　ㄱ 개념 : 가수분해를 할 경우 단순히 아미노산과 그 유도체를 생성하는 것으로 이루어진 단백질을 말한다.
　ㄴ 종류 : albumin, glutelin, prolamine, albuminoid, histone, globulin 등이 있다.

② **복합단백질**(conjugate protein) … 단순단백질과 단백질 이외의 물질(당질, 지질, 인산, 색소, 무기질)로 이루어진 단백질이다.
　ㄱ 핵단백질
　　• 단백질이 핵산과 결합한 것이다.
　　• neucleotide 등이 속한다.

ⓛ 당단백질
- 단백질과 당질이 결합된 단백질이다.
- 점성이 있어 점성단백질이라고도 한다.
- ovomucoidl(난백), mucin, mucoid 등이 있다.

ⓒ 인단백질
- 단백질과 인산이 결합된 것이다.
- vitellin(난황), casein, vitelenin 등이 있다.

ⓔ 지단백질
- 단백질과 지질이 결합된 것이다.
- LDL, VLDL, HDL 등이 있다.

ⓜ 색소단백질
- 단백질이 색소를 갖는 금속유기화합물과 결합된 것이다.
- hemoglobin, myoglobin 등이 있다.

③ **유도단백질**(derived protein) … 단백질이 열, 기타반응으로 가수분해 도중 생성된 분해산물이다.
　ⓐ 1차 유도단백질 : 변성도가 적은 것으로 collagen이 가열되어 gelatin을 형성하는 것이 이에 속한다.
　ⓑ 2차 유도단백질
- 가수분해된 것이다.
- 변성단백질이 더욱 가수분해되어 proteos, peptone, peptide이 된다.

② 영양학적 분류

(1) 개념

단백질을 구성하고 있는 amino acid의 종류와 양에 의해 분류하는 방법이다.

(2) 분류방법

① **완전단백질**(complete protein)
　ⓐ 동물의 성장, 체력유지에 필요한 아미노산이 양적 · 질적으로 충분히 함유되어 있는 단백질이다.
　ⓑ 필수아미노산 33%, 불필수아미노산 66% 함유로 구성되어 있다.
　ⓒ 대부분의 동물성 단백질이 이에 속한다.
　　🌲TIP | gelatin 제외 … tryptophane과 lysin이 부족하다.
　ⓔ **종류** : 우유의 casein, 달걀의 albumin, globulin, 대두의 glycinin 등이 있다.

② **부분완전단백질**(partially complete protein)

    ㉠ 동물의 생명현상은 유지가능하나, 정상적인 성장유지는 못하는 단백질이다.

    ㉡ 필요 아미노산이 질적으로는 충분하나(골고루 포함) 양적으로는 부족하다.

    ㉢ 밀의 glyadin(lysin)은 부분완전단백질로 보강이 필요하다. 그러므로 빵+우유, 밥+육류 등 다른 것과 함께 섭취해야 한다.

③ **불완전단백질**(incomplete protein)

    ㉠ 필요한 아미노산이 양적·질적으로 부족한 단백질이다.

    ㉡ 필수아미노산이 약 25% 정도 함유되어 있다.

    ㉢ 식물성 단백질(옥수수의 zein)로 계속 섭취시 체단백질 합성이 이루어지지 않아 체중이 감소한다.

3 단백질의 구조와 기능

① 단백질의 구조

(1) 1차 구조(primary structure)

① amino acid의 종류와 배합순서에 따라 결정되며, polypeptide 결합으로 되어있다.

② polypeptide가 형성되면 peptide간에 $-S-S-$(disulfide bond) 등이 형성되어 polypeptide를 안정화시킨다.

(2) 2차 구조(secondary structure)

① 1차에 의해 형성된 peptide 사슬이 α-helix, β-병풍구조, 불규칙 coil 형태를 이룬다.

② polypeptide 사슬 내 또는 사슬간에 H$-$H bond에 의해 안정화된다.

(3) 3차 구조(tertiary structure)

polypeptide 등이 수소결합, 소수성 결합, S$-$S결합, peptide 결합, 이온결합 등에 의해 서로 접히고 꼬여서 생리작용을 행할 수 있는 특수 protein 구조를 형성한다(2차와 3차 구조에 의하여 protein molecule의 형태).

① **섬유상단백질**(fibrous protein)

ㄱ 물, 묽은 산, 알칼리에 녹지 않는다.

ㄴ 세포의 조직을 유지하거나 구조를 이룬다.

ㄷ 모발 중의 keratin, 결합조직의 collagen, 혈액 내의 fibrinogen, 근육의 myosin 등이 있다.

② **구상단백질**(globular protein)

ㄱ 수용성이며 가열에 의해 변성응고한다.

ㄴ 대부분의 효소로 혈장단백질 등을 구성한다.

(4) 4차 구조(tetra structure)

① 2개 이상의 polypeptide가 모여 하나의 구조적 기능단위를 형성한다.

> 예 hemoglobin → 4개 polypeptide

② 모든 단백질은 1, 2, 3차 구조를 소유하고, 몇몇 단백질만 4차 구조를 소유한다.

② 단백질의 기능

(1) 신체 생명현상의 유지

① 단백질은 성장물질과 체성분을 구성하고, 신체 구성단위인 세포의 주성분이다.

② 충분한 필수아미노산과 불필수아미노산의 합성을 위한 질소(N)가 공급되어야 한다.

③ 성장, 임신기, 질병, 소모성 질환기, 조직의 회복기에 필요량이 증가한다.

(2) 신체의 기능조절

① **수분평형**(체액의 균형유지)

ㄱ 삼투압을 유지하여 세포 내외의 수분평형에 관여한다.

ㄴ 혈장 내의 전해질과 혈단백에 의하여 조절된다.

ㄷ albumin, globulin

• 단백질에 의해 교질삼투압이 형성되어 수분평형에 관여한다.

• 혈장단백질인 albumin이 저하되면 혈관 내 압력이 저하되어 체액이 조직쪽으로 이동하여 단백질
부족현상인 부종(edema)을 유발한다.

② **체성분의 중화작용** … 체액의 pH를 중성으로 유지(pH 7.35 ~ 7.45 유지)시킨다.

③ **항체의 구성 자극**(antibody)
  ㉠ 질병의 감염에 대한 저항력을 갖도록 항체 구성을 자극한다.
  ㉡ 저단백질의 경우 저항력이 낮다.

④ **hormone과 enzyme 구성** … 체내의 대사기능을 조절한다.

(3) 열량원

① 열량공급이 부족한 경우에 체단백질의 소모가 일어난다.

② 1g당 4kcal의 열량이 발생한다.

4 **단백질의 성질**

① 단백질의 일반적인 성질

(1) 분자량

고속분자화합물로 반투막을 투과하지 않으며 물에 녹아서 콜로이드를 형성한다.

(2) 수화(hydration)

① 단백질은 $-COOH$, $-NH2$, $-OH$, $-NH-$, $-CO-$, $-COO^-$, NH^+ 등을 지니므로 물과 쉽게 결합한다.

② **염용**(salting-in) … 염의 농도가 낮을 때 염과 단백질 사이의 인력에 의하여 단백질의 용해도가 증가하는 현상이다.

③ **염석**(salting-out) … 염의 농도가 높을 때 염과 단백질이 물에 대하여 경쟁하여 단백질의 용해도가 감소하여 침전하는 현상으로 단백질 정제에 이용된다.

(3) 이온과의 반응

① 단백질은 등전점에 대하여, 알칼리 용액에서 금속의 2가 양이온에 의하여 침전한다.

② 음이온은 등전점보다 더 산성인 용액에서 단백질과 결합하여 염을 형성한다.

(4) 등전점

단백질이 적당한 수소이온(H^+)과 수산화이온(OH^-)의 농도에서 그 분자 속의 양·음의 전하가 완전히 중화되어 전기적으로 중성이 되는 pH이다.

(5) 전기영동(electrophoresis)

용액 중의 단백질이 등전점보다 산성쪽에서는 음으로, 알칼리쪽에서는 양으로 하전되는 현상이다.

② 단백질의 기능적 성질

(1) 수화성(hydration properties)

① 건조단백질의 수화과정
  ㉠ 처음 4단계 : 흡수, 팽윤, 습윤성(wettability), 포수성(water holing capacity)과 관련있다.
  ㉡ 5단계 : 분산성, 점성과 관련있다.

② 단백질의 농도, pH, 온도, 이온강도, 기타 성분 등에 의해 영향을 받는다.

(2) 용해성(solubility)

① 단백질의 용해성은 pH, 용매에 따라 달라지므로, 용해성이 단백질 성분의 정제에 이용된다.

② 가열에 의하여 비가역적으로 감소한다.

(3) 겔화(gelation)

① 변형단백질 분자가 집합하여 질서정연한 망상구조를 형성하는 과정이다.

② 유제품, 응고된 난백, 어묵, 빵반죽, 두부, 압축법으로 텍스처화한 식물성 단백질의 제조에 중요하다.

(4) 유화성(emulsifying properties)

① 천연우유의 에멀전은 지방입자막에 의해 안정화되어 있고, 이 막은 중성지방, 인지질, 지단백질, 가용성 단백질이 차례로 흡착되어 층을 형성한다.

② 우유를 균질화시키면 지방입자 크기가 감소되어 에멀전이 안정화된다.

(5) 점성(viscosity)

단백질의 점성, 견고성은 음료, 수프, 소스 및 크림과 같은 액상식품에서 중요한 관능적 성질이다.

(6) 거품생성능

① **거품** … 가용성 계면활성제를 함유한 액체 또는 반고체상의 연속상 안에 기포가 분산된 것을 말한다.

② 계면활성제를 포함한 액체가 단백질을 함유한 수용액이나 현탁액이 된다.

> ♣TIP | 계면활성제
> ㉠ 기포의 파괴를 억제하고 계면을 유지하기 위하여 계면활성제가 요구된다.
> ㉡ 계면활성제는 계면장력을 저하시키고 기포 사이에 보호막을 형성한다.
> ㉢ 특정 단백질은 기체와 액체 간의 계면에 흡착하여 보호막을 형성한다.

③ 단백질의 변성

(1) 단백질의 변성(denaturation)

단백질 분자 내의 peptide 결합이 가열되어 형태가 변화되어 여러가지 물리, 화학, 생물학적 성질이 변화되는 현상이다.

(2) 가열에 의한 변성

① 조직파괴와 함께 단백질이 변성되므로 단백질 식품은 연해지고 수분이 방출된다.

② **변성의 특징**

㉠ actomysin, myogen : 열에 의해 응고된다.

㉡ collagen : 수축액화되어 수용성인 gelatin으로 된다.

(3) 냉동, 건조에 의한 변성

① **동결에 의한 변성** … 분산매인 물이 동결되면서 단백질 입자가 결합한다.

② **최대 빙결정대** … $-1 \sim 5℃$ 정도이다.

③ 얼음결정을 작게 하고 변성을 최소로 하기 위하여 최대 빙결정대를 빨리 통과시키는 급속동결이 필요하다.

④ **건식해동**(10℃의 공기에서 해동) … 표면과 내부가 균일하게 녹아 부분적인 변질이 일어나지 않고 세포조직이 잘 재배열된다.

(4) 염장에 의한 변성

actomysin은 염류에 의해 변성된다.

(5) 산에 의한 변성

① 우유의 젖산 발효에 의한 카세인이 변성한다.

② 달걀의 알부민은 pH 4.8에서 변성이 최대가 된다.

(6) 기타 원인에 의한 변성

① 콩의 globulin인 glycinin은 마그네슘과 칼슘 이온에 의하여 응고되어 두부제조에 이용된다.

② 공기 중의 산소가 산화작용에 의하여 단백질을 변성시킨다.

(7) 단백질의 광분해

트립토판이 가장 예민하여 광분해되어 갈변된다.

④ mailard 반응

(1) 특징

amino기의 존재하에서 일어나는 비효소적 갈변반응이다.

(2) mailard 반응의 기전

아미노산, 아민, 펩타이드, 단백질과 aldehyde, ketone이 반응하여 갈색물질(amino-carbonyl)을 생성한다.

① 초기단계

　㉠ 당류와 아미노화합물의 축합반응

D-hexose + 아미노화합물 → D-glycosylamine

　㉡ amadori rearrangement(재전위)

D-glycosylamine → D-ketoseamine

② **중간단계**

   ㉠ 3-deoxy-D-glucosone 형성 : 간장, 된장, 청주, 농축오렌지 등에서 분리된다.

   ㉡ 불포화 osone(unsat-3, 4-dideoxy-D-glucosone)을 생성한다.

   ㉢ reductone류의 생성 : 직접적으로 착색 색소의 형성에 기여한다.

   ㉣ 당의 분해 생성물(glycoaldehyde, diacetyl, glyceraldehyde, acetone 등) : 갈색 색소뿐 아니라 식품 특유의 냄새를 부여한다.

③ **최종단계**

   ㉠ strecker 반응에 의한 탄산가스, aldehyde류 생성 : 식품의 향미에 중요한 역할을 한다.

   ㉡ aldol형 축합반응에 의해 carbonyl화합물을 생성한다.

   ㉢ melanoidin 색소를 형성(갈색 또는 흑갈색)한다.

(3) mailard 반응에 영향을 미치는 인자

① **pH** ··· pH가 높아질수록 갈변이 현저히 증가한다.

② **온도** ··· 0 ~ 90℃ 범위에서는 온도상승에 따라 반응속도가 증가한다.

③ **수분** ··· 갈변반응에 수분이 반드시 필요하나, 최적 수분함량은 반응조건에 따라 다르다.

④ **반응물질의 농도**

$$Y = K \times [S] \times [A]^2 \times [T]^2$$

   ◦ K = 속도상수
   ◦ S = 환원당의 농도
   ◦ A = 아미노기를 가진 질소화합물의 농도
   ◦ T = 반응시간
   ◦ Y = 갈색물질의 양

⑤ **화학적 저해물질** ··· 갈변저해제로 아황산염, 황산염, thiol, 칼슘염 등이 있다.

5 식품의 단백질과 영양가

① 식품의 단백질

(1) 식물성 단백질

① **곡류단백질**

ㄱ **쌀단백질** : 쌀의 단백질 함량은 6~10% 정도이고, 현미는 7~11% 정도이며, 주단백질은 oryzenin 이다.

ㄴ 밀단백질의 단백질 함량은 8~16% 정도이다.

② **두류단백질**

ㄱ 단백질 함량이 20% 이상으로 식물성 식품 중에서 가장 높다.

ㄴ 대두의 단백질 함량은 30% 정도이다.

ㄷ 필수아미노산의 함량이 높으며, 주단백질은 glycinin이다.

(2) 동물성 단백질

① 우유의 단백질 함량은 3% 정도이며 주단백질은 casein, lactoalbumin, lactoglobulin 등이다.

② 전분유의 단백질 함량은 22~25% 정도이다.

③ **달걀**

ㄱ 단백질 함량은 13% 정도이고 건조란의 경우 35%이다.

ㄴ 주단백질은 흰자의 ovalbumin, conalbumin, ovomucoid, 노른자의 lipovitellin, lipovitellinin 등이다.

④ 조육의 생체 단백질 함량은 20~30% 정도이다.

② **영양가**

(1) 단백가

① **개념** … 식품단백질 중 가장 영양가가 높은 아미노산 조성을 측정하여 표준단백질에 상대적으로 부족되는 아미노산의 함량을 이용하여 단백질의 영양가를 측정하는 것이다.

② **제한아미노산** … 표준단백질에 비해 상대적으로 가장 부족한 아미노산으로 이것의 백분율로 단백가를 구한다.

③ 달걀의 단백가를 100으로 할 때 소고기 83, 우유 78, 대두분 73, 쌀 72, 어육 70, 옥수수 66, 소맥분 47이다.

(2) 생물가

① **개념** … 체내에 흡수된 질소량과 체내에 저장된 질소량의 비율이다.

$$생물가(BV) = \frac{체내에\ 저장된\ 질소량}{체내에\ 흡수된\ 질소량} \times 100$$

② 섭취된 단백질의 아미노산 조성과 인체가 필요로 하는 아미노산 조성이 비슷할수록 단백질의 이용도가 높아지는 것으로 생물가가 높다.

6 **단백질 아미노산의 필요량 및 결핍증상**

① **단백질과 아미노산의 필요량**

(1) 필요량 선정

① 섭취하는 단백질의 종류에 따라 필요량이 다르다.

② 식물성 원료를 통한 단백질 섭취시 필요량이 증가된다.

③ **성인의 일일 단백질 최소 필요량** … 14 ~ 22g

(2) 필요량 산정 시의 조건

① 필요량에 영향을 주는 요건

    ㉠ 생리적 상태

    ㉡ 열량섭취상태

    ㉢ 필수아미노산 양과 총 질소섭취량

② 성장단계에 따라 성인, 성장기, 유아기로 분류하여 산정한다.

③ 임신, 수유 시에는 증가한다.

④ 기후, 환경, 노동은 고려하지 않는다.

② 단백질의 결핍원인 및 증상

(1) 단백질의 결핍원인

① 식사 내 공급이 부족한 경우 결핍된다.

② 흡수가 부진한 경우 결핍된다.

③ 파괴 소모율이 증가한 경우 결핍된다.

(2) 계속되는 단백질 결핍 시의 증상

① 발육장애(어린이), 체중, 피하지방이 감소한다.

② 근육이 쇠약해진다.

③ 2차적 빈혈증이 나타난다.

④ 부종(삼투압 변화)이 발생한다.

⑤ 저혈압이 된다.

⑥ 피부색소가 변화(붉은색으로)한다.

⑦ 체내기능이 저하된다.

⑧ 간기능이 저하된다.

    🔺TIP | 과잉섭취로 인한 장애 … 에너지원으로 소모하므로 정상인에게는 거의 장애가 없다.

③ 단백질의 보완(supplementary action of protein)과 고단백식품

(1) 단백질 보완의 방법

① 타종류의 단백질을 섭취할 경우 신체가 필요로 하는 필수아미노산을 섭취할 가능성이 증가하게 된다.

② 2가지 이상의 단백질을 동시섭취할 경우에 1가지 양질의 단백질 섭취보다 더욱 완전단백질 아미노산 구성에 가까워진다.

(2) 고단백식품

① **두류단백식품**(두부, 유부, 두유)

  ㉠ **구성** : soybean(starch 20% 함유), fat 20%, protein 40%로 구성된 단백질이다.

  ㉡ 가공하여 전지대두분, 탈지대두분, 농축대두분, 분리대두단백(protein 함량 90~95%)으로 섭취한다.

② **종자단백식품**

  ㉠ **구성**

  • 깨 : 45~55%(protein score 75~80) 정도 함유한다.

  • 참깨단백 : 특유의 향 때문에 기호성이 낮다.

  • 채종유 : 35~40% 정도 함유한다.

  ㉡ 쇠고기보다 우수하며, 주로 사료로 이용된다.

③ **해조류**(해조)**단백식품** … 미역, 다시마, 김, 톳, chlorella 등이 있다.

04 출제예상문제

1 다음 중 단백질의 용해도를 감소시키는 것은?

① 중성염류 ② 알칼리
③ 산 ④ 아세톤

✎NOTE| 아세톤은 단백질의 용해를 감소시킨다.

2 다음 중 아미노 카르보닐(amino-carbonyl) 반응에 관계되는 인자가 아닌 것은?

① 반응온도 ② 햇빛의 조사
③ 수분함량 ④ 아미노산의 종류

✎NOTE| 아미노 카르보닐 반응은 온도, pH, 당의 종류, 아미노산의 종류, 수분, 금속, 빛 등에 의해 영향을 받는다.

3 다음 중 중성 아미노산인 것은?

① lysine ② arginine
③ glycine ④ glutamic acid

✎NOTE| 아미노산의 종류
  ㉠ 염기성 아미노산 : arginine, lysine, histidine
  ㉡ 산성 아미노산 : aspartic acid, glutamic acid
  ㉢ 중성 아미노산 : glycine, alanine, valine

ANSWER | 1.④ 2.② 3.③

4 다음 중 알레르기성 식중독과 관계 있는 아미노산은?

① cysteine ② histidine
③ threonine ④ tryptophan

> NOTE | histidine은 체내에서 histamine으로 전환되어 알레르기성 식중독을 일으킨다.

5 생으로 먹었을 때 비오틴과 결합하여 비오틴 결핍증을 일으키는 난백단백질은?

① avidin ④ ovalbumin
③ ovomucoid ② conalbumin

> NOTE | biotin의 항비타민이 avidin을 함유하고 있는 생난백을 섭취하면 탈피현상, 권태, 근육통, 과민성 식용감퇴, 구토 등의 현상이 일어난다.

6 다음 중 단백가에 대한 설명으로 옳은 것은?

① 단백질의 생물가
② 단백질 중 함량이 가장 적은 필수아미노산의 양
③ 단백질 중 필수아미노산의 총량
④ 비교단백질 중 함유되어 있는 필수아미노산에 대한 함량이 가장 적은 아미노산의 백분율

> NOTE | 식품의 단백질 중 가장 영양가가 높은 아미노산 구성 단백질을 측정하여 표준단백질에 상대적으로 부족한 아미노산의 함량을 백분율로 단백가를 구한다.

7 다음 중 식품과 그 속에 함유된 주요 단백질이 바르게 연결되지 않은 것은?

① 보리-호르데인(hordein) ② 대두-글리시닌(glycinin)
③ 감자-이포메인(ipomain) ④ 옥수수-제인(zein)

> NOTE | 감자에는 전분이 많이 함유되어 있으며 이포메인은 고구마에 함유된 단백질이다.

ANSWER | 4.② 5.① 6.④ 7.③

8 소나 돼지의 도살 후 시간이 경과됨에 따라서 일어나는 현상이 아닌 것은?

① 젖산이 증가한다.

② 단백질이 증가한다.

③ glycogen이 감소한다.

④ pH가 저하되었다가 다시 올라간다.

> ✎NOTE| 도살된 육류는 시간이 지나면서 단백질이 분해되어 보유 단백질량은 줄어들게 된다.

9 단백질을 알칼리 용액에 녹이고 $CuSO_4$를 소량 넣으면 청자색이 되는 정색반응은?

① millon 반응　　　　　　　　　② ninhydrin 반응

③ xanthoprotein 반응　　　　　④ biuret 반응

> ✎NOTE| 질문은 뷰렛 반응에 대한 것으로 뷰렛 반응은 peptide 결합이 2개 이상 존재하는 단백질의 검출에 이용된다.

10 다음 중 우유를 pH 4.6으로 했을 때 응고하는 단백질은?

① lysine　　　　　　　　　　　② casein

③ lactoglobulin　　　　　　　　④ lactoalbumin

> ✎NOTE| 등전침전 … 탈지유의 용액을 pH 4.6 정도로 하면 유단백질 카세인이 침전하는 것을 말한다.

11 다음 중 hemocyanin이 철 대신 함유하고 있는 것은?

① P　　　　　　　　　　　　　② Co

③ Cu　　　　　　　　　　　　④ Mg

> ✎NOTE| hemocyanin은 동단백질로 Cu를 함유하고 있으며 연체동물의 혈액성분이다.

ANSWER | 8.② 9.④ 10.② 11.③

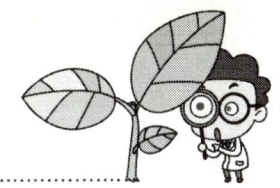

12 다음 중 등전점에서 가장 강해지는 단백질의 성질은?

① 삼투압 ② 기포력
③ 점성 ④ 용해도

✎NOTE| 등전점에서는 가장 불안정하여 용해도, 삼투압, 점성이 적어지는 반면 흡착성과 기포력은 커서 단백질의 가공에 이용된다.

13 아미노산 전이효소(transferase)의 보조효소는?

① NAD ② TPP
③ CoA ④ PALP

✎NOTE| 아미노산의 amino기가 다른 α-keto산에 이행되어 새로운 아미노산과 α-keto산이 생기는 반응으로 관계하는 효소는 transferase로 Pyridoxal Phosphate(PALP)를 보조효소로 한다.

14 어떤 단백질의 함량이 15%이면 단백질의 질소계수는?

① 5.67 ② 6.0
③ 6.25 ④ 6.66

✎NOTE| 질소계수 = 100/15 = 6.66

15 다음 중 변성단백질이 갖는 성질로 옳지 않은 것은?

① 단백질 내 S-H가 감소한다.
② 소화율이 증대된다.
③ 생물학적 활성이 감소된다.
④ 용해도가 감소된다.

✎NOTE| 변성이 일어난 단백질은 점도 증가, 용해도 감소, 등전점의 변화, 활성 S-H 그룹이나 아미노기 수의 증가, 응고, 침전 등의 현상이 수반된다.

ANSWER | 12.② 13.④ 14.④ 15.①

16 다음 중 필수아미노산에 속하지 않는 것은?

① valine   ② tyrosine

③ threonine   ④ phenylalanine

> **NOTE** | 필수아미노산에는 valine, leucine, isoleucine, threonine, methionine, lysine, phenyl-
> alanine, tryptophan 등이 있다.
> ② tyrosine은 섭취하지 않아도 체내 대사를 통해 생산 할 수 있는 비필수아미노산이다.

17 다음 중 단백질의 1차 구조를 이루는 결합은?

① 수소결합   ② S−S결합

③ ion결합   ④ peptide결합

> **NOTE** | 단백질의 1차 구조는 peptide사슬로 amino acid간의 결합으로 이루어져 있다.

18 옥수수를 주식으로 할 경우 생기는 펠라그라병은 무엇의 부족에서 생기는 것인가?

① tryptophan   ② valine

③ phenylalanine   ④ arginine

> **NOTE** | 옥수수 단백질인 zein은 tryptophan이 없으므로 zein에서 niacin의 생합성이 되지 않아서 옥
> 수수의 제한된 섭취는 pellagra를 유발한다.

19 단백질의 분류에서 albuminoid가 속하는 것은?

① 변성단백질   ② 단순단백질

③ 유도단백질   ④ 복합단백질

> **NOTE** | albuminoid
> ㉠ 단순단백질로서 물, 염류용액, 묽은 산, 묽은 알칼리에 녹지 않아 경단백질이라고도 부른다.
> ㉡ 경단백질은 동물의 지지보호조직에 존재하는 albuminoid이고, 보통의 용매에는 불용이다.

ANSWER | 16.② 17.④ 18.① 19.②

20 다음 중 아미노산에 포함되는 기본기가 바르게 짝지어진 것은?

① NH_2, CHO

② NH_2, COOH

③ NO_2, CHO

④ NO_2, COOH

✎NOTE| 아미노산은 분자의 양 말단에 NH_2기와 COOH기를 가진다.

21 다음 중 황(S)을 함유한 아미노산이 아닌 것은?

① lysine

② methionine

③ cysteine

④ cystine

✎NOTE| 황함유 아미노산에는 methionine, cysteine, cystine 등이 있으며 −S기를 가진다.

22 다음 중 단백질의 변성을 이용하여 제조한 식품이 아닌 것은?

① 글루코오스 옥시다아제(glucose oxidase) 첨가에 의한 건조란의 제조

② 가열에 의한 가용성 젤라틴의 제조

③ 레닌(rennin) 첨가에 의한 치즈의 제조

④ 무기염류 첨가에 의한 두부의 제조

✎NOTE| 건조란 제조 시 갈변방지를 위한 제당처리 방법으로는 자연 효모, 효모, 효소에 의한 방법이 있다.

23 다음 중 단백질의 3차 구조를 안정시키는 결합방법으로 옳지 않은 것은?

① 공유결합

② 수소결합

③ S−S 결합

④ 정전기적 결합

✎NOTE| 단백질의 3차 구조는 수소결합, 소수성결합, 이온결합, 이황화결합 등으로 안정화되어 있다.

24 식품의 질소가 4%일 때의 단백질 함량은?

① 20% ② 25%

③ 30% ④ 35%

✎NOTE│ 단백질 함량 = 질소의 함량 × 단백질의 질소계수(6.25) = 4 × 6.25 = 25%

25 단백질이 생합성을 이루는 장소는 어디인가?

① cytosol ② polypeptide

③ ribosome ④ purine

✎NOTE│ 리보솜은 작은 소단위체(30S)에서 mRNA와 결합하고, 그 유전정보를 아미노아실화된 tRNA를 사용하여 nucleotide 서열을 아미노산 서열로 번역한다. 한 번에 codon 하나씩을 번역하여 정확한 아미노산은 polypeptide 사슬 말단에 붙는다.

26 아미노산이 등전점에서 갖는 이온기의 전하는?

① 음전하 ② 양전하

③ 아무런 전하도 갖지 않는다. ④ 음전하와 양전하

✎NOTE│ 등전점 … 일정한 pH에서 그 분자 속에 양과 음의 하전이 완전히 같아져 전기적으로 중성이 될 때의 pH를 말하며 양이온과 결합할 수 있는 상태로 된다.

27 다음 중 아미노산의 일반적인 성질로 옳지 않은 것은?

① 양성 물질이다.

② 천연의 아미노산은 L형이다.

③ 유기용매에 녹지 않고 물에 녹는다.

④ 개개의 아미노산은 각기 다른 특성의 녹는점을 가지고 있다.

✎NOTE│ ④ 아미노산은 개개의 다른 특성의 등전점을 갖는다.

※ 아미노산의 성질

ㄱ 분자 내에 $-COOH$기와 $-NH_3$기를 함께 가지고 있는 양성 물질이다.

ㄴ 물, 특히 염류용액에 잘 녹고, 알코올, ether에는 녹지 않는다.

ANSWER│ 24.② 25.③ 26.③ 27.④

28 다음 중 1차 유도단백질이 아닌 것은?

① protamine
② gelatin
③ coagulated protein
④ metaprotein

📝**NOTE** 1차 유도단백질에는 metaprotein, protean, gelatin, coagulated protein 등이 있다.

29 다음 중 단백질을 가수분해 할 때 특징으로 옳은 것은?

① 유리 NH_2가 증가한다.
② 유리 COOH기가 감소한다.
③ peptide결합이 형성된다.
④ pH가 급강하한다.

📝**NOTE** 단백질이 가수분해되면 아미노산 말단의 NH_2가 분리되면서 유리 NH_2가 증가하게 된다.

30 단백질의 구성원소 중에서 평균 16%를 함유하고 있는 것은?

① C
② N
③ O
④ H

📝**NOTE** 단백질에는 평균 16%의 질소가 포함되어 있다.

31 다음 중 S-S 결합을 갖고 있는 아미노산은?

① 시스틴(cystine)
② 시스테인(cysteine)
③ 리신(lysine)
④ 메티오닌(methionine)

📝**NOTE** 시스틴은 시스테인 2분자인 한쌍이 이황화(S-S) 결합에 의해 연결되어 이루어진 아미노산 이량체를 말한다.

ANSWER 28.① 29.① 30.② 31.①

32 다음 중 isoelectric point와 관계없는 것은?

① 용해도 증가   ② 침전 형성

③ zwitter ion 형성   ④ $-COOH$기와 $-NH_2$기의 수

> **NOTE** 등전점(isoelectric point)
> ㉠ 단백질 입자가 어느 전극으로도 이동하지 않게 되는 pH값을 말한다.
> ㉡ 용해도, 삼투압, 점도, 팽윤은 가장 작아지고, 흡착성과 기포력, 침전은 증가한다.

33 다음 중 단백질의 질을 평가하기 위하여 단백질의 표준(단백가 100)이 되는 식품은?

① 우유   ② 쇠고기

③ 두부   ④ 달걀

> **NOTE** 단백질의 질 평가 시 달걀을 표준식품으로 사용한다.

34 사후강직으로 경화되었던 근육이 자기소화가 진행되면 일어나는 현상은?

① 젖산이 감소한다.   ② 유기태인이 증가한다.

③ 가용성 질소화합물이 증가한다.   ④ glycogen이 증가한다.

> **NOTE** 근육의 자기소화가 진행되면 아미노산의 분해가 이루어져 가용성 질소화합물의 증가가 생긴다.

35 다음 중 필수아미노산이 아닌 것은?

① leucine   ② alanine

③ lysine   ④ methionine

> **NOTE** 필수아미노산
> ㉠ 신체 내에서 합성되지 않는 아미노산이다.
> ㉡ 식품을 통해 섭취를 해야만 신체의 유지가 가능하다.
> ㉢ threonine, valine, leucine, isoleucine, lysine, methionine, phenylalanine, try- tophan 등이 있다.

ANSWER | 32.① 33.④ 34.③ 35.②

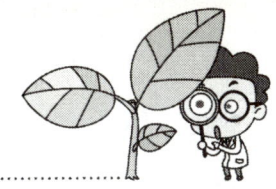

36 다음 중 아미노산의 구조에 대한 설명으로 옳지 않은 것은?

① D, L형의 광학이성질체가 존재한다.

② 1개 이상의 amino기와 carboxyl기를 가지고 있다.

③ 자연계에 존재하는 대부분의 아미노산은 γ-아미노산으로 구성되어 있다.

④ carboxyl기가 결합되어 있는 탄소위치에 따라 α, β, γ, … 을 붙여나간다.

✎NOTE ③ 자연계에는 α-아미노산이 대부분으로 구성되어 있다.

37 등전점에서 아미노산의 전하는 어떻게 되는가?

① 음전하   ② 중성상태

③ 양전하   ④ 음 및 양전하

✎NOTE 등전점은 전하가 0이 되어 어느 전극으로도 이동하지 않을 때의 상태를 말한다.

38 다음 중 염기성 아미노산이 아닌 것은?

① lysine   ② cysteine

③ arginine   ④ histidine

✎NOTE lysine, arginine, histidine은 amine 염기성 아미노산이다.

39 황을 함유한 아미노산에 속하지 않는 것은?

① methionine   ② cystine

③ tryptophan   ④ cystein

✎NOTE tryptophan은 벤젠고리를 가진 방향족 아미노산이다.

ANSWER | 36.③ 37.② 38.② 39.③

40 단백질 합성이 이루어지는 세포 내 부위와 합성이 시작되는 말단을 바르게 연결한 것은?

① nucleus, N-말단　　　　　　　② mitochondria, N-말단

③ ribosome, N-말단　　　　　　　④ lysosome, C-말단

　　　NOTE| 단백질의 생합성은 ribosome에서 N-말단으로부터 시작된다.

41 다음 중 섬유상단백질이 아닌 것은?

① keratin　　　　　　　② elastin

③ albumin　　　　　　　④ collagen

　　　NOTE| albumin은 구상단백질이다.

42 다음 중 imine기를 포함하고 있는 아미노산은?

① asparagine　　　　　　　② histidine

③ proline　　　　　　　④ serine

　　　NOTE| proline은 imine을 가진 아미노산이다.
　　　　　① amide　② amine 염기　④ 알코올성

43 다음 중 아미노산의 성질로 옳지 않은 것은?

① 분자량에 비하여 녹는점이 낮다.

② 유기용매에 녹지 않고 물에 약간 녹는다.

③ 광학활성을 가진다.

④ 양성반응을 가진다.

　　　NOTE| ① 아미노산은 분자량에 비해 녹는점이 높아 200℃ 이상이 되면 녹지 않고 분해된다.

ANSWER | 40.③　41.③　42.③　43.①

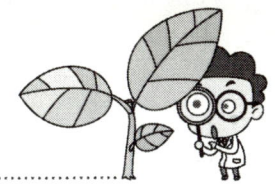

44 단백질을 구성하는 아미노산의 일반적인 성질이 아닌 것은?

① α-carboxyl산이다. ② α-탄소원자의 입체배치는 D형이다.

③ α-탄소원자는 비대칭탄소이다. ④ 광학적으로 활성을 가진다.

✎NOTE│ ② 아미노산의 α-탄소는 L-입체배치를 가지고 있다.

45 아미노산 용액에 묽은 산을 가하면 용해도가 증가하는 이유로 옳은 것은?

① 단백질 분자의 알짜 전하가 양이 되기 때문이다.

② 단백질 분자의 알짜 전하가 음이 되기 때문이다.

③ 단백질 분자들의 알짜 전하가 0이 되기 때문이다.

④ 단백질 분자가 가수분해되어 물에 녹기 때문이다.

✎NOTE│ 아미노산은 산성용액 중에서 양이온이 되어 전장 내에서 음극으로 이동한다.

46 다음 중 아미노산의 성질에 대한 설명으로 옳지 않은 것은?

① 아미노산은 클로로포름과 쉽게 반응하여 amide를 형성한다.

② 산과 알칼리 모두로 작용한다.

③ 아미노산을 $Ba(OH)_2$와 같이 가열하면 카르복시기가 떨어져나가 amine이 발생한다.

④ 단백질을 구성하는 아미노산은 대부분 L형 이성질체이다.

✎NOTE│ 아미노산은 클로로포름, 에스테르, 아세톤 등과 같은 비극성 유기용매에는 전혀 녹지 않는다.

47 단백질의 3차 구조의 공간배열과 관련이 있는 결합이 아닌 것은?

① 수소결합 ② 펩티드(peptide) 결합

③ 이온결합 ④ S-S(disulfide) 결합

✎NOTE│ 단백질의 3차 R군 사이의 공유결합, 이온결합, 수소결합 그리고 소수성 상호작용 등 다양한 결합에 의해서 유지된다. 두 개의 시스테인 측쇄 간 형성되는 이황화(S-S) 결합은 R군 사이에 만들어지는 대표적인 공유결합이다.

ANSWER│ 44.② 45.① 46.① 47.②

48 다음 중 유도단백질이 아닌 것은?

① paracasein   ② fibrin

③ prolamin   ④ gelatin

✎NOTE| 유도단백질은 단순단백질 또는 복합단백질이 물리화학적·효소적 변화로 만들어진 생성물이다.
    ① casein이 응고한 것
    ② fibrinogen이 응고한 것
    ④ collagen이 물과 가열된 것

49 다음 중 가열하면 gelatin으로 되는 단백질은?

① elastin   ② collagen

③ glutelin   ④ keratin

✎NOTE| collagen은 물에 오래 끓이면 소화될 수 있는 gelatin으로 변한다.

50 다음 중 복합단백질에 속하는 단백질의 설명으로 옳지 않은 것은?

① 지질단백질은 점성이 있어 점성단백질이라고도 한다.
② 핵단백질은 구수한 맛과 관계가 있다.
③ 색소단백질은 생체 내에서 중요한 생리작용을 한다.
④ 지단백질은 물에 잘 녹고, 유기용매에 녹지 않는다.

✎NOTE| ① 점성이 있어 점성단백질이라고 불리는 것은 당단백질로 식품가공에서 많이 사용한다.

51 다음 중 단순단백질에 대한 설명으로 옳지 않은 것은?

① 비단백성 물질이 포함되는 경우도 있다.
② 가수분해에 의해 아미노산만을 생성한다.
③ 밀, 옥수수 등에 포함된 식물성 단백질로 prolamin 등이 여기에 속한다.
④ 물, 산, 알칼리, 염류용액에 모두 잘 녹는 것은 albumin이다.

✎NOTE| ① 비단백성 물질은 복합단백질에 속한다.

ANSWER | 48.③ 49.② 50.① 51.①

52 다음 중 globulin에 대한 설명으로 옳은 것은?

① 중성 염류용액에는 녹지 않고 알칼리에 녹는다.

② NaCl에 녹으며 열에 의하여 응고된다.

③ 순수한 물에 녹으며 열에 의해서 응고된다.

④ 염류용액에 녹지 않고 70 ~ 90% 알코올에 녹는다.

> **NOTE** globulin은 순수한 물에는 녹지 않으나 NaCl과 같은 중성 염류용액에 녹으며 열에 의해 응고된다.

53 다음 중 우유에 들어있는 가장 대표적인 인단백질은?

① gelatin ② casein

③ ovomucoid ④ prolamin

> **NOTE** 식품 중에 들어 있는 가장 대표적인 인단백질은 casein이다.

54 다음 중 가열에 의한 단백질의 변성에서 일어나는 변화가 아닌 것은?

① 수분의 유입 ② 응고

③ 가용화 ④ 수축

> **NOTE** 단백질의 가열시 일반적으로 수분이 방출되고, 세포질 단백질은 응고되며, 근막이나 인체 등의 callagen은 수축 액화된다.

55 단백질의 종류에 대한 설명으로 옳지 않은 것은?

① 단순단백질은 가수분해에 의하여 아미노산만 생기는 단백질의 총칭이다.

② 복합단백질은 단순단백질과 비단백질 성분으로 이루어진다.

③ 유도단백질은 용해도에 따라 알부민(albumin), 글로불린(globulin) 등으로 분류한다.

④ 모든 단백질에는 펩티드 결합이 존재한다.

> **NOTE** 유도단백질은 1차 유도인 변성단백질과, 2차 유도인 분해단백질로 나뉘며 알부민과 글로불린은 단순단백질에 속한다.

ANSWER | 52.② 53.② 54.① 55.③

56 다음 중 단백질의 나선구조를 유지하는 근원은?

① 반데르발스 힘　　　　　　② 수소결합
③ 이중결합　　　　　　　　④ 배위결합

✎NOTE| 나선상으로 모인 peptide 사슬 내의 모든 carbonyl 산소원자와 아미드 수소원자 사이에 수소결합이 안정하게 형성되어 α-helix구조를 이루게 된다.

57 다음 중 복합단백질에 속하지 않는 것은?

① 색소단백질　　　　　　　② 당단백질
③ 핵단백질　　　　　　　　④ 염기성 단백질

✎NOTE| 염기성 단백질은 구상단백질이다.

58 다음 중 두부제조의 원료가 되는 주단백질은?

① lactoalbumin　　　　　　② glycinin
③ glutenin　　　　　　　④ orizenin

✎NOTE| 콩단백질 glycinin은 염류에 변성 응고되어 간수에 의해 두부를 만드는 원리가 된다.

59 다음 중 옥수수의 주아미노산과 부족한 아미노산이 바르게 짝지어진 것은?

① hordein − methionine　　　② oryzein − cystein
③ zein − tryptophan　　　　④ glutein − histidine

✎NOTE| zein은 옥수수에서 추출할 수 있으며, 옥수수에는 tryptophan이 부족하여 pellagra병을 유발한다.

ANSWER | 56.②　57.④　58.②　59.③

60 DNA와 RNA를 비교한 설명으로 옳지 않은 것은?

① DNA는 A, T, C, G, RNA는 A, U, C, G의 4가지 염기를 사용한다.
② DNA는 이중나선구조이고 RNA는 단일나선구조이다.
③ DNA와 RNA는 nucleotide로 구성되어 있다는 공통점이 있다.
④ RNA에서 산소원자 하나가 떨어져 나온 구조가 DNA의 기본구조이다.

　NOTE| DNA는 산소원자를 포함하고 있지 않아 반응성이 작으므로 RNA보다 안정된 상태이다.

61 다음 중 단백질의 변성에 대한 설명으로 옳은 것은?

① 효소작용을 쉽게 받아 소화가 잘 된다.
② 분자량은 변성 전과 동일하다.
③ 가용성 단백질을 형성한다.
④ 가역적인 변화이다.

　NOTE| 변성단백질은 효소에 의해 소화작용이 쉽게 일어난다. 날달걀의 소화율보다 익은 달걀의 소화율이 높은 것이 이러한 이유 때문이다.

62 단백질의 변성 시 변화로 옳은 것은?

① peptide 결합을 유지한 상태로 사슬의 입체구조만 변화한다.
② peptide 결합이 끊어진다.
③ 여러 가닥의 peptide 사슬이 중합되어 더 큰 분자로 된다.
④ 등전점에 이른다.

　NOTE| peptide 사슬이 절단되지 않는 한도 내에서 천연 특유한 구조의 변화를 변성이라 한다.

63 다음 중 방향족 아미노산의 정성반응은?

① mailard 반응　　　　　　　② 크산토프로테인 반응
③ 뷰렛 반응　　　　　　　　　④ 닌히드린 반응

　NOTE| 방향족 아미노산의 검출에는 크산토프로테인 반응실험을 한다.

ANSWER | 60.④　61.①　62.①　63.②

64 albumin에 대한 설명으로 옳지 않은 것은?

① 물에 녹고 열에 의하여 응고된다.

② egg albumin, serum albumin, lactoalbumin 등이 있다.

③ albumin은 구상단백질이다.

④ 물 또는 염류에 녹지 않고, 묽은 산, 묽은 알칼리에 녹는다.

>NOTE| ④ 묽은 산, 묽은 알칼리에 녹는 것은 globulin이다.

65 핵산(DNA, DNA)의 기본 단위가 되는 분자는 무엇인가?

① nucleoside
② nucleotide
③ nucleosome
④ cAMP

>NOTE| 핵산의 최소 단위 분자는 nucleotide(purine 또는 pyrimidine 염기 + 5탄당 + 인산)이다.

66 구상단백질은 천연상태에서 어떤 구조를 가지는가?

① 분자사슬의 모든 부분이 α-helix 구조를 가진다.

② pleated sheet 구조를 가진다.

③ 사슬의 일부분만이 α-helix 구조를 가지고 있고 나머지 부분은 불규칙적으로 배열되어 있다.

④ peptide 사슬이 모두 무질서하게 만곡되어 있다.

>NOTE| 구상단백질의 peptide 사슬은 대부분이 불규칙적으로 배열되어 있지만 일부분은 α-helix 구조를 가진다.

67 가열에 의해서 응고되지 않으나 염류에 의해 응고되는 콩의 단백질은?

① albumin
② glycinin
③ tryptophan
④ alanine

>NOTE| 콩의 globulin인 glycinin은 열에 의해 응고되지 않고 Ca^{2+}, Mg^{2+}에 의해 응고된다.

ANSWER | 64.④ 65.② 66.③ 67.②

68 오래된 달걀의 흰자위를 저어서 거품을 일게 하면 기포성이 좋아져 거품이 잘 일게되는 원인은?

① pH ② 산화
③ 표면장력 ④ 압력

✎NOTE | 오래된 달걀은 저장 중 CO_2의 소실로 pH의 변화가 일어나게 된다. 흰자가 묽은 상태로 변하여 기포성이 좋아진다.

69 다음 중 열에 의하여 응고되지 않는 단백질은?

① albumin ② collagen
③ actomyosin ④ vitellin

✎NOTE | collagen은 열을 가하면 가용성 gelatin이 된다.

70 돼지고기 8g을 분석하여 질소를 정량한 결과 8%였다. 이 돼지고기 중 조단백질의 함량은?

① 20% ② 30%
③ 40% ④ 50%

✎NOTE | 조단백질의 함량 = 8 × 6.25(질소계수) = 50%

71 공업용 화학물질인 멜라민은 식품품질검사 시 어떤 성분의 함량을 높이는 수단으로 악용되는가?

① 탄수화물 ② 단백질
③ 필수지방산 ④ 비타민

✎NOTE | 품질검사 과정에서 고가의 단백질 농도 측정법 대신 질소의 함량을 측정하는 질소성분 함량 분석법(Kjeldahl 방법)을 이용하기 때문에 고질소 화합물인 멜라민을 제품에 첨가해 질소함량을 높이는 방법으로 품질검사를 통과한다.

ANSWER | 68.① 69.② 70.④ 71.②

CHAPTER 05 무기질

1 무기질의 개요

① 무기질의 개념과 특징

(1) 무기질의 개념

① 생체 내 원소들 중 탄소, 수소, 산소, 질소를 제외한 나머지 원소들을 말한다.

② 지방 이외의 식품을 태울(회화) 경우 재로 남는 물질이다.

       ▲TIP | 분자구조에 탄소를 함유하는 물질을 유기물, 함유하지 않는 물질을 무기물이라고 한다.

③ 무기질은 단일원소 그 자체가 영양소가 된다.

(2) 무기질의 특징

① 분자구조에 탄소를 함유하지 않으므로 에너지원이 되지 못하지만 생물체의 구성성분으로 중요하다.

② 인간을 포함한 모든 생물체는 무기질을 합성하지 못하므로 무기질은 식품을 통해서 반드시 섭취해야 하는 필수 영양소이다.

② 인체 내에서의 무기질

(1) 무기질의 위치

인체가 필요로 하는 원소는 대부분 주기율표의 상단부에 위치하는 비교적 분자량이 작은 금속류이다.

(2) 다량원소와 미량원소

① 다량원소

    ㉠ 체중의 0.05% 이상이거나 일일권장량이 100mg 이상인 무기질이다.

    ㉡ Ca, P, K, S, Na, Mg, Cl 등이 속한다.

② **미량원소**

　㉠ 체중의 0.05% 이하이거나 일일권장량이 100mg 이하인 무기질이다.

　㉡ Fe, I, Cu, Co, Mn, F, Cr 등이 속한다.

2 무기질의 역할과 종류

① 무기질의 역할

(1) 산/알칼리 균형

① **산과 알칼리의 형성**

　㉠ 무기질은 체내에서 체액에 녹아 이온의 형태로 존재하여 산과 알칼리를 형성한다.

　㉡ 양이온 : 체액에서 −OH(−)기와 결합하여 알칼리를 형성한다.

　㉢ 음이온 : 체액에서 −H(+)기와 결합하여 산을 형성한다.

② 혈액 중에서 완충작용(buffer action)을 하여 혈액의 pH를 7.3 ~ 7.5로 유지한다.

♟ 산/알칼리 형성원소와 식품 ♟

산		알칼리	
산 형성원소	산 형성식품	알칼리 형성원소	알칼리 형성식품
P, S, Cl	고기, 생선, 가금, 달걀, 모든 곡류	Na, K, Mg, Ca, Fe	우유, 채소, 견과, 대부분의 과일, 해초류

(2) 체내 삼투압 조절 및 근육과 신경의 흥분조절

① 반투막을 사이에 두고 농도가 낮은 부분에서 높은 부분으로 수분이 이동된다.

② 무기질은 체액 중에서 세포막을 중심으로 삼투압이 유지되도록 관여한다.

(3) 체 구성물질

① 뼈를 형성하고 조직을 단단하게 만들어 준다(Ca, P, Mg 등).

② 근육, 피부, 내장같은 연조직, 세포핵의 핵단백질, 레시틴 등을 구성(Zn, P)한다.

(4) 대사과정에 관여

체내 대사과정에서 효소의 구성성분이 되거나 조효소로서 작용을 촉진한다.

② 무기질의 종류와 기능

(1) 칼슘(Ca)

① **분포**
　㉠ 골격 무기질의 85%를 이루고 있고, 몸 전체에 있는 무기질의 3/4을 차지한다.
　㉡ 인체 중 Ca 99% 이상이 골격 중에 있고 1%는 조직 및 혈액에 분포한다.

② **기능**
　㉠ 세포내액에 존재하는 칼슘은 근육의 수축에 관여한다.
　㉡ 세포내액의 칼슘농도가 정상보다 높아지면 근육의 강직이 발생한다.
　㉢ 칼슘이온은 출혈 시 혈소판에서 트롬보 플라스틴을 방출하여 혈액응고를 촉진시킨다.
　㉣ 효소를 활성화시키고 신경흥분을 억제시키는 기능을 한다.

③ **Ca^{2+}의 흡수**
　㉠ 곡류, 콩류에 함유된 phytin은 Ca^{2+}의 흡수를 방해한다.
　㉡ 채소, 과일의 칼슘은 oxalate로 존재하여 칼슘흡수를 저해한다.
　㉢ 식품 중 Ca과 P의 비율이 1 : 1일 때 흡수율이 가장 높다.

(2) 인(P)

① **분포** … 골격형성에 필요한 원소로 인체 내의 인은 90%가 뼈에 함유되어 있다.

② **기능**
　㉠ 거의 모든세포에 골고루 함유되어 에너지 대사에서 인산결합 형성에 사용된다.
　㉡ 세포의 핵안에 존재하는 핵산물질의 구성성분이다.
　㉢ 조효소의 구성성분, 체액의 완충작용에 관여한다.

③ **P의 섭취**
　㉠ Ca의 섭취량과 평형을 유지하도록 한다.
　㉡ 곡류 및 콩류에 많다.
　㉢ 우유, 달걀, 고기 등에도 함유되어 있다.
　㉣ 곡류의 인은 phytin의 형태로 들어있으므로 이용률이 낮다.

(3) 나트륨(Na)

① **분포** ⋯ 성인 체내에는 60~65g 정도 함유되어 있다.

② **기능**

　㉠ 나트륨은 NaCl으로서 체내 산·알칼리의 평형을 유지한다.

　㉡ 세포외액의 삼투압을 조절한다.

　㉢ 칼슘과 함께 신경을 자극하고 근육에 전달해 주는 역할을 한다.

　㉣ 정상적인 근육의 흥분성·과민성을 유지시켜준다.

③ **Na$^+$의 섭취**

　㉠ K의 섭취량이 많아지면 산·알칼리 평형을 위해 NaCl의 소요량이 많아지게 된다.

　㉡ 가공식품, 어패류, 해조류 등에 많이 함유되어 있다.

　㉢ Na 섭취량은 혈압상승과 정비례 관계에 있다.

(4) 칼륨(K)

① **분포**

　㉠ 조직세포 내에 비교적 많이 함유되어 있다.

　㉡ 세포 내의 농도가 세포외액의 25배 정도이다.

② **기능**

　㉠ 나트륨과 함께 근육의 수축과 신경의 자극전달에 관여한다.

　㉡ 체액의 완충작용과 세포의 삼투압을 조절한다.

③ **K$^+$의 섭취** ⋯ 식물성 식품에 많아 결핍증이 거의 없다.

(5) 염소(Cl)

① 나트륨 이온과 함께 세포외액의 삼투압을 유지시킨다.

② 염화물로서 체액의 산·알칼리 평형에 중요한 구실을 한다.

③ 위액에 있는 염산의 공급원이 된다.

④ 나트륨 이온의 배설량이 많으면 염소 이온도 많이 배설하게 된다.

(6) 황(S)

① 인체 내에 약 100g을 함유하고 있다.

② methionine, cysteine, cystine 등의 황을 함유하는 아미노산을 구성한다.

③ mucoitin, 담즙산, chondroitin, sulfuric acid, 비타민 B_1, biotin의 비타민류 등에 포함되어 있다.

④ 마늘, 파, 무 등에 많이 함유되어 있다.

(7) 아이오딘(I)

① **분포** … 인체 내에 약 25mg이 함유되고 그 중 15mg이 갑상샘에 함유되어 있다.

② **기능**
    ㉠ 혈액에서 갑상샘으로 들어가 thyroxine에 함유된다.
    ㉡ 갑상샘에 아이오딘가 부족하면 갑상샘종이 발생한다.

③ **I⁻의 섭취**
    ㉠ 성인 일일소요량은 0.15mg이며 유아, 사춘, 임신, 수유, 갱년기에는 더 소요된다.
    ㉡ 해산식품, 특히 간유, 대구, 굴, 해조류에 다량 함유되어 있다.

(8) 마그네슘(Mg)

① **분포** … 인체 내에 약 25g 정도 함유(골격, 혈액, 근육)되어 있다.

② **기능**
    ㉠ 엽록소의 중요 구성원소로 녹색채소에 다량 함유되어 있으며 동물에도 중요한 물질이다.
    ㉡ 당질대사에 관여하는 효소의 작용을 촉진한다.
    ㉢ 신경의 흥분성을 억제하는 작용을 한다.

(9) 철(Fe)

① 분포와 기능

ⓖ 철은 인체 내에 약 3g 정도가 함유되어 있다.

ⓛ 2/3는 혈액 중의 hemoglobin, 근육 중의 myoglobin을 형성한다.

ⓒ 1/3은 catalase, peroxidase, cytochrome의 효소성분과 단백질 ferritin을 형성한다.

ⓔ 철이 부족하면 빈혈이 발생하기 쉽다.

② Fe^{2+}의 섭취

ⓖ 동물성 식품의 철은 흡수율이 좋으나 식물성 식품의 철은 흡수율이 낮다.

ⓛ 인산염, phoytic acid는 Fe와 불용성 염을 형성하여 Fe의 흡수를 방해한다.

(10) 구리(Cu)

① 기능

ⓖ 조혈작용에 관계하여 철의 이용을 보조한다.

ⓛ ascorbate oxidase, polyphenol oxidase의 구성성분이다.

ⓒ uricase, tyrosinase 등의 금속 효소에 함유되어 활성발현중심을 이룬다.

② Cu^{2+}의 섭취

ⓖ 소요량이 적고 식품 중에 널리 함유되어 부족한 경우가 거의 없다.

ⓛ 우유, 채소 등의 Cu는 비타민 C를 파괴한다.

무기질

05 출제예상문제

1 다음 중 산성 식품에 해당하는 것은?

① 감자   ② 무

③ 시금치   ④ 달걀

> **NOTE** | 산성 식품으로는 굴, 육류, 달걀, 옥수수, 버터, 땅콩, 치즈, 파, 쌀밥 등이 있다.
> ※ 알칼리성 식품 … 시금치, 콩, 무, 미역, 다시마, 감자, 당근, 감귤, 우유, 토마토 등이 있다.

2 다음 중 알칼리성 식품에 대하여 바르게 설명한 것은?

① 육류, 곡류 등의 식품

② 떫은 맛을 내는 식품

③ 산성 식품을 NaOH로 처리한 식품

④ K, Mg, Na이 많은 식품

> **NOTE** | 알칼리성 식품은 회분에 −OH와 결합하는 알칼리 생성원소 Ca, Fe, Mg, Na, K 등이 많은 식품으로 과실류, 채소류, 해조 등이 있다.

3 다음 중 채소를 많이 섭취했을 때 요구되는 것은?

① N의 섭취가 많아지므로 NaCl의 요구량이 많아진다.

② S의 섭취가 많아지므로 NaCl의 요구량이 많아진다.

③ K의 섭취가 많아지므로 NaCl의 요구량이 많아진다.

④ I의 섭취가 많아지므로 NaCl의 요구량이 많아진다.

> **NOTE** | 채소를 많이 섭취하면 K^+의 섭취가 많아지는데 이때 세포내외액 간의 삼투를 조절하는 무기질인 Na^+의 요구량이 늘어나면서 NaCl의 요구량도 증가하게 된다.

ANSWER | 1.④ 2.④ 3.③

4 다음 식품의 무기물 중에서 알칼리 생성원소가 아닌 것은?

① P, S

② Mg, K

③ Na, Ca

④ Cu, Zn

> ✎NOTE| 알칼리 생성원소 … Na, K, Ca, Mg, Fe, Cu 등
> ※ 산 생성원소 … P, S, Cl, Br, I 등

5 다음 중 무기질의 기능으로 옳지 않은 것은?

① 경조직 구성

② 혈액의 완충작용

③ 체액의 삼투압 조절

④ 단백질 합성

> ✎NOTE| 무기질은 체액의 pH 및 삼투압 조절, 근육·신경의 흥분성 조절, 효소작용 및 해독작용, 체조직의 경도 증대, 단백질의 용해성 증대 등의 작용을 한다.

6 다음 중 뼈, 치아의 경조직을 구성하는 무기질이 바르게 짝지어진 것은?

① Cl, Na, S

② K, Na, Mn

③ Ca, P, Mg

④ Cu, I, Fe

> ✎NOTE| 뼈, 치아를 구성하는 무기질은 Ca(1 ~ 1.5kg), P, Mg(20 ~ 35g) 등이다.

7 다음 중 무기질에 대한 설명으로 옳지 않은 것은?

① 식품에서 유기질과 수분을 제외한 나머지 성분을 말한다.

② 인체의 발육을 촉진한다.

③ 생리적 기능 조절을 한다.

④ 무기질에는 체내에서 합성되는 물질도 있다.

> ✎NOTE| ④ 모든 생명체는 무기질을 합성하지 못하므로 반드시 섭취해야 한다.

ANSWER | 4.① 5.④ 6.③ 7.④

8 다음 중 알칼리를 생성하는 원소는?

① P   ② Mg

③ Cl   ④ I

> **NOTE** Ca, Mg, Na, K 등은 각각 양이온이 되므로 알칼리를 생성하는 원소이다.

9 다음 중 우유의 응고작용과 관련있는 금속이온은?

① 구리이온   ② 칼슘이온

③ 질소이온   ④ 코발트이온

> **NOTE** 우유의 카세인과 반응하여 응고작용을 일으키는 무기질은 칼슘이온이다.

10 채소에 들어있는 칼슘의 흡수율이 낮은 원인과 관련된 유기산은?

① oxalic acid   ② acetic acid

③ stearic acid   ④ pamtotraronic acid

> **NOTE** 채소에는 oxalic acid가 많으며 oxalic acid는 Ca를 용해하지 못하기 때문에 Ca의 흡수를 어렵게 한다.

11 다음 중 Na의 체내 역할로 옳지 않은 것은?

① 혈액의 완충작용을 한다.

② 세포외액의 삼투압을 조절한다.

③ 조혈작용을 한다.

④ 체내에 NaCl의 형태로 존재한다.

> **NOTE** Na은 세포외액의 염화물, 인산염, 탄산염으로 존재하며, 신경을 자극하고 근육에 전달해 주는 역할을 한다.

ANSWER | 8.② 9.② 10.① 11.③

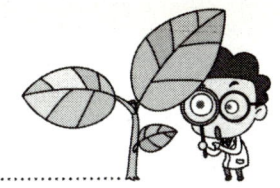

12 칼슘 흡수를 향상시키는 물질이 아닌 것은?

① 젖당
② 인
③ 비타민 D
④ 단백질

✎**NOTE**| 인과 칼슘은 체내의 적정비율에 의해서 조절된다. 식품 내에 젖당, 단백질, 비타민 D가 Ca과 함께 주어지면 Ca의 흡수가 좋아진다.

13 갑상샘종과 관련이 있고 수산식품에 많이 함유되어 있으며 산악지대에서 결핍되기 쉬운 영양소는?

① Mg
② I
③ Cu
④ Zn

✎**NOTE**| 아이오딘은 갑상샘 호르몬의 구성성분으로 해산식품에 다량 함유되어 있다.

14 다음 중 조혈작용에 관계하는 무기질은?

① Na, I
② Ca, P
③ Fe, Cu
④ Ca, Fe

✎**NOTE**| Cu는 Fe로부터 hemoglobin이 형성되는 조혈작용에 조효소로 관여한다.

15 다음 중 무기질의 기능과 관계가 먼 것은?

① 효소작용을 촉진한다.
② 생체내 pH인 삼투압을 조성한다.
③ 생체의 구성성분이 된다.
④ 생체의 중요한 에너지원이다.

✎**NOTE**| 무기질의 기능
㉠ 체액의 pH 및 삼투압 조절
㉡ 근육·신경의 흥분성 조절
㉢ 효소작용 및 해독작용
㉣ 체조직의 경도 증대
㉤ 단백질의 용해성 증대

ANSWER | 12.② 13.② 14.③ 15.④

16 다음 중 칼슘의 흡수에 대한 작용이 다른 것은?

① phytin
② phytic acid
③ lactic acid
④ oxalic acid

✎NOTE | ①②④ Ca을 용해하지 못하게 하여 흡수를 막는다.
③ 장내의 lactic acid는 Ca의 흡수를 좋게 한다.

17 다음 중 식품의 산도에 대한 설명으로 옳은 것은?

① 식품 100g을 연소시켜 얻은 회분의 수용액을 중화시키는 데 필요한 1N NaOH의 mL수
② 식품 100g을 연소시켜 얻은 회분의 수용액을 중화시키는 데 필요한 0.1N NaOH의 mL수
③ 식품 100g을 연소시켜 얻은 회분의 수용액을 중화시키는 데 필요한 1N HCl의 mL수
④ 식품 100g을 연소시켜 얻은 회분의 수용액을 중화시키는 데 필요한 0.1N HCl의 mL수

✎NOTE | 식품의 산도와 알칼리도
㉠ 산도 : 식품 100g을 연소시켜 얻은 회분의 수용액을 중화시키는 데 필요한 0.1N NaOH의 mL수
㉡ 알칼리도 : 식품 100g을 연소시켜 얻은 회분의 수용액을 중화시키는 데 필요한 0.1N HCl의 mL수
※ 산성식품 … 식품의 산도가 높은 식품으로 육류, 어류, 달걀 등이 여기에 속한다.

18 다음 중 골격구조의 구성성분이 되며 에너지 저장에 중요한 무기질은?

① Mg
② Ca
③ K
④ P

✎NOTE | 인은 체내 75%가 뼈대에 있고, 생체에너지 정장물질인 ATP 생성에도 관여하며 핵산의 구성성분이다.

19 다음 중 혈액과 근육의 색소단백질을 형성하는 데 관련된 무기질은?

① Fe
② Ca
③ Mg
④ Cu

✎NOTE | Fe은 hemoglobin과 myoglobin의 형성에 관여한다.

ANSWER | 16.③ 17.② 18.④ 19.①

20 갑상샘 호르몬의 구성성분인 무기질이 되며 해산물에 많이 함유되어 있는 영양소는?

① Cl ② I
③ P ④ Co

✎NOTE┃ 아이오딘은 사람의 갑상샘에 200mg이 함유되어 있고, 10mg 이하면 갑상샘의 기능이 저하된다.

21 다음 중 cysteine, cystine, methionine의 구성성분으로 collagen 합성에 필요한 성분은?

① Fe ② S
③ Cu ④ Mg

✎NOTE┃ S(황)
ㄱ 수소와 결합하여 SH화합물을 구성하고 해독작용을 하며 collagen 합성에 관여한다.
ㄴ cysteine, cystine, methionine 등의 아미노산, 단백질의 구성성분으로 담즙산, 당지질 등에
함유되어 있다.

22 Na과 함께 체액의 산·알칼리 평행을 조절하며 근수축, 신경전달에 관여하는 무기질은?

① Cl ② Zn
③ K ④ Mg

✎NOTE┃ K은 Na과 함께 근육의 수축과 신경의 자극전달에 관여하며 세포내액의 삼투압을 조절하는
역할도 한다.

23 항빈혈작용을 하는 비타민 B_{12}의 구성성분으로 땅콩, 백미 등에 풍부하게 들어있는 무기질은?

① Cu ② F
③ Zn ④ Co

✎NOTE┃ Co는 비타민 B_{12}의 구성성분으로 적혈구 생성에 관여하고 효소작용을 활성화시킨다.

ANSWER ┃ 20.② 21.② 22.③ 23.④

24 다음 중 식염에 의해 주로 섭취되는 것으로, 삼투압을 조절하거나 위액의 염산을 구성하는 원소는?

① I   ② Cl
③ Br   ④ F

✎NOTE| Cl은 식염으로 섭취되며, NaCl로서 세포외액의 삼투압을 조절하고, 위액의 HCl을 구성한다.

25 다음 중 철분흡수에 영향을 주는 요소에 속하지 않는 것은?

① 비타민 C   ② 전분
③ heme형 철분   ④ 동물성 식품

✎NOTE| ① 비타민 C는 제1철(Fe^{2+})이 제2철(Fe^{3+})로 산화되는 것을 방지할 뿐 아니라 제2철로 산화된 것을 제1철로 환원시킴으로써 흡수를 도와준다.
③ heme형 철은 대부분 헤모글로빈과 미오글로빈 형태로 섭취되며 흡수율이 높다.
④ 육류·생선 등의 동물성 식품은 heme형 철의 비율이 크고 흡수가 잘 된다.

26 다음 중 고에너지 화합물의 성분을 이루는 무기질은?

① Co   ② P
③ Fe   ④ K

✎NOTE| P은 고에너지 화합물의 구성성분이다.

27 다음 중 철분이 체내에서 하는 작용은?

① 머리털의 색소를 형성한다.   ② 포도당의 저장을 돕는다.
③ 산소의 운반을 돕는다.   ④ 혈액응고 작용을 한다.

✎NOTE| Fe
㉠ Hb를 형성하여 산소의 운반을 돕는 작용을 한다.
㉡ myoglobin, cytochrome을 구성한다.
㉢ 단백질 ferritin을 형성한다.

ANSWER | 24.② 25.② 26.② 27.③

28 다음 중 인의 체내 작용이 아닌 것은?

① 체액의 완충작용에 관여한다.　　② 핵산물질의 구성성분이다.

③ DNA, RNA의 구성성분이다.　　④ 체내 연조직의 구성성분이다.

　　📝**NOTE**｜ 인은 체내에서 세포막의 구성성분이나 핵산의 구성성분으로 작용하며, 체액의 완충작용, 골격,
　　　　　　치아형성 등에 관여한다.

29 다음 중 아이오딘을 구성성분으로 갖는 것은?

① thyroxin　　　　　　　　　　② ferritin

③ globulin　　　　　　　　　　④ ceruloplasmin

　　📝**NOTE**｜ 아이오딘은 갑상샘 호르몬 thyroxin의 구성성분이다.

30 다음 중 철분에 대한 설명으로 옳지 않은 것은?

① 체내 hemoglobin의 형태로 가장 많이 존재한다.

② 식품 중의 Fe은 여러 형태로 존재하고 흡수율이 각각 다르다.

③ 인산염이나 phytic acid는 Fe와 불용성 화합물을 생성하고 흡수율을 높인다.

④ 동물성 식품에 많이 분포되어 있다.

　　📝**NOTE**｜ ③ 식물 중의 phytic acid와 인산염은 Fe와 불용성 화합물을 만들어 Fe의 체내흡수를 저해한다.

31 혈액 내의 칼슘이 저하되었을 때 일어나는 체내 작용으로 옳지 않은 것은?

① 부갑상샘 호르몬의 분비가 증가된다.

② 장에서 칼슘의 흡수가 촉진된다.

③ 칼시토닌의 분비가 증가된다.

④ 뼈에 저장되었던 칼슘이 용해되어 혈액으로 방출된다.

　　📝**NOTE**｜ ③ 칼시토닌은 뼈로부터 Ca^{2+}의 방출을 억제하여 혈액 내 칼슘을 저하시킨다.

ANSWER｜ 28.④　29.①　30.③　31.③

32 다음 중 골격을 성장시키고 단단히 하는 것과 관련이 적은 물질은?

① Ca ② D
③ F ④ Na

✎**NOTE** | Na은 세포외액의 삼투압에 관여한다.

33 다음 중 색소 고정에 많이 이용되는 무기질은?

① Mg ② Cu
③ Co ④ Cl

✎**NOTE** | 녹색색소 chlorophyll의 고정에 $CuSO_4$가 사용된다.

34 다음 무기물 중 알칼리 생성원소로만 짝지어진 것은?

① Zn, Cl ② Ca, Na
③ K, Br ④ S, I

✎**NOTE** | 산·알칼리 생성원소
ⓐ 알칼리 생성원소 : Ca, Na, Mg, K, Fe, Cu, Mn, Co, Zn
ⓑ 산 생성원소 : P, S, Cl, Br, I

35 다음 중 인에 대한 설명으로 옳지 않은?

① Ca과 함께 골격구조 형성 무기질이다.
② 에너지 전달물질의 구성성분이다.
③ 자연계에 광범위하게 존재하며 결핍되는 일이 거의 없다.
④ 비타민 D에 의하여 흡수가 증가된다.

✎**NOTE** | ④ 비타민 D는 Ca^{2+}의 흡수는 증가시키지만 인에는 거의 효과가 없다.

ANSWER | 32.④ 33.② 34.② 35.④

36 다음 중 Na의 기능으로 옳지 않은 것은?

① 근육·신경의 흥분성을 조절한다.
② Cu와 함께 뼈를 구성하는 주요성분이다.
③ 혈액의 완충작용을 한다.
④ 체액의 삼투압을 조절한다.

    NOTE ② 뼈의 주요 구성성분으로 작용하는 무기질에는 Ca, P 등이 있다.

37 다음 중 골격의 99% 이상을 차지하는 무기질은?

① 철   ② 인
③ 칼슘   ④ 불소

    NOTE Ca는 99% 정도가 뼈대와 치아에 존재하고 나머지는 혈액, 근육 등에 hemoglobin이나 myoglobin의 상태로 존재한다.

38 Fe로부터 hemoglobin이 형성될 때는 필요한 무기질은?

① F   ② S
③ Cu   ④ Mg

    NOTE Cu는 조혈작용을 하며, Fe로부터 hemoglobin의 형성을 돕는다.

39 다음 중 인체에서 칼슘(Ca)의 주된 생리기능이 아닌 것은?

① 골격의 형성   ② 신경의 전달에 관여
③ 효소의 활성화   ④ 세포의 삼투압 조절

    NOTE 무기염류는 세포의 삼투압을 조절하고 체액의 pH를 조절한다.

ANSWER | 36.② 37.③ 38.③ 39.④

CHAPTER
06

비타민

1 비타민의 개요

① 비타민의 개념과 특징

(1) 비타민의 개념

① 미량으로 동물의 영양을 지배하고 정상적인 생리기능을 조절하며 완전한 물질대사를 일으키는 유기화합물이다.

② 그 자체는 에너지원이나 몸의 구성성분으로 되지 않는 필수적인 물질을 말한다.

③ 몇몇 종류를 제외하고는 대부분의 비타민은 체내에서 합성이 되지 않는다.

(2) 비타민의 특징

① 체내에서 아주 작은 양이 요구되는 필수적인 비열량의 영양소로 세포활동과정을 돕는다.

② 필수 영양소와는 달리 소량으로서 동물의 정상적인 성장과 건강을 유지시켜주는 유기화합물이다.

③ 어느 동물이나 필수적이지만 동물에 따라서는 체내에서 합성되거나 장내세균이 합성하므로 특별히 섭취할 필요가 없는 것도 있다.

④ **비타민과 호르몬**
   ㉠ **공통점** : 극소량으로 체내 생리과정을 조절한다.
   ㉡ **차이점** : 비타민은 체내에서 합성되지 않아 반드시 음식으로부터 섭취해야 한다.

② 비타민의 구분

(1) 지용성 비타민

① 특징

ㄱ 기름, 유기용매에 잘 녹는다.

ㄴ 매일 공급할 필요는 없으며 필요 이상의 섭취량은 간, 지방 등 체내에 저장된다.

ㄷ 결핍증세는 서서히 나타난다.

② 종류 ··· 비타민 A(retinol), D_2, D_3, E(tocopherol), K(phylloquinone)

(2) 수용성 비타민

① 특징

ㄱ 물에 녹는다.

ㄴ 매일 필요량을 공급해 주어야 하며, 필요 이상의 섭취량은 배설된다.

ㄷ 매일 필요량을 공급받지 못할 경우 결핍증상이 비교적 빨리 나타난다.

② 종류

ㄱ 비타민 B군 : B_1(thiamin), B_2(riboflavin), B_6(pyridoxine), B_{12}(cyanocobalamin), biotin, nicotinic acid(niacin), choline, folic acid(folacin), pantothenic acid, inositol, para-aminobenzoic acid

ㄴ 비타민 C(ascorbic acid)

2 ▶ 비타민의 종류 및 특성

① 지용성 비타민

(1) 비타민 A(αxerophthol)

① 화학구조

ㄱ β-ionone핵과 isoprene 사슬로 구성된다.

ㄴ 비타민 A의 구조식에는 모두 알코올기($-CH_2OH$)가 있다.

♙ 비타민 A(retinol)의 구조 ♙

$$(H_2ORCH)$$

ⓒ isoprene 사슬은 모두 trans형이지만 cis형을 가진 비타민 A_1도 존재한다.

ⓔ 비타민 A_1의 간유 중에 있는 약 70%는 all trans형, 약 30%는 cis형이다.

ⓜ 민물고기에 함유된 비타민 A는 바닷물고기에 함유된 A_1과 다른 A_2의 형태를 가진다.

ⓗ 자연 중에는 지방산의 에스테르로 존재한다.

② **특성**

ⓐ 불포화도가 높다.

ⓑ 물에 잘 녹지 않고, 기름 및 유기용매에 잘 녹는다.

ⓒ 황색침상결정을 갖는다.

ⓔ 상온에서 점조성을 가진 수지상태이고 열에 대해 안정하다.

ⓜ 이중결합이 많으므로 빛과 산소에 의해 산화되기 쉽고 휘발성 물질 등을 생성한다.

ⓗ 산소가 없을 시 높은 온도에서 조리, 멸균하면 이성화와 단편화가 일어난다.

ⓢ 우유를 저온살균할 경우 Vt A는 파괴되지 않지만 빛에 의해 산화되므로 포장에 신경써야 한다.

ⓞ 산화속도는 산소분압, 수분활성도, 온도 등에 좌우된다.

ⓩ 지방 과산화물에 의한 산화에 예민하여 유지의 산화조건에서 Vt A의 분해가 나타난다.

ⓧ **결핍증** : 야맹증, 안구건조증 등이 발생한다.

③ **흡수와 저장**

ⓐ 주로 지방산 에스테르의 형태로 간에서 흡수된다.

ⓑ 간은 유리 retinol을 혈관에 보내어 이곳에서 단백질과 결합되어 존재한다.

ⓒ **함유식품** : 생선간유, 포유류의 간, 유지방, 난황 등에 많이 함유되어 있다.

④ **비타민 A 전구체**(provitamin) … β-carotene

ⓐ **개념** : 생체 내에서 비타민A로 변하는 물질을 말한다.

ⓑ **특징**

• β-ionone핵을 가진 α, β, γ-carotene 및 cryptoxanthin이 provitamin A가 된다.

• carotene은 산화가 되기 쉽고, 흡수율이 좋지 않다.

ⓒ **흡수** : 지방과 함께 조리하여 섭취하면 흡수율이 50% 이상이 된다.

ⓔ **함유식품** : 당근, 고구마, 토마토, 브로콜리 등에 많이 함유되어 있다.

(2) 비타민 D(calciferol)

① 화학구조 및 특성

　㉠ D_2 ~ D_7이 있으며 비타민 D_2(ergocalciterol), D_3(calciferol)가 중요하다.

　㉡ sterol핵을 지닌 비타민 D 전구체가 피부에서 자외선 광의 작용으로 형성된다.

　㉢ 열에 안정하지만 알칼리성에서는 불안정하여 쉽게 분해된다.

　㉣ 산소와 빛에 불안정하나 식품으로부터 충분히 섭취된다.

　㉤ 매우 안정하여 식품의 가공공정에서 거의 손실이 되지 않는다.

　㉥ **과잉증** : 고칼슘혈증, 고칼슘뇨증, 칼슘축적, 신장손상 등을 유발한다.

　㉦ **결핍증** : 어린이에게는 구루병, 치아발육저해 등이 나타나고, 성인에게는 골연화증, 뼈의 기형 등이 나타난다.

② 흡수와 저장

　㉠ 생선간유에 비타민 D_3가 풍부하다.

　㉡ provitamin D_2(ergosterol)는 효모, 버섯, 배추, 시금치 등에 다량 함유되어 있다.

　㉢ provitamin D_3(n-dehydrocholesterol)는 난황, 버터, 우유, 소와 돼지의 간, 생선간유에 풍부하다.

(3) 비타민 E(tocopherol)

① 화학구조 및 특성

❦ α –tocopherol ❦

HO　　CH₃
CH₃　　CH₃　CH₃　CH₃
CH₃　O CH₃　　　　CH₃
CH₃

　㉠ 메틸기의 수와 위치에 따라 다른 성질을 보여주며 α –토코페롤이 활성도가 가장 크다.

　㉡ tocol의 유도체로서 chroman핵에 결합하는 메틸기의 수와 위치에 따라 달라진다.

　㉢ 생물체의 천연적인 항산화제로서 작용하며, 특히 식물성 유지의 항산화제로 존재한다.

　㉣ 혈중 지단백질의 산화를 막아주며 암의 발생을 억제해준다.

　㉤ 물에는 녹지 않으나 에테르, 벤젠 등에 잘 녹는다.

　㉥ 산소, 열, 빛에는 비교적 안정하다.

　㉦ **결핍증** : 만성불임, 빈혈, 근육위축 등을 유발한다.

② **흡수와 저장**

　㉠ 불포화지방산의 섭취가 높으면 흡수가 증가한다.

　㉡ 식물성 기름을 가공하여 마가린과 쇼트닝을 만들 때 비타민 E의 손실이 발생한다.

　㉢ 건조식품이나 튀김에서 지방질 산화가 강하게 일어나면 손실이 발생한다.

　㉣ 가공 및 저장 시에도 비타민 E의 손실이 유발된다.

　㉤ 식물성 기름이 공급원이며 특히 곡류기름에 많이 함유되어 있다.

(4) 비타민 F(essential fatly acid)

① 보통 필수지방산이라고 하며 쥐의 성장촉진인자로서 발견되었다.

② 식물유에 들어 있는 항피부염 인자이다.

③ 리놀산, 리놀레산, 아라키돈산 등의 불포화지방산이 본체이다.

④ **결핍증** ··· 쥐의 생장정지 및 피부염과 탈모증, 사람에게는 기관지염, 습진 등을 유발한다.

(5) 비타민 K(phylloquinone)

① **화학구조 및 특성**

　㉠ naphtochinone 유도체에 관련된 것으로 사슬 모양에 따라 달라진다.

　㉡ prothrombin, proconvertin 등의 혈액응고 인자의 생합성에 관여한다.

　㉢ 빛과 알칼리에 약하지만 공기 중 산소와 열처리에는 비교적 안정하다.

　㉣ 상온에서 황색 유상물질이 되고 저온에서 결정이 된다.

　㉤ 물에는 녹지 않으나 지방용매에는 녹는다.

　㉥ 혈액응고에 관여한다.

　㉦ **결핍증** : prothrombin의 활성이 감소되고, 혈중 thrombin의 결핍증, 출혈 등을 유발한다.

② **흡수와 저장**

　㉠ 비타민 K는 식품과 장내세균에 의한 합성으로 소요량이 충족된다.

　㉡ 시금치, 배추, 양배추 등 짙은 녹색식물에 다량 함유되고 간, 곡류, 콩류에도 풍부하게 함유되어 있다.

♟ 지용성 비타민의 종류와 결핍증 ♟

비타민 종류	이름	해당 결핍증
비타민 A	axerophthol	야맹증, 점막장애
pro비타민 A	carotenoids	
비타민 D	calciferol	구루병, 뼈연화병, 뼈 및 이의 발육불량
pro비타민 D	ergosterol, dehydrocholesterol	
비타민 E	tocopherol	불임증
비타민 F	linoleic acid, linolenic acid, arachidonic acid	생장, 생식, 비유불량
비타민 K	naphthoquinone, menadione	출혈, 혈액응고불량

② 수용성 비타민

(1) 비타민 B₁(thiamin)

① 화학구조 및 성질

㉠ pyrimidine핵과 thiazole핵이 결합된 것으로 보통 염산염으로 결정화된다.

$$\text{H}_5\text{C}_2\text{—C} \quad \text{N} \quad \text{CH}_2\text{—N}^+ \quad \text{CH}_3 \quad \text{CH}_3\text{—CH}_2\text{OH} \quad \text{NH}_2 \quad \text{S}$$

㉡ 산성에서는 양이온으로 존재하고, 알칼리성에서는 thiol 형태로 존재한다.

㉢ 흰색결정으로 물에는 잘 용해되나 유기용매에는 잘 녹지 않는다.

㉣ 용해도는 pH값, 온도, 이온강도 등의 영향을 받는다.

㉤ 산성에서는 열에 안정하나 알칼리, 중성에서는 열에 불안정하다.

㉥ 열, 산소, 알칼리에 약하다.

㉦ 체내에서 TPP(thiamin pyrophosphate)의 형태로 존재하며 탄수화물 대사, 당질 대사 등을 촉진한다.

㉧ 티아민은 수용성이므로 조리시 물의 온도가 높아지면 열에 의한 파괴도 높아진다.

㉨ **결핍증** : 해당 효소활성이 감소하며 각기병을 유발한다.

② **흡수와 저장**

　㉠ 동식물 식품에 소량 함유되어 있으나 전곡(정제되지 않은 곡류), 돼지고기, 간, 내장이 좋은
　　공급원이 된다.

　㉡ 곡류의 배아와 외피부위에 티아민이 풍부하므로 도정을 많이 하면 손실된다.

　㉢ 유도체

　　• S−S−R체의 유도체를 가지며 B_1과 같은 생리작용을 한다.

　　• 유도체는 혈액 중에 오래 남아 있고 소장에서 잘 흡수된다.

　　• 유도체인 allithiamine과 thiamine propyl disulfide는 비타민 B_1 제제로 이용된다.

(2) 비타민 B_2(riboflavin)

$$CH_3 - (CHOH)_3 - CH_2R$$

① **화학구조 및 특성**

　㉠ isoalloxazine핵에 ribitol이 결합된 것으로 수용성이며, 황색결정이다.

　㉡ 순수한 결정은 물에 잘 용해되지 않고 유기용매에도 잘 녹지 않는다.

　㉢ 산소, 산성 pH, 열에 안정하다.

　㉣ 알칼리, 광선에 매우 불안정하다.

　㉤ 보존효소인 flavin mononucleotide(FMN), flavin adenine dinucleotide(FAD)의 구성성분이다.

　㉥ 부족할 경우 아미노산의 배설이 증가하여 적혈구에 glutathione reductase의 활성이 감소한다.

　㉦ **결핍증상** : 구강염, 설염 등이 유발된다.

② **흡수와 저장**

　㉠ 우유 및 유제품, 채소류, 달걀, 육류, 내장, 난류 등에 풍부하게 함유되어 있다.

　㉡ 빛에 매우 불안정하므로 투명용기보다 불투명용기에 담아 저장하는 것이 좋다.

(3) 비타민 B_6(pyridoxine)

① **화학구조 및 특성**

　㉠ 천연에 pyridoxine, pyridoxal, pyridoxamine의 3종류의 pyridine 유도체로 존재한다.

　　🌲TIP┃ pyridine의 유도체 함량
　　　　㉠ **식물성 식품** : pyridoxine, phridoxal이 많다.
　　　　㉡ **동물성 식품** : pyridoxal, pyridoxamine이 많다.

ⓛ 보조효소 pyridoxal-6-phosphate를 형성하여 대사작용에서 중요한 역할을 담당하고 특히 트립토판 대사에 사용된다.

ⓒ 천연에는 대부분이 인산에스테르 형태로 함유되어 있다.

ⓔ 물과 알코올에는 잘 용해되나 아세톤, 에테르, 클로로포름에는 잘 녹지 않는다.

ⓜ 산에 안정하고, 자외선에 쉽게 파괴된다.

ⓑ 피리독신 결핍 시 단백질 대사, 헤모글로빈 합성이 방해된다.

ⓢ 비타민 B_2와 유사한 기타 결핍증을 유발한다.

② **흡수 및 저장**

ⓝ 섭취 시 주로 피리독살 및 피리독사민으로 이루어진다.

ⓛ 우유 및 유제품, 육류, 간, 채소, 전곡, 난황 등에 풍부하게 함유되어 있다.

ⓒ 피리독살이 가장 안정하므로 비타민 B_6를 강화할 때 사용된다.

(4) 비타민 B_{12}(cyanocobalamine)

① **화학구조 및 특성**

ⓝ 혈색소인 heme과 유사하고 pyrrole핵 중심에 Co 금속을 보유하고 있다.

ⓛ 아미노산 생성저해시 조직단백질을 정상화시킨다.

ⓒ 쥐 간세포의 핵산 합성과 탄수화물 및 지방대사에 관여한다.

ⓔ 5-methyltetrahydrofolate를 folate로 환원시키는 작용을 하여 핵산형성에 영향을 끼친다.

ⓜ **결핍증** : 악성빈혈, 우울증, 간질환 등을 유발한다.

② **흡수 및 저장**

ⓝ 소, 돼지의 내장, 고기류, 어패류 등의 동물성 식품에 풍부하며 식물성 식품에는 거의 함유되어 있지 않다.

ⓛ 간장, 된장과 같은 양조물에는 미생물의 활동으로 비타민 B_{12}가 생성된다.

(5) niacin

① NAD 또는 NADP 이온으로 dehydrogenase의 조효소이다.

② 결핍 시 간과 근육에서 먼저 NAD와 NADP의 농도가 감소한다.

③ 결핍증은 펠라그라로 설사, 피부염, 치매 등이 나타난다.

④ 체내에서 트립토판이 나이아신으로 전환된다. 트립토판 60mg은 나이아신 1mg으로 전환된다.

⑤ 식품 중에는 니코틴산, 아마이드, 조효소로 존재한다.

⑥ 육류의 내장, 곡류, 버섯, 과일, 채소 등에 풍부하게 함유되어 있다.

⑦ 니코틴산은 열, 빛, 산소, 산, 알칼리에 비타민 B군 중 가장 안정하다.

(6) 엽산(folic acid)

① pteridine, p-aminobenzoic acid, glutamic acid로 구성되어 있다.

② 간, 채소, 과일효모에 많이 함유되어 있다.

③ 산성에서는 안정하지만 알칼리에서는 쉽게 파괴된다.

(7) 판토텐산(pantothenic acid)

① pantothenic acid와 β-alanine이 펩티드 결합으로 이루어져 있다.

② coenzyme A(Co A)를 형성한다.

③ 공기 중에서는 안정하나 가열에는 불안정하다.

(8) biotin

① 육류, 간, 콩팥, 우유, 달걀 노른자위, 효모, 버섯 등에 많이 함유되어 있다.

② 생난백의 당단백질의 avidin에 의하여 불활성화된다.

(9) 비타민 C

① 모든 생체조직에 존재하여 산화, 환원 반응에 영향을 미친다.

② L-ascorbic acid는 강한 환원력을 가진다.

③ dehydro-L-ascorbic acid로 쉽게 가역적으로 산화가 일어난다.

④ 매우 불안정하여 가공저장 중 쉽게 파괴된다.

⑤ 열, 빛, 금속 등에 의해 산화가 쉽게 일어난다.

⑥ ascorbic acid의 산화로 인하여 비효소적 갈변현상이 나타난다.

♠TIP| 갈변방지제, 산화방지제, 육류색의 안정제, 밀가루의 품질개량제로 사용된다.

⑦ 콜라겐을 형성하고 거의 모든 영양대사에 관여한다.

⑧ **결핍증** … 괴혈병, 잇몸 출혈 등을 유발한다.

♀ 수용성 비타민의 종류와 결핍증 ♀

비타민 종류	이름	해당 결핍증
비타민 B_1	thiamine, aneurin	각기증, 신경염
비타민 B_2	riboflavin	성장정지, 입안염증
비타민 B_6	pyridoxine	피부염, 신경염증
비타민 B_{12}	cobalamin	성장정지, 빈혈
niacin	nicotinic acid	펠라그라
판토텐산	pantothenic acid	펠라그라
비타민 H	biotin	탈모, 쥐의 피부염
엽산	folic acid	빈혈
choline	choline	지방간, 간경화증
inositol	inositol	지방간, 쥐의 탈모증
파라아미노벤조산	ρ-aminobenzoic acid	쥐털의 백화, 닭의 성장정지
비타민 L	anthranilic acid	쥐젖의 분비와 성장 정지
비타민 C	L-ascorbic acid	괴혈증
비타민 P	citrin	혈관성 자반증

비타민

06 출제예상문제

1 다음 중 지방의 산화를 방지하는 비타민은?

① 비타민 A   ② 비타민 C

③ 비타민 E   ④ 비타민 K

　　NOTE| 비타민 E는 식물성 유지의 천연 항산화제로서 작용한다.

2 다음 중 가장 높은 vitamin E 활성을 갖는 토코페롤은?

① α-tocopherol   ② β-tocopherol

③ γ-tocopherol   ④ δ-tocopherol

　　NOTE| 비타민 E 중 활성이 가장 높은 것은 α-tocopherol이다.

3 다음 중 vitamin B군에 속하지 않는 것은?

① pantothenic acid   ② folic acid

③ anthranilic acid   ④ niacin

　　NOTE| 비타민 B군은 thiamin, riboflavin, niacin, pantothenic acid, folic acid, B$_{12}$ 등이 있다.

4 다음 중 provitamin A에 속하지 않는 것은?

① lycopene   ② cryptoxanthin

③ α-carotene   ④ β-carotene

　　NOTE| vitamin A의 전구체는 α, β, γ-carotene, cryptoxanthin 등이 있다.

ANSWER | 1.③ 2.① 3.③ 4.①

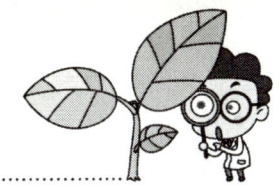

5 다음 중 vitamin D의 전구체는?

① sitosterol ② cholesterol

③ 7-dehydrocholesterol ④ stigmasterol

> ✎NOTE | 7-dehydrocholesterol은 비타민 D_3의 전구체로 자외선을 조사하여 비타민 D_3를 얻을 수 있으며 간유나 동물피하에 존재한다.

6 다음 중 지방의 산화를 방지하는 것은?

① vitamin A ② vitamin C

③ vitamin D ④ vitamin E

> ✎NOTE | 기름의 산패를 방지하는 비타민은 자체에 항산화력을 가진 비타민 E(tocopherol)로 식물유지에 풍부하게 함유되어 있다.

7 다음 중 활성이 가장 큰 provitamin A는?

① cryptoxanthin ② α-carotene

③ β-carotene ④ γ-carotene

> ✎NOTE | provitamin A의 전구체는 α, β, γ-carotene, cryptoxanthin이 있는데, 그 생물활성을 보면 α-carotene 53%, β-carotene 100%, γ-carotene 43%, cryptoxanthin 57%이다.

8 다음 중 칼슘과 난용성 염을 형성하여 Ca의 흡수를 불가능하게 하는 것은?

① citric acid ② succinic acid

③ phytic acid ④ acetic acid

> ✎NOTE | phytic acid는 체내에서 칼슘과 결합하여 난용성 염을 형성하므로 Ca의 흡수불량을 초래할 수 있다.

ANSWER | 5.③ 6.④ 7.③ 8.③

9 다음 중 혈액의 응고작용과 관계 있는 것은?

① vitamin D   ② vitamin E

③ vitamin K   ④ vitamin A

✎NOTE | 비타민 K는 혈액 응고 메커니즘에 작용하는 비타민으로 결핍 시 혈우병을 유발한다.

10 다음 중 vitamin D에 의해 흡수력이 증진되는 것은?

① Na   ② Mg

③ Ca   ④ Cu

✎NOTE | 비타민 D는 동물조직 중의 인산을 동원하여 Ca과 결합하여 Ca_3를 만들어 뼈에 침착시킨다.

11 다음 중 비타민 A에 대한 설명으로 옳지 않은 것은?

① 유리상태 또는 지방산의 에스테르로 존재한다.

② retinol이라고도 부른다.

③ 자연계에 10여종의 이성질체가 발견되고 있다.

④ 어류의 간에 많이 함유되어 있다.

✎NOTE | ③ 자연계에는 all-trans isomer로 존재하고 1, 3-cis isomer를 포함하여 2가지가 존재할 수 있다.

12 다음 중 비타민에 대한 설명으로 옳지 않은 것은?

① 체내에서 합성되므로 별도로 공급할 필요가 없다.

② 결핍 시 여러가지 결핍증이 유발된다.

③ 용해성에 따라 지용성과 수용성으로 나뉜다.

④ 인체 내 반응의 보조인자로 작용한다.

✎NOTE | ① 비타민은 본래 체내에서 합성되지 않는 유기화합물로 식품으로 섭취해야만 한다.

ANSWER | 9.③ 10.③ 11.③ 12.①

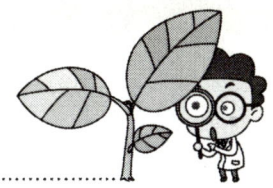

13 다음 중 vitamin의 안정성이 큰 조건은?

① 열
② 산성
③ 알칼리
④ 공기 중 금속

>**NOTE|** vitamin은 대체적으로 열, 알칼리, 공기 중 금속에는 불안정하지만, 산성 상태에서는 안정적이다.

14 다음 중 Ca, P의 비율을 조성해주는 vitamin은?

① vitamin A
② vitamin B
③ vitamin C
④ vitamin D

>**NOTE|** 비타민 D … 칼슘과 인의 비율을 조절하여 흡수를 촉진시키고, 뼈에 축적하여 체내에서 쉽게 이용하게 해주면서 재사용을 돕는다.

15 CoA의 전구체로서 수용성 비타민에 속하는 것은 무엇인가?

① thiamine
② cobamide
③ riboflavin
④ pantothenate

>**NOTE|** 판토텐산(pantothenic acid)은 CoA의 구성성분으로 수용성 비타민이다.

16 다음 중 thiamin에 대한 설명으로 옳지 않은 것은?

① 곡류, 두류, 간, 효모, 돼지고기 등에 많이 함유되어 있다.
② 알칼리성 용액에서 매우 안정하다.
③ 조직 중에서 유리상태로 존재한다.
④ 탄수화물의 대사에 있어서 조효소로 작용한다.

>**NOTE|** thiamin은 중성이나 알칼리성 용액에서는 매우 불안정하다.

ANSWER | 13.② 14.④ 15.④ 16.②

17 다음 중 riboflavin에 대한 설명으로 옳지 않은 것은?

① 광선에 민감하여 광조사시 lumiflavin으로 변한다.

② 알칼리 용액에서는 불안정하고 산성 용액에서는 안정하다.

③ 곡류에 많이 함유되어 있어 도정에 의해 감소한다.

④ 형광을 나타내는 주황색의 침상결정을 만든다.

✏️**NOTE** | ③ riboflavin은 유제품에 많이 들어있고, 곡류에 풍부한 것은 thiamin이다.

18 다음 중 niacin에 대한 설명으로 옳지 않은 것은?

① vitamin B군 중에서 가장 안정하다.

② 황색 결정으로 물이나 알코올에 잘 녹지 않는다.

③ 60mg의 tryptophan에서 1mg의 niacin이 합성된다.

④ 니코틴산과 티코틴아미드를 포함하는 이름이다.

✏️**NOTE** | ② niacin은 백색 결정으로 물이나 알코올에 잘 녹기 때문에 가공 중에 물에 융화된다.

19 다음 중 비타민 E에 대한 설명이 아닌 것은?

① tocol의 유도체이다.　　　　　② 곡류의 배아유가 좋은 급원이 된다.

③ 이들의 활성은 α, β, γ, δ 순이다.　　④ 토코페롤은 자외선에 무척 안정하다.

✏️**NOTE** | ④ 토코페롤은 열·산에 대해 안정적이나 알칼리·자외선에 대해 불안정하다.
　　　　　① 토콜과 토코페롤의 모든 유도체를 가리킨다.

20 다음 중 pantothenic acid에 대한 설명으로 옳지 않은 것은?

① 체내 물질대사의 조효소인 coenzyme A의 구성성분이다.

② pH 4 ~ 7 사이에서는 열에 대하여 안정하다.

③ 간, 신장, 육류, 채소, 곡류 등에 많이 함유되어 있다.

④ 공기 중에서 불안정하여 산화된다.

✏️**NOTE** | ④ pantothenic acid는 공기 중에 안정하고 가열에는 불안정하다.

ANSWER | 17.③ 18.② 19.④ 20.④

21 다음 중 비타민 B$_6$에 대한 설명이 아닌 것은?

① 비타민 B$_6$의 활성을 갖는 화합물은 pyridoxine, pyridoxal, pyridoxamine 등 세 가지이다.
② 세 화합물은 인체 내에서 상호전환이 불가능하여 활성이 각각 다르다.
③ 물, 알코올에 잘 용해된다.
④ pyridoxal-5-phosphate의 형태로 아미노산 대사에 관여한다.

✎NOTE| ② 비타민 B$_6$은 천연에 pyridoxine, pyridoxal, pyridoxamine의 세 가지로 존재하고, 각각 상호전환이 가능하며 동일한 효력을 나타낸다.

22 다음 중 ascorbic acid에 대한 설명으로 옳지 않은 것은?

① 물에 잘 녹고 산성을 띠며 강한 환원력을 가진다.
② 결정상태에서는 산소에 대해 안정하다.
③ 가장 안정하며 식품조리, 가공, 저장시 손실되지 않는다.
④ 흔히 비타민 C로 불린다.

✎NOTE| ③ ascorbic acid는 비타민 C로 비타민 중에서 가장 불안정하여 조리 중 파괴가 쉽다.

23 비타민 D에 대한 설명으로 옳지 않은 것은?

① Ca의 대사와 관련이 있다.
② 자연계에서 분포가 가장 넓다.
③ 동물의 간, 버섯, 우유 등에 많이 함유되어 있다.
④ ergosterol은 비타민 D의 전구체이다.

✎NOTE| ② 자연계에서는 분포가 매우 제한되어 있고 대부분 전구체로 존재한다.

24 다음 중 광선에 예민한 비타민은?

① 티아민   ② 나이아신
③ 리보플라빈   ④ 미오틴

✎NOTE| 리보플라빈은 광선에 민감하여 광조사 시 lumiflavin으로 변하게 된다.

ANSWER | 21.② 22.③ 23.② 24.③

25 비타민 K에 대한 설명으로 옳지 않은 것은?

① 녹엽채소 및 돼지의 간, 토마토 등에 함유되어 있다.

② 인간의 장내에서 비타민 K가 합성된다.

③ napthoquinone의 유도체로 K_1, K_2의 두 종류가 있다.

④ menadione이라는 인공화합물은 천연 비타민보다 활성이 약해 사용되지 않고 있다.

NOTE| ④ menadione은 활성이 커서 비타민 약제로 이용되고 있다.

26 다음 중 비타민 B_{12}에 대한 설명으로 옳지 않은 것은?

① 철저한 육식주의자에게 결핍증이 발생한다.

② Co 원자에 CN, OH, Cl 등이 결합된다.

③ 비타민 중 가장 복잡한 구조를 가지고 있다.

④ 화합물명은 cobalamin이다.

NOTE| ① 비타민 B_{12}는 주로 동물성 식품에 함유되어 있으므로 철저한 채식주의자에게서 결핍증이 나타난다.

27 folic acid 분자 구조에 포함되지 않는 것은?

① tryptophan

② 글루탐산

③ pteridine의 유도체

④ p-aminobenzoic acid

NOTE| folic acid(엽산)는 p-aminobenzoic acid, glutamin acid로 구성되어 있으며, 간, 녹엽채소, 두류, 신장, 오렌지 등이 급원이다.

28 다음 중 지용성 비타민이 아닌 것은?

① 비타민 A

② 비타민 C

③ 비타민 D

④ 비타민 K

NOTE| 지용성 비타민에는 비타민 A, D, E, K 등이 있다.

ANSWER | 25.④ 26.① 27.① 28.②

29 다음 중 provitamin A에 대한 설명이 아닌 것은?

① β-carotene이 가장 잘 전환된다.
② 육류, 버터에 많이 함유되어 있다.
③ $1\mu g$의 retinol은 $6\mu g$의 β-carotene에 해당한다.
④ 화학적 성질과 안정도는 비타민 A와 거의 같다.

✏NOTE| ② provitamin A는 녹색채소, 당근, 해조류, 고추 등에 많이 함유되어 있다.

30 다음 중 비타민 D의 활성형은?

① vitamin D_2 ② vitamin D_3
③ 1-hydrocholecalciferol   ④ 1, 25-hydrocholecalciferol

✏NOTE| 비타민 D의 활성형은 1번과 25번의 탄소에 OH기가 달려있는 1, 25-hydrocholecalciferol이다.

31 carotene의 흡수에 대한 설명으로 옳지 않은 것은?

① 섭취되기 전에 ester형이 분해되어야 한다.
② 섭취량의 1/3 정도만 흡수된다.
③ 지방과 함께 섭취하면 흡수가 촉진된다.
④ 담즙의 도움을 받아야 흡수된다.

✏NOTE| carotene은 담즙, 지방, 항산화제의 도움으로 림프관을 통해 섭취량의 1/3 정도만 흡수된다.

32 다음 중 채소에만 존재하는 비타민은?

① 비타민 A   ② 비타민 B
③ 비타민 C   ④ 비타민 D

✏NOTE| 채소는 비타민 C의 급원식품이다.

ANSWER | 29.②   30.④   31.①   32.③

33 체내에서 산화환원효소인 FMN, FAD의 구성성분이 되는 비타민과 그 결핍증상으로 옳은 것은?

① 비타민 B_1 − 피부염

② 비타민 B_2 − 설염

③ 비타민 B_6 − 구강염

④ 비타민 B_{12} − 괴사병

✎NOTE| 비타민 B_2(riboflavin)는 체내에서 FMN, FAD의 구성성분으로 작용하며 결핍증으로 설염과 구강염 등을 유발한다.

34 다음 중 비타민 A의 결핍증상으로 옳지 않은 것은?

① 구루병

② 야맹증

③ 각막 연화증

④ 건조성 안염

✎NOTE| 구루병은 비타민 D의 결핍증이다.

35 푸른 잎 채소에 많이 함유되어 있으며 결핍 시 거대적아구성빈혈을 일으키는 것은?

① biotin

② folic acid

③ pantothenic acid

④ niacin

✎NOTE| 결핍증
ㄱ niacin : pellagra
ㄴ folic acid : 거대적아구성빈혈
ㄷ pantothenic acid : lipogenesis
ㄹ biotin : 탈모

36 탄수화물 대사에 관여하는 비타민은?

① 비타민 B_1

② 비타민 B_2

③ 비타민 B_6

④ 비타민 B_{12}

✎NOTE| 비타민 B_1은 탄수화물의 대사를 촉진하며, 식용 및 소화기능을 자극하고, 신경기능을 조절한다.

ANSWER | 33.② 34.① 35.② 36.①

07

효소

1 효소의 개요

① 효소의 개념과 특징

(1) 효소의 개념

세포에서 합성되어 생체반응을 촉매하는 단백질로서 단세포생물인 미생물에서부터 고등동·식물, 인간에 이르기까지 모든 생체 속에서 생명의 유지에 필수적인 존재이다.

(2) 효소의 특징

① 효소의 주성분인 단백질은 약 20종의 L-아미노산으로 구성된 폴리펩타이드사슬이 구성 아미노 산들 사이의 상호작용에 의해 3차원적 입체구조를 이루고 있다.

② 효소단백질은 근육단백질이나 막단백질 등의 구조단백질과는 달리 분자 내에 활성부위를 갖는다.

③ 효소의 활성·구조유지에는 단백질 이외에 특정한 유기화합물인 조효소, 금속이온, 무기 양이온· 음이온 등의 비단백질성 분자나 이온이 요구되기도 한다.

② 효소의 구성

(1) 단순단백질로만 구성된 효소

단순히 단백질로만 되어 있는 가수분해효소이다.

(2) 단순단백질과 보조인자로 구성된 효소

① 산화환원효소 = 주효소(apoenzyme) + 조효소(coenzyme), 보결분자단(prosthetic group)

② 단백질 부분인 주효소와 비단백질 부분인 보조효소로 구성되어 있는 효소로 호흡에 관여한다.

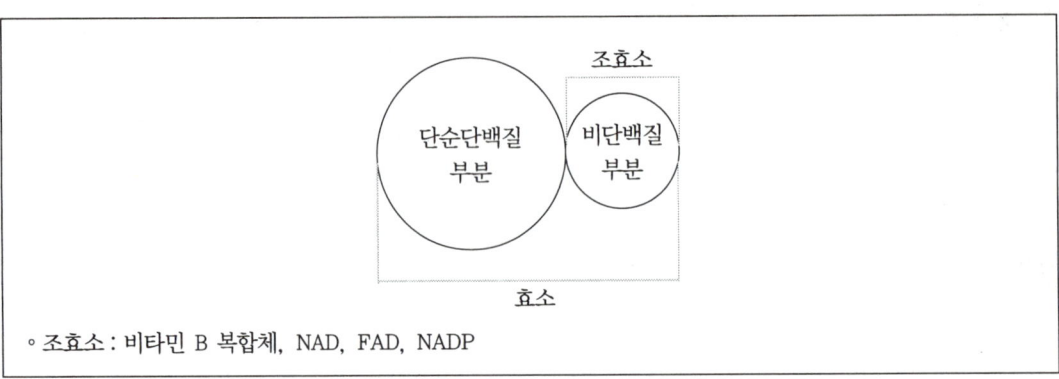

° 조효소 : 비타민 B 복합체, NAD, FAD, NADP

(3) 조효소의 기능

결합이 약한 가역적인 경우의 활성부분으로 원자나 전자 등의 기능기를 다른 물질로 전달하는 운반체 역할을 한다.

③ 촉매 및 활성화에너지

(1) 촉매

① **개념** … 화학반응에 참여하여 자신은 반응 전후가 변하지 않고 반응속도만을 변화시키는 물질이다.

② **종류**

　㉠ **무기촉매** : 화학반응시 반응속도를 촉진시키는 무기물질을 말한다.

　㉡ **생체촉매(효소)** : 생물체 내에서 물질대사를 촉진시키는 물질이다.

(2) 효소와 활성화에너지

① **활성화에너지** … 화학반응이 일어나기 위해서 필요한 최소한의 에너지를 말한다.

♀ 촉매와 활성화에너지 ♀

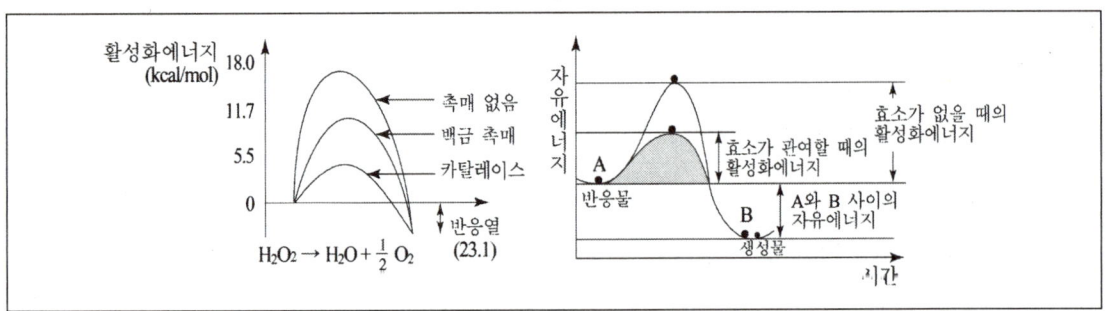

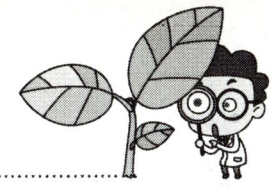

② **효소의 작용** ⋯ 화학반응에서 활성화에너지를 낮추어 반응이 빠르게 일어나도록 돕는다.

③ **생물체 내 반응의 특징**

　㉠ 생물체 내에서의 반응

　　• 여러 종류의 중간산물이 생기면서 단계적으로 반응이 일어나며 각 단계마다 효소가 필요하다.

　　• 에너지가 한꺼번에 방출되거나 소모되지 않아 세포에 손상을 입히지 않는다.

　㉡ 생물체 외에서의 반응 : 한꺼번에 반응이 진행되어 많은 열이 동시에 방출된다.

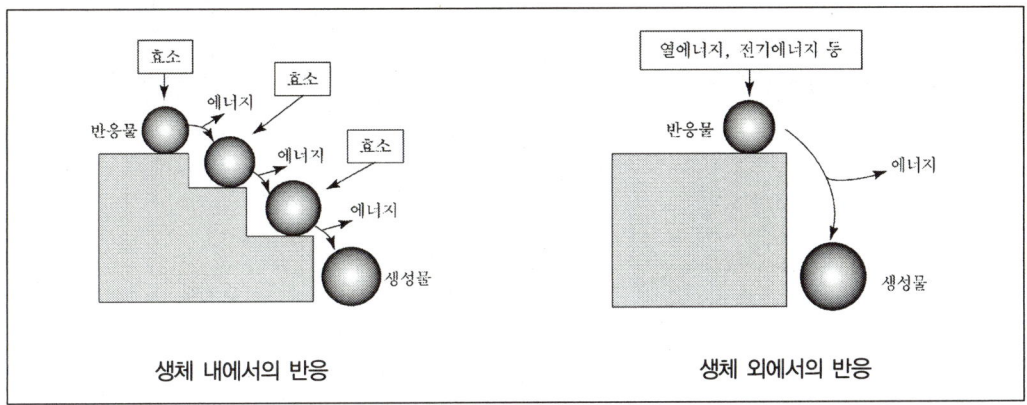

---

2 **효소의 작용 및 분류**

---

① **효소의 작용**

(1) **효소-기질복합체**

① **개념** ⋯ 효소가 기질에 결합된 상태로 효소는 기질과 결합하여 기질을 반응하기 쉬운 형태로 만들어 준다.

② **활성부위** ⋯ 기질과 결합하는 효소의 부위이다.

$$E(효소) + S(기질) \rightarrow E\text{-}S(효소\text{-}기질복합체) \rightarrow E + P$$

(2) 효소의 기질특이성

① 효소는 효소의 활성부위의 입체구조가 기질의 입체구조와 일치할 때만 결합이 이루어지므로 특정 기질에만 작용한다.

② **종류**

ㄱ **절대적 특이성** : 한 가지 효소가 어떤 한 가지 기질 또는 한 가지 반응에만 작용한다.

ㄴ **상대적 특이성** : 어떤 효소는 한 가지 계통의 화합물에 주로 작용하며, 다른 계통의 화합물에도 어느 정도 작용한다.

ㄷ **입체화학적 특이성** : 효소는 물질의 두 가지 이성질체(D형 또는 L형) 중 한 가지에만 작용한다.

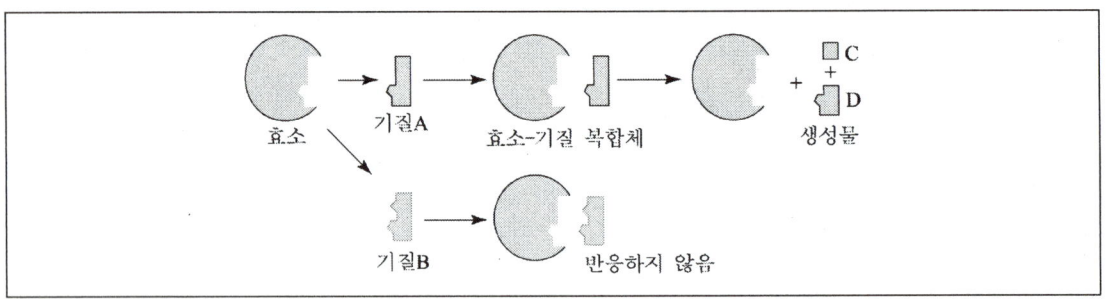

🔑 효소의 기질특이성 🔑

(3) 효소작용의 저해

① **저해제** ··· 효소의 촉매작용을 저해한다.

② **가역적 저해** ··· 기질과 매우 비슷한 구조를 가진 물질이 효소와 결합하여 효소의 작용을 저해한다.

③ **비가역적 저해** ··· 저해제가 기질과 매우 단단히 결합하여 효소가 작용할 수 없게 되는 현상이다.

② 효소의 분류

(1) 제1군 산화환원효소

① **산화효소** ··· 산소를 수소수용체로 하여 생체성분의 산화를 일으키는 효소이다.

ㄱ catalase

$$2H_2O_2 \rightarrow 2H_2O + O_2$$

ⓛ peroxidase

$$H_2O_2 + 유기화합물 \rightarrow H_2O + 산화된 유기화합물$$

ⓒ polyphenol oxidase

② **탈수소효소**(dehydrogchase) ··· 산소 이외의 것을 수소수용체로 하여 탈수소 반응에 의해 생체성분을 산화시키는 효소이다.

$$alcohol + NAD \rightarrow acetaldehyde + NADH_2$$

(2) 제2군 전이효소

① 어떤 분자에서 기능기를 떼어내어 다른 분자에 옮겨주는 효소이다.

② creatinekinase, transaminase 등이 있다.

(3) 제3군 가수분해효소

① **탄수화물 분해효소**(carbohdrase)

   ⓐ polysaccharase : 전분이나 글리코겐 분해요소로, α-amylase, β-amylase, glucoamylase, polygalacturonase, cellulase 등이 있다.

   ⓑ oligosaccharase, maltase, invertase, lactase 등이 속한다.

② **지방분해효소**(lipase) ··· 지방의 소화효소로 산패의 원인이 된다.

③ **단백질분해효소**(protease) ··· peptide 결합의 가수분해효소이다.

④ **amidase** ··· amide 결합을 가수분해하는 효소로, 오래된 육류, 생선에서 암모니아취를 유발한다.

(4) 제4군 리아제(lyase)

① 가수분해에 의하지 않고 기질로부터 기를 떼어내어 두 개의 화합물을 만드는 효소이다.

② 기질분자에 이중결합을 남기거나 또는 이중결합에 어떤 기를 붙여주는 효소들을 포함한다.

③ catalase, decarboxylase 등이 있다.

(5) 제5군 이성질화효소

① 기질분자의 분자식은 변화시키지 않고, 그 분자구조를 바꾸는 데에 관여하는 효소를 말한다.

② 6탄당 인산, isomerase 등이 있다.

(6) 제6군 리게이스(ligase)

① ATP 또는 이와 유사한 물질로부터 인산기를 떼어내어 그 때 방출되는 에너지를 이용하여 새로운 화학결합을 형성하는 효소를 말한다.

② 합성효소라고도 한다.

③ 시트르산 합성효소(citrate synthesis), 글루탐산 합성효소(glutamate synthase) 등이 있다.

③ 식품의 효소

(1) 산화환원효소

① **catalase** ··· Fe을 갖는 산화효소로 동·식물체, 미생물에 널리 분포되어 있으며, 과산화수소에 작용하여 물과 산소를 생성한다.

② **ascorbic acid oxidase**(ascorbinase) ··· Cu를 갖는 산화효소로 오이, 당근, 호박 등의 식물체에 분포되어 있으며, ascorbic acid에 작용하여 dehydroascorbic acid로 분해되어 비타민 C를 파괴한다.

③ **peroxidase** ··· Fe을 갖는 산화효소로 식물의 조직, 백혈구 등에 분포하며 과산화수소, 유기과산화물 등에 의해 2가 phenol, p-amino benzoic acid, 비타민 C 등을 산화시킨다.

④ **lipoxydase** ··· 두류나 곡류에 분포하는 산화효소로 불포화지방산에 작용하여 peroxide를 생성하며 유지의 산화 변패와 carotene의 파괴에 관여한다.

⑤ **penolase** ··· Cu를 포함한 산화효소로 감자, 사과 등에 분포하며, penol에 작용하고 색소를 만든다.

⑥ **tyrosinase** ··· Cu를 갖는 산화효소로 동·식물체에 분포하며, tyrosine에 작용하여 melanin으로 분해된다.

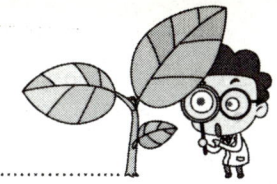

(2) 가수분해효소

① 탄수화물 분해효소

ㄱ α-amylase
- 전분의 α-1, 4결합을 불규칙적으로 가수분해하는 효소로 dextrin, maltose, glucose를 생성한다.
- 동물의 타액, 췌장 등에 분포한다.

ㄴ β-amylase
- 전분의 α-1, 4결합을 비환원성 말단으로부터 maltose단위로 가수분해하는 효소로 dextrin, maltose를 생성한다.
- 엿기름, 두류, 고구마 등에 분포하며 맥아당 제조에 이용된다.

ㄷ glucoamylase(γ-amylase)
- 전분의 α-1, 4결합과 α-1, 6결합을 말단으로부터 glucose로 가수분해하는 효소로 dextrin, glucose를 생성한다.
- 곰팡이 등에 분포되어 있으며, 고순도의 포도당 제조에 관여한다.

ㄹ invertase
- sucrose를 glucose와 fructose로 가수분해하는 효소이다.
- 곰팡이, 효모 등에 분포되어 있으며 전화당, 인공벌꿀 제조 등에 이용된다.

ㅁ lactase
- 유당을 glucose와 fructose로 가수분해하는 효소이다.
- 곰팡이, 효모, 세균 등에 분포되어 있으며, 식품공업적으로 중요한 효소이다.

ㅂ cellulase
- 섬유소의 β-1, 4결합을 가수분해하는 효소로 cellobise를 생성한다.
- 고등식물, 곰팡이, 세균 등에 분포하며 채소가공에 이용된다.

ㅅ inulase : inulin을 fructose로 가수분해하며, 곰팡이 등에 분포한다.

ㅇ pectinase : pectinic acid의 pectin의 결합을 가수분해하는 효소로 과실, 곰팡이, 세균 등에 분포한다.

ㅈ zymase : fructose를 에탄올로 가수분해하는 효소로 발효액, 효모 등에 분포한다.

ㅊ naringinase : 강한 쓴맛을 가진 naringin을 naringenin과 당류로 가수분해하는 효소로 감귤류의 껍질에 분포하며 쓴맛을 제거해 준다.

ㅋ hesperidinase : hesperidin을 hesperitin과 당류로 가수분해하는 효소로 감귤류의 껍질에 분포하며 쓴맛과 혼탁 등을 방지해 준다.

② **단백질 분해효소**

    ㉠ rennin : casein을 paracasein과 peptide로 가수분해하는 효소로 송아지의 위벽에 분포하며, 치즈 제조에 이용된다.

    ㉡ papain : 단백질을 polypeptide와 아미노산으로 가수분해하는 효소로 파파야의 과즙에 분포하며, 맥주의 청징숙성제로 이용된다.

    ㉢ pepsin : 단백질을 proteose와 peptone으로 가수분해하는 효소로 발아종자, 세균, 위액 등에 분포한다.

    ㉣ trypsin : 단백질을 polypeptide와 아미노산으로 가수분해하는 효소로 췌액, 장액, 곰팡이, 세균 등에 분포한다.

    ㉤ ficin : peptide를 가수분해하는 효소로 무화과의 유액에 분포하며 실험실에서 이용된다.

③ **지방 분해효소**

    ㉠ lipase : 유지를 지방산과 글리세롤로 가수분해하는 효소로 췌장, 고등식물의 조직, 미생물 등에 분포하며 포도당 속의 메탄올 생성에 관여한다.

    ㉡ phytase : phytin을 인산과 inosit로 분해하는 효소로 종자, 쌀겨 등에 분포한다.

④ 효소의 반응속도에 영향을 미치는 요인

(1) 기질의 농도

① 기질의 농도가 증가하면 기질과 효소가 결합할 수 있는 확률이 높아져 반응속도가 빨라진다.

② 효소-기질의 결합이 포화상태에 이르면 반응속도는 더 이상 증가하지 않는다.

(2) 온도

① 10℃ 상승할 때 반응속도는 2배 증가한다.

② 30 ~ 40℃에서 효소의 반응이 최적 활성을 가지며 50℃ 이상 온도가 상승하면 효소의 구조가 변하게 되어 효소가 불활성화된다.

(3) pH

① pH가 변하면 단백질의 입체구조가 변하므로 효소구조가 변하게 되어 반응속도가 떨어진다.

② pH 4.5 ~ 8.0에서 효소가 최적으로 작용한다.

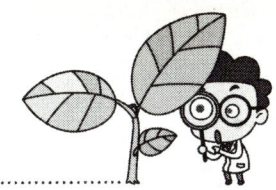

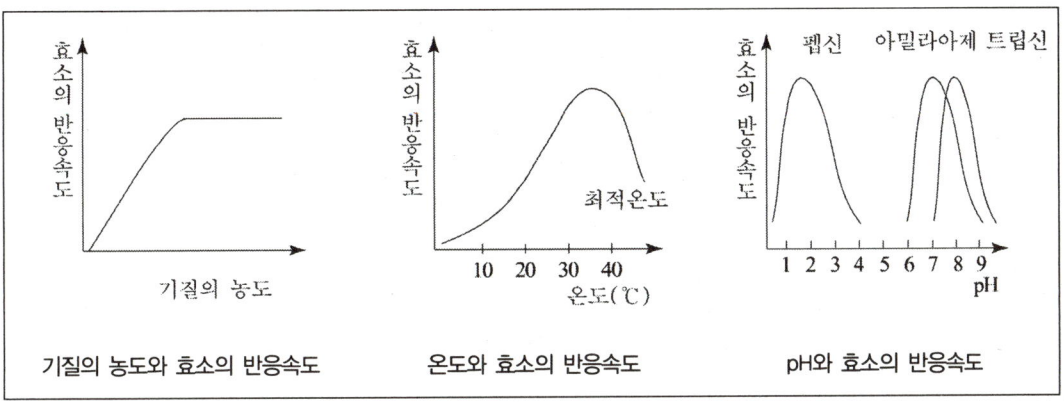

③ 단백질의 기능과 변성도 효소의 반응에 영향을 준다.

3 효소에 의한 갈변반응

① 갈변반응을 일으키는 효소

(1) polyphenol oxidase

① catechol 또는 그 유도체가 산소에 의하여 quinone 또는 그의 유도체로 산화되는 반응을 촉진시킨다.

♟ polyphenol oxidase의 작용 ♟

catechol
(무색)

+ [O]

$\xrightarrow{\text{polyphenol oxidase}}$

o-benzoquinone
(암적색)

$\xrightarrow{\text{중합}}$ melanin
(갈색물질)

❡ catechol 유도체 ❡

OH / NH₂	OH / NH₂	CH=CH·COOH / OCH₃ / OH	OH / OCH₃
o-aminophenol	p-aminophenol	ferulic acid	guaiacol

② **최적활성 pH** … pH 5.8~6.8 정도에서 최적활성을 갖는다.

③ dihydroxyphenylalanine(DOPA), pyrogallol, catechol, ρ-hydroxybenzene에 특히 잘 작용한다.

(2) tyrosinase

① 구리를 함유한 효소로, 구리이온에 의하여 활성화되며, 염소이온에 의해 활성이 억제된다.

tyrosine	DOPA	DOPA quinone	5, 6-quinone-indole-2-carboxylic acid	붉은색물질	흑갈색물질

② 감자의 갈변이 속한다.

③ 물에 담궈 산소와 접촉을 차단하여 갈변을 방지한다.

② 갈변을 억제하는 방법

(1) 열처리

① 고온으로 효소를 불활성화시킨다.

② **방법** … 고온살균, 데치기 등을 해준다.

③ **단점** … off-flaver, 조직감 변화, softening 등이 발생한다.

(2) 아황산염의 이용

① 감자, 사과 등의 갈변 억제제로 사용된다.

② **단점**⋯ thiamin, riboflavin 등을 파괴할 수 있다.

(3) 산소의 제거

① 밀봉포장, CO_2, N_2, gas 충전 등을 이용한다.

② 과일가공품에 설탕을 첨가하여 용액 중 산소농도를 저하시킨다.

(4) 산의 이용

① pH를 3.0 이하로 낮추어 phenolase의 활성을 억제한다.

② citric acid, malic acid, ascorbic acid 등을 사용한다.

③ **효소의 고정화(immobilization)**

(1) 개념

담체에 효소를 고정시키는 방법으로 효소활성을 유지하면서 반응계에 쉽게 첨가하고 제거 가능하도록 설계한다.

(2) 고과당물엿 생성

glucose isomerase로 DEAE-cellulose에 결합하여 반응기에 넣고 물엿을 통과시키면 고과당물엿 (high-fructose corn syrup)이 생성된다.

1 다음 중 효소의 특성으로 옳지 않은 것은?

① 효소의 본체는 단백질이다.

② 효소는 그 작용에 알맞은 최적온도와 최적 pH를 갖는다.

③ 생체촉매로서 무기촉매와 같은 특성을 지닌다.

④ 한 효소가 어떤 기질이나 여러 반응을 촉매할 수 없다.

>✎NOTE| 효소는 생물체에 의해 생산되어 극미량으로 화학반응의 속도를 촉진시키는 일종의 유기촉매
>이다. 화학적 본체는 단백질이며 특정한 물질에 작용하여 일정한 반응을 가지는 기질특이성
>을 갖는다.

2 다음 중 효소를 구성하는 물질은?

① 당지질   ② 인지질

③ 단백질   ④ 탄수화물

>✎NOTE| 효소는 단백질로 이루어져 있으며 따라서 높은 온도나 산·염기와 같은 자극에 의해 변성된다.

3 다음 중 효소의 특성으로 옳지 않은 것은?

① 특정 반응에만 작용하는 특이성이 있다.

② 생체 내에서 합성이 되는 유기촉매이다.

③ 화학반응속도를 증가시키는 생체촉매이다.

④ 열에는 민감하나 pH와는 무관하다.

>✎NOTE| ④ 온도, pH, 효소, 기질의 농도가 효소반응에 영향을 미친다.

ANSWER | 1.③ 2.③ 3.④

4 다음 중 단백질 분해효소로 옳지 않은 것은?

① protease
② papain
③ catalase
④ rennin

✎NOTE│ 단백질 분해효소 … rennin, papain, pepsin, ficin, trypsine, protease

5 다음 중 비효소적 갈색화 반응(non-enzymatic browning reaction)에 속하지 않는 것은?

① ascorbic acid oxidation
② polyphenol oxidation
③ maillard reaction
④ caramelization

✎NOTE│ 비효소적 갈색화 반응 … 메일라드 반응, 캐러멜화 반응, 아스코르브산의 산화작용

6 다음 중 효소와 온도의 관계에 대하여 바르게 설명한 것은?

① 상온에서 최적의 활성을 가진다.
② 10℃가 증가할 때 반응속도는 3배로 증가한다.
③ 최적온도가 변성점이다.
④ 효소의 온도에 대한 최적지점은 시간과 pH와 무관하다.

✎NOTE│ 최적온도 이상이 되면 식품의 변성이 일어난다.

7 다음 중 효소의 특이성에 관한 설명으로 옳지 않은 것은?

① 절대적 특이성 – urea는 요소에만 작용한다.
② 입체화학적 특이성 – succinate dehydrogenase는 succinate를 fumarate로만 변화시킨다.
③ 상대적 특이성 – galactokinase는 ATP에만 작용하고 당에는 작용하지 않는다.
④ 입체화학적 특이성 – lactate dehydrogenase는 L-lactic acid에 작용한다.

✎NOTE│ ③ 상대적 특이성은 한 가지 계통 이상의 화합물에도 반응하는 것으로 특이성이 낮은 경우이다.

ANSWER│ 4.③ 5.② 6.③ 7.③

8 식품의 저장성을 높이기 위한 방법으로 옳지 않은 것은?

① 식품의 수분함량뿐만 아니라 식품주변의 온도와 습도를 고려해야 한다.

② 당 또는 소금을 첨가하여 자유수의 양을 줄이고 결합수의 양을 증가시킨다.

③ 지방을 많이 함유한 식품의 경우 다분자층의 물뿐만 아니라 단분자층의 물도 제거한다.

④ 식품을 냉동하여 자유수를 동결시켜 수분활성을 저하시킨다.

✎NOTE| 단분자층은 화학적으로 식품의 성분과 직접 결합을 하고 있는 층을 의미하고, 다분자층은 물 분자 간에 결합을 하고 있는 결합수를 의미한다. 결합수는 탄수화물, 단백질 등과 같은 고분 자 화합물의 표면에 수소결합이 되어있어 움직임이 자유롭지 못한 물이다.

9 다음 중 세포 내 생체성분을 분해하여 에너지를 방출하는 데 관여하는 효소는?

① 전이효소 ② 산화환원효소

③ 가수분해효소 ④ 이성질화효소

✎NOTE| 산화환원효소는 생체성분을 산화적으로 분해하는 역할을 한다.

10 다음 중 효소반응에 영향을 끼치는 인자로 옳지 않은 것은?

① 온도 ② 기질의 농도

③ pH ④ 산소의 농도

✎NOTE| 온도, pH, 기질의 농도, 효소의 농도, 무기이온 등이 복합적으로 효소반응에 영향을 준다.

11 다음 중 효소와 작용기점의 연결이 잘못된 것은?

① pepsin : 단백질→polypeptide + 아미노산

② rennin : casein→paracasein + peptide

③ dipeptidase : dipeptide→아미노산

④ papain : 단백질→polypeptide + 아미노산

✎NOTE| pepsin은 위액의 단백질 분해효소로 protease와 peptone으로 분해된다.

ANSWER | 8.③ 9.② 10.④ 11.①

12 다음 중 영양소의 소화과정과 직접적으로 관계가 있는 효소는?

① 산화환원효소(oxidoreductase)

② 전달효소(transferase)

③ 가수분해효소(hydrolase)

④ 이성화효소(isomerase)

NOTE 생체성분을 가수분해하여 전분자량으로 만드는 효소가 가수분해요소로 carbohydrase, lipase, protease 등이 있다.

13 식품가공에 쓰는 효소와 용도의 연결이 옳은 것은?

① naringinase - 포도주의 청징화

② invertase - 과당의 제조

③ protease - 된장, 간장

④ lipase - 물엿제조

NOTE 효소의 용도

㉠ naringinase : 과일주스의 쓴맛 제거

㉡ petinase : 포도주의 청징화

㉢ invertase : 제과

㉣ lipase : 버터의 flavor 생성

14 다음 중 casein 응고효소는?

① cathepsin
② pepsin
③ rennin
④ trypsin

NOTE casein은 rennin에 의하여 paracasein이 된다.

15 다음 중 전화당의 특징에 해당하는 것을 고른 것은?

> ㉠ 수크로오스(sucrose)를 산이나 효소(invertase)로 가수분해하면 생성된다.
> ㉡ 좌선성 당에서 우선성 당으로 바뀐 당이다.
> ㉢ 포도당(glucose)과 과당(fructose)의 등량 혼합물이다.
> ㉣ 결정화되기 쉽다.

① ㉠㉡   ② ㉠㉢

③ ㉡㉢   ④ ㉠㉣

NOTE | 전화당은 우선성에서 좌선성으로 변하는 것이며, 전화당에는 결정화를 막는 과당이 함유되어 있다.

16 amylase가 작용하는 기질은?

① 전분   ② 섬유소

③ 단백질   ④ 지방

NOTE | amylase는 전분에 작용하여 포도당으로 전환시킨다.

17 invertase는 사탕제조업에 많이 이용된다. 초콜릿을 입힌 사탕이나 아이스크림을 만들 때의 작용은?

① 설탕의 가수분해를 막아준다.

② 설탕을 가수분해시켜 결정이 되는 것을 촉진시켜 준다.

③ 설탕을 가수분해시켜 결정화되는 것을 막아준다.

④ 설탕을 다량 사용하지 않아도 단맛의 사탕을 제조할 수 있다.

NOTE | invertase는 설탕을 가수분해시켜 포도당과 과당의 등량 혼합물을 만들어 용해도를 증가시키는 작용을 한다.

ANSWER | 15.② 16.① 17.③

18 다음 중 효소의 작용기전이 다른 효소는?

① lipase
② invertase
③ amylase
④ tyrosinase

>✎NOTE| tyrosinase는 tyrosine을 *o*-diphenol로 산화시키는 polyphenol oxioase이다.
>①②③ 가수분해효소 ④ 산화환원효소

19 식품에 관계되는 효소 중 성질이 다른 것은?

① catalase
② lipase
③ amylase
④ glucosidase

>✎NOTE| catalase는 산화환원효소로 과산화수소에 작용하여 물과 산소로 분해시키는 역할을 한다.
>②③④ 가수분해효소이다.

20 다음 중 효소와 기질이 잘못 짝지어진 것은?

① glycogen – glycosidase
② pectin – polygalacturonase
③ casein – renin
④ sucrose – invertase

>✎NOTE| 다당류인 전분이나 glycogen은 amylase에 의하여 가수분해된다.

21 철효소로써 곡류의 신선도 측정에 이용되는 효소는?

① phenolase
② rennin
③ papain
④ peroxidase

>✎NOTE| peroxidase는 철을 함유하며, 과산화수소와 공여체의 작용에 관여하여 신선도 측정에 이용된다.

ANSWER | 18.④ 19.① 20.① 21.④

22 다음 중 탄수화물을 가수분해 하는 효소가 아닌 것은?

① phytase

② lactase

③ pectinase

④ maltase

> **NOTE|** 가수분해효소의 종류
> ㉠ 단백질 가수분해효소 : erepsin, papain, pepsin, peptidase, rennin, trypsin
> ㉡ 탄수화물 가수분해효소 : amylase, maltase, cellulase, zymase, lactase, glucomylase, glucose isomerase, inulase
> ㉢ 지방 가수분해효소 : lecithase A, lecithase B, lipase, phytase, chorophyllase

23 효소의 활성을 없애기 위한 적당한 가열처리는?

① 60 ~ 70℃, 2 ~ 5분

② 70 ~ 80℃, 2 ~ 5분

③ 90 ~ 100℃, 10분

④ 100℃ 이상, 10분

> **NOTE|** 식품 중의 효소는 식품원료를 70℃ 또는 그 이상에서 수분간 가열함으로써 불활성화된다.

24 다음 중 감자의 갈변과 관계가 없는 것은?

① tyrosin

② melanoidin

③ melanin

④ polyphenol oxidase

> **NOTE|** melanoidin은 비효소적 갈변반응인 maillard 반응에 의해 최종 생성되는 갈색 색소이다.

25 다음 중 효소 촉매반응의 속도에 크게 영향을 미치는 인자가 아닌 것은?

① 기질의 농도

② 효소의 농도

③ 압력

④ 온도

> **NOTE** 효소가 존재하는 환경 즉 온도, pH, 이온의 농도, 기질의 농도 등의 차이에 따라서 효소단백
> 질의 구조가 변하며, 반응 속도에 영향을 미치는 주된 환경 인자들이다.

ANSWER | 25.③

PART 02

식품의 특징

01. 식품의 맛
02. 식품의 냄새(향기)
03. 식품의 색

식품의 맛

1 맛의 개요

① 맛의 의의

(1) 맛의 개념

"달다, 짜다, 맵다, 쓰다" 등 혀의 감각기관을 통한 맛의 느낌을 말한다.

(2) 식품의 맛

영양적으로 관련된 것은 아니지만, 식욕증진 · 소화흡수에 영향을 주는 중요한 관능적 품질로서 식품의 품질을 결정하는 중요한 요소이다.

② 맛의 감각기관과 식품의 맛

(1) 맛의 감각기관

① 혀 표면에 위치한 미뢰에 미각신경이 분포하여 맛을 느끼게 된다.

② **맛을 느끼는 혀의 부위**

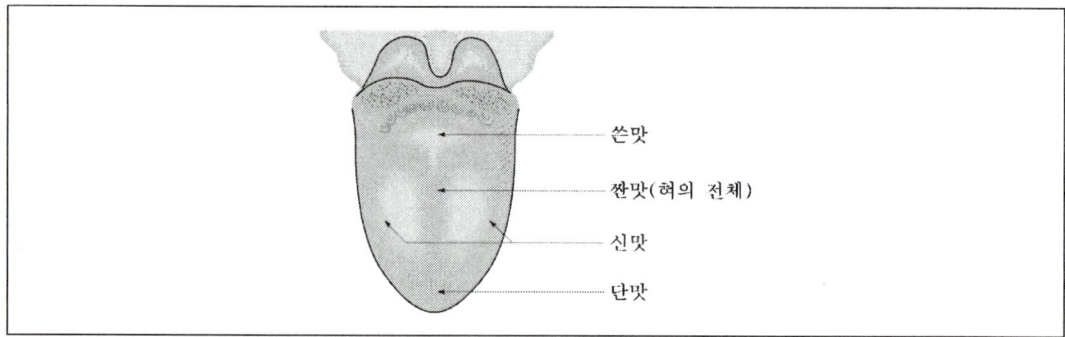

쓴맛

짠맛(혀의 전체)

신맛

단맛

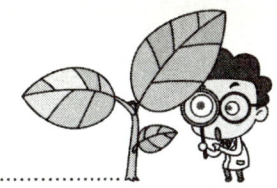

(2) 식품의 맛

① **4원미** … 단맛, 짠맛, 신맛, 쓴맛

② **5원미** … 단맛, 짠맛, 신맛, 쓴맛, 매운맛

③ **기타** … 떫은맛, 아린맛, 싱거운 맛, 썩은맛, 금속맛, 기름맛, 메스꺼운 맛 등

③ 맛의 한계값

(1) 절대 한계값과 감지 한계값

① **절대 한계값** … 정확한 맛은 모르더라도 맛에 차이가 있음을 느낄 수 있는 최소 농도를 말한다.

② **감지 한계값** … 특정한 맛을 식별해 낼 수 있는 최소 농도를 말한다.

③ 감지 한계값 농도 > 절대 한계값 농도

(2) 한계값의 구분

① 관능검사시 한계값의 종류를 7단계로 구분하였다(1부터 7까지 점수부여).

② 감지 한계값은 4 이상의 농도이다.

④ 맛의 변화

(1) 온도에 의한 변화

① 혀의 미각은 10 ~ 40℃일 때 잘 느끼고 30℃에서 가장 예민하다.

② 신맛 5 ~ 25℃, 단맛 20 ~ 25℃, 짠맛 30 ~ 40℃, 쓴맛 40 ~ 50℃, 매운맛 50 ~ 60℃에서 가장 잘 느낀다.

(2) 다른 물질의 혼입에 의한 변화

식품에 두 가지 이상의 맛이 존재할 때 서로 맛을 감소시키거나 증가시킨다.

① **강화현상**(대비현상) … 맛을 내는 물질이 다른 물질과 섞임으로써 미각이 증가한다.

> 📖 단맛, 감칠맛 + 소량의 짠맛=단맛, 감칠맛 증가
> 짠맛 + 신맛=짠맛 증가

② **변조현상** … 한 가지 맛을 느낀 후 다른 맛은 정상적으로 맛보지 못하는 현상이다.

③ **소실현상** … 두 가지 맛을 내는 물질을 혼합함으로써 두 가지의 다른 고유한 맛을 내지 못하는 것이다.

(3) 농도에 의한 변화

한 가지 물질의 맛이 절대적이지 않고 농도에 따라 달라진다.

> 예 sodium benzoate
> ㉠ 0.03% 이하 – 쓴맛
> ㉡ 0.03% 이상 – 단맛

2 맛의 분류

① 단맛

(1) 단맛의 특징

① 여러 종류의 비이온화된 지방족 수산화합물(알콜, 당 및 당 유도체 등)에 의하여 단맛이 발생한다.

② **단맛 발현구조** … 감미 발현단 + 조감미 발현단

③ 입체 이성질체에 따라 단맛의 정도가 다르다.

(2) 천염감미료와 합성감미료

① **천연감미료** … 당류(과당, 포도당, 설탕 등), 당알코올, 몇몇의 특정 아미노산, 기타 천연감미료(감초, 감차 등의 단맛성분) 등이 있다.

② **합성감미료** … saccharin, dulcin, cyclamate, aspartam 등이 있다.

(3) 감미물질의 상대적 감미도

saccharin(30,000) > aspartam(200) > fructose(114) > sucrose(100) > glucose(69)

(4) 당류

① 포도당

　㉠ 포도당은 자연식품이나 자연감미료로 널리 분포되어 있고, 결정포도당으로서 직접 감미료로 사용되고 있다.

　㉡ **감미도**

　　• 설탕의 50 ~ 70% 정도이며, α형이 β형보다 1.5배 정도 단맛이 강하다.

　　• α형의 포도당은 불안정하며 그 수용액을 방치하거나 가열하면 β형이 더욱 증가하여 단맛이 약해진다.

　　• 포도당을 감미료로 사용할 경우 분말상이나 냉수에 녹여서 사용하면 단맛이 강해진다.

② 과당

　㉠ 과당은 자연식품에 널리 분포되어 있을 뿐 아니라 꿀이나 설탕의 가수분해물 즉, 전화당의 주성분이다.

　㉡ **감미도**

　　• 설탕의 150% 정도로 천연당류 중 단맛이 가장 강하다.

　　• 단맛은 β형이 α형보다 3배 정도 강하다.

　　• β형은 불안정하여 수용액을 가열하거나 오랫동안 방치하면 일부 β형은 α형으로 변화하여 단맛이 저하된다.

③ 설탕

　㉠ 설탕은 감미료로서 자연식품에 널리 분포되어 있기 때문에 맛에 큰 영향을 주고 있을 뿐 아니라 식품가공에 가장 많이 사용되고 있다.

　㉡ 설탕은 α형과 β형의 이성체가 없는 비환원당이므로 변선광현상이 나타나지 않는다.

　㉢ 시간, 온도에 따라 변화하지 않고 일정한 단맛을 가지고 있어 상대감미도의 기준물질로 사용한다.

④ 맥아당

　㉠ 맥아당도 자연식품에 널리 분포되어 있으며, 포도당과 더불어 물엿이나 감주의 주성분이다.

　㉡ 단맛은 설탕이나 포도당보다 낮다.

　㉢ α형이 β형보다 단맛이 약간 강하며, 맥아당의 수용액을 가열하면 α형이 증가되어 단맛이 강해진다.

⑤ 유당

　㉠ 유당은 포유동물의 유즙에만 존재하는 당으로, 그 단맛은 청연의 당류 가운데서 가장 약하다.

　㉡ 유당의 단맛은 β형이 α형보다 약간 더 강하다.

⑥ **전화당**

　　㉠ 전화당은 설탕의 가수분해에 의하여 생성된 glucose와 fructose의 등량혼합물이다.

　　㉡ 벌꿀의 주성분이며, 설탕보다 약간 강한 단맛을 갖는다.

⑦ **이성화당**

　　㉠ 이성화당은 포도당의 이성화효소인 glucose isomerase를 이용하여 포도당과 과당의 혼합물로 만든 감미료이다.

　　㉡ 포도당보다 강한 단맛을 낸다.

(5) 아미노산

① **단맛을 내는 아미노산** ··· D-tryptophan, D-histidine, D-phenylalanine, D-tryrosine, D-leucine, D-alanine, glycine 등이 단맛을 낸다.

② **감초의 glycyrrhizin** ··· 설탕의 50배의 감미를 가지며, 식품원료로 사용할 수 없으나 의약품에 사용한다.

③ **국화과 stevia의 aiterpene glycoside**(steviosid) ··· 설탕의 50～300배의 감미를 가지며, 천연 감미료로 사용이 허용되었다.

④ **감차잎의 phyllodulcin** ··· 설탕의 400～800배 감미를 가진다.

♟ stevioside ♟

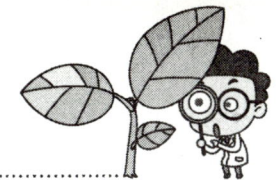

② **짠맛**

(1) 짠맛의 특징

① 짠맛은 4원미 중 생리적 욕구가 가장 강한 맛이며, 음식물의 맛을 맞출 때 기본이 되는 맛이다.

② 짠맛은 무기 및 유기 알칼리염의 음이온으로 인한 맛으로, 주로 음이온에 의존하고 양이온은 짠맛을 강하게 하거나 쓴맛을 내기도 한다.

(2) 소금

① 소금은 짠맛을 내는 대표적인 물질이며, 체액의 삼투압에 관여하는 등 생리적으로도 중요하다.

② 소금은 가장 순수한 짠맛을 내기 때문에 조미료로 많이 이용한다.

③ 식염에는 소량의 $CaCl_2$, $MgCl_2$, $MgSO_4$, KCl 등의 불순물이 함유되어 있어서 양이온에 의한 짠맛 외에 약간의 쓴맛도 느낄 수 있다.

④ 식사 시 소금의 농도가 약 1%일 때 가장 기분좋은 짠맛을 낸다.

⑤ 짠맛은 유기산이 섞이면서 더 강해지고, 0.1% 정도의 소금이 감미료에 섞이면 단맛이 강해진다.

⑥ 식염은 영양생리상 중요한 무기질에 속한다.

(3) 짠맛에 관여하는 성분과 강도

① **짠맛에 관여하는 성분** … 무기염류가 해리하여 생성된 음이온에 의하여 나타난다.

② **짠맛의 강도**

강도	종류
짠맛을 강하게 나타내는 것	$NaCl$, KCl, NH_4Cl, $NaBr$, NaI
짠맛과 쓴맛을 같은 정도로 나타내는 것	KBr, NH_4I
짠맛보다 쓴맛을 나타내는 것	$MgCl_2$, $MgSO_4$, KI
불쾌한 맛을 나타내는 것	$CaCl_2$

③ 신맛

(1) 신맛의 특징

① 신맛은 대체로 향기를 동반하는 경우가 많으며, 식품에 청량감을 낸다.

② 미각을 자극시키고 식욕을 증진시켜주는 작용을 한다.

③ 신맛은 온도상승에 의하여 단맛과 더불어 증가하지만, 짠맛과 쓴맛은 감지도가 떨어지게 된다.

④ 유기산과 무기산이 신맛에 관여한다.

(2) 신맛의 강도

① pH와 반드시 정비례되지는 않는다.

② 동일한 pH에서도 무기산보다 유기산의 신맛이 더 강하게 느껴진다. 무기산은 대부분 해리되어 있기 때문에 수소이온이 혀점막에 닿으면 곧 중화되어 신맛의 느낌은 사라진다. 그러나 유기산은 해리도가 낮아 해리되어 있던 수소이온이 혀 점막에 접촉되어 소실되면 해리되지 않은 부분이 계속적으로 해리되어 수소이온을 방출하므로 신맛이 강하게 느껴진다.

(3) 신맛성분

① **유기산** … 식초산, 젖산, 호박산, 주석산, 구연산 등이 있다.

② **무기산** … 염산, 질산, 황산 등이 있다.

③ **산** … 해리되면 수소이온과 동시에 음이온을 생성하며, 신맛에 영향을 준다. 특히, 신맛이 떫은맛, 쓴맛 등을 함께 나타내는 것은 이것 때문이다.

> 🌸TIP | 무기산과 유기산 … 무기산은 유기산보다 신맛이 더 강하다(무기산 > 유기산).
> ㉠ 무기산 : 염산 > 질산 > 황산
> ㉡ 유기산 : 개미산 > 구연산 > 사과산 > 유산 > 낙산

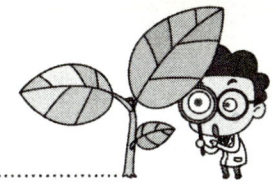

♟ 식품 중 신맛 성분 ♟

종류	구조식	식품
acetic acid	CH_3COOH	식초, 김치류
oxalic acid	$HOOCCOOH$	시금치
lactic acid	$CH_3CHOHCOOH$	유제품, 김치류
succinic acid	$HOOCCH_2CH_2COOH$	청주, 사과
malic acid	$HOOCCH_2CHOHCOOH$	사과, 포도
tartaric acid	$HOOC(CHOH)_2COOH$	포도
citric acid	$HOOCCH_2C(OH)COOHCH_2COOH$	살구, 밀감류

(4) 유기산

① **초산**(acetic acid)

㉠ 당질의 초산발효에 의하여 생성되는 유기산으로 식초의 신맛을 내는 주체물질이다.

㉡ 식초에는 초산이 4 ~ 6% 함유되어 있다.

㉢ 빙초산 : 순도가 높은 초산은 차게 되면 얼음처럼 굳어지기 때문에 빙초산이라고 한다.

② **젖산**(lactic acid)

㉠ 요구르트나 젖산음료 등의 유제품, 김치, 간장, 청주 등에 들어 있다.

㉡ 당류에 유산균이 작용하거나 우유가 산패할 때 생성된다.

㉢ 젖산은 상쾌한 신맛과 방부성을 가지고 있다.

③ **구연산**(citric acid)

㉠ 감귤류, 살구, 레몬, 매실, 포도 등의 과실과 토마토, 상추, 양배추 등의 채소류에 널리 함유되어 있다.

㉡ 상쾌한 신맛을 낼 뿐만 아니라 피로회복을 빠르게 하는 효과가 있는 유기산이다.

㉢ 식품첨가물로서 많이 이용되고 있다.

④ **사과산**(malic acid)

㉠ 사과, 포도, 복숭아 등의 과일과 토마토, 시금치, 상추의 야채류에 널리 분포되어 있다.

㉡ 상쾌한 신맛을 가진다.

⑤ **주석산**(tartaric acid)

㉠ 포도, 파인애플, 죽순 등의 식물계에 널리 존재하는 신맛이 강한 유기산이다.

㉡ 청량음료수, 잼, 젤리, 등에 구연산, 젖산 등과 함께 사용된다.

⑥ **퓨마르산**(fumaric acid)

　㉠ 동·식물체에 소량 존재한다.

　㉡ 분말주스, 김치, 합성주, 청량음료, 과실통조림 등에 사용된다.

⑦ **기타 신맛을 내는 유기산** … 탄산, 수산, 낙산, 글루콘산, 아스코르빈산 등이 있다.

> 🌲TIP│ **호박산**(succinic acid)
> 　㉠ 청주, 합성청주, 된장, 간장, 패류, 사과, 딸기 등에 들어 있다.
> 　㉡ 감칠맛을 띠는 물질이다.

④ 쓴맛

(1) 쓴맛의 특징

① 식품에 쓴맛이 많이 함유되어 있으면 대단히 불쾌하게 느껴지지만, 미량이 존재할 때는 오히려 식품의 맛을 강화시켜주는 작용을 하며, 약리작용을 가지는 것도 많다.

② 커피, 코코아, 차, 맥주, 초콜릿 등의 쓴맛이 그 예이다.

③ 분자 내에 N=, =N=N, −SH, −S−S, −S−, =C−S, −SO₂, −NO₂를 함유한 물질이 쓴맛을 낸다.

(2) 쓴맛의 성분

① **무기화합물** … urea(요소), $MgSO_4$ 등이 있다.

② **유기화합물**

　㉠ alkaloid : 식물체에 존재하는 염기성 질소물질의 총칭으로 caffein, theobromine 등이 있다.

　㉡ 배당체 : 채소과일의 쓴 맛으로 naringin(감귤), guercetin(양파), cucubutacin(오이), limonin (레몬, 오렌지) 등이 있다.

　㉢ ketone류 : humulone, lupulone 등이 있다.

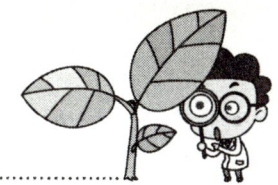

⑤ 매운맛

(1) 매운맛의 특징

① 매운맛은 맛봉오리만이 아니라 입안 전체에서 느끼는 통각이다.

② 식품의 종류에 따라 함유하는 성분이 다르기 때문에 느끼는 매운 맛이 조금씩 다르다.

(2) 매운맛을 내는 성분

① **황 함유 화합물** ⋯ 겨자유, 파, 마늘 등에서 많이 발견되는 화합물이다.

② **벤젠핵과 불포화 측쇄 결합물** ⋯ 후추, 고추, 계피 등에서 많이 발견되는 화합물이다.
　　　ⓔ piperine(후추의 매운맛), capsaicin(고추의 매운맛)

(3) 매운맛의 작용

식욕증진, 소화액 분비촉진, 살균·살충 작용을 돕는다.

(4) 매운맛의 분류

화학구조에 따라 유황화합물, amide류, guaiacol유도체, 정유류, amine류 등으로 분류한다.

⑥ 떫은맛

(1) 떫은맛의 개념

4원미와는 달리 혀의 점막 단백질을 응고시킴으로써 미각신경이 마비되어 일어나는 감각이다.

(2) 떫은맛을 내는 성분(탄닌류, 지방산류)

① **차의 떫은 맛** ⋯ gallic acid, catechin

② **감** ⋯ shibuol

③ **밤의 속껍질** ⋯ ellagic acid

④ **커피** ⋯ chlorogenic acid

⑦ 감칠맛

(1) 감칠맛의 개념

① 4원미와 향기 등이 잘 조화된 맛이다.

② 단백질 식품에 감칠맛이 많이 함유되어 있다.

③ 향미증진제, 향미강화제로 사용된다.

(2) 향미증진제

① **L-글루타민산 나트륨** ··· 발효 생산물(미원)이다.

② **이노신산 나트륨** ··· 핵산계 조미료 성분으로 글루타민산나트륨에 대하여 상승작용을 한다.

③ **호박산** ··· 유기산으로서 청주, 조개류, 기타 발효식품에 함유되어 있다.

④ **maltol** ··· 맥아 · 커피 · 곡류 등을 볶는 과정에서 생성되며 산화방지작용이 있다.

⑤ **타우린** ··· 오징어와 문어 등의 해산물의 구수한 맛을 낸다.

출제예상문제

1 다음 중 단맛 억제물질은?

① thio acetamide

② phenyl thiocarbamide

③ gymnemic acid

④ picric acid

> **NOTE** | gymnema sylvester 잎에서 단맛과 쓴맛을 강하게 억제하여 주는 성분이 추출되었는데, 이 물질이 바로 gymnemic acid이다.

2 다음 중 잘못 짝지어진 것은?

① 김의 맛 – glycine, alanine

② 감초의 단맛 – phyllodulcin

③ 조개의 맛난맛 – succinic acid

④ 다시마의 맛 – monosodium glutamate

> **NOTE** | 감초의 단맛 성분은 glycyrrhizin이다.

3 다음 중 기본적인 맛이 아닌 것은?

① 쓴맛   ② 매운맛

③ 단맛   ④ 신맛

> **NOTE** | 4기본 원미 … 단맛, 신맛, 짠맛, 쓴맛

ANSWER | 1.③ 2.② 3.②

4 다음 중 맛의 강화현상(대비현상)에 대한 설명으로 옳은 것은?

① 한 가지 물질만으로 맛이 나타나는 것

② 한 가지 맛을 느낀 직후 다른 맛을 느끼지 못하는 것

③ 두 가지 물질을 혼합함으로써 고유한 맛이 없어지거나 약해지는 것

④ 본래의 정미물질에 다른 물질이 섞여 맛이 증가하는 것

> **NOTE** | 맛의 강화현상
> ㉠ 본래의 정미물질에 다른 물질이 섞여 맛이 증가하는 현상을 말한다.
> ㉡ 짠맛에 유기산이 섞이면 짠맛이 강화되고, 단맛에 짠맛이 섞이면 단맛이 강화된다.

5 다음 중 고추의 매운맛 성분은?

① chavicine ② neurine

③ muscarine ④ capsaicine

> **NOTE** | capsaicine
> ㉠ 고추의 매운맛을 내는 성분으로 매우 강한 미각 자극제이다.
> ㉡ capsaicine은 냉수에서는 불용성이지만, 알코올, 에테르, 클로로포름, 벤젠 등에 가용성이고 대기 중에 방치하면 차츰 휘산된다.

6 다음 중 생강의 매운맛 성분은?

① sanshool ② shogaol

③ allicine ④ capsaicine

> **NOTE** | 생강의 매운맛 성분에는 shogaol, zingerone 등이 있다.

7 다음 중 유기산과 과일 및 채소의 소재가 잘못 짝지어진 것은?

① 구연산 – 감귤류 ② 부틸산 – 포도, 딸기

③ 옥살산 – 시금치 ④ 아세트산 – 식초, 김치

> **NOTE** | 부틸산(butyric acid)은 김치 및 유산균의 신맛 성분이다.

ANSWER | 4.④ 5.④ 6.② 7.②

8 다음 중 인공감미제가 아닌 것은?

① dulsin

② cyclamate

③ glucose

④ saccharide

✎NOTE| ①②④ 인공감미제에 해당한다. 특히 dulsin과 cyclamate는 인체에 해로워 사용이 금지되었다.

9 혀표면의 점성단백질이 응고되어 미각신경이 마비되어 나타나는 불쾌한 맛은?

① 신맛

② 매운맛

③ 떫은맛

④ 아린맛

✎NOTE| ① 무기산과 유기산이 신맛에 관여한다.
② 매운맛에는 amide류와 guaiacol유도체가 관여한다.
④ 아린맛은 쓴맛과 떫은맛이 섞인 불쾌감을 주는 맛이다.

10 짠맛을 내는 화합물 중 가장 대표적인 것은?

① NaCl

② KBr

③ NaI

④ NaBr

✎NOTE| KBr, NaBr, NaI, KNO₃, LiBr 등도 짠맛을 나타내기는 하지만, NaCl이 가장 대표적이다.

11 단백질 식품에 함유되어 향미증진제로 사용되는 맛을 내는 물질은?

① gallic acid

② maltol

③ narringin

④ gingerol

✎NOTE| maltol은 커피 · 곡류의 볶음과정에서 생기고 감칠맛 성분, 단맛의 향미를 증진한다.

12 쓴 음식을 먹고 난 다음 물이 달게 느껴지는 변화로 바른 것은?

① 감화현상

② 소실현상

③ 변조현상

④ 대비현상

✎NOTE| 한 가지 맛을 느낀 직후 다른 맛에 대하여 정상적으로 반응하지 못하는 것을 변조현상이라 한다.

ANSWER | 8.③ 9.③ 10.① 11.② 12.③

13 다음 중 단맛을 내는 성분에 대한 설명으로 옳지 않은 것은?

① 화학구조 중 OH기를 많이 가지고 있는 당류가 단맛을 가진다.
② glucosidic OH와 인접한 OH기가 trans형인 것이 cis형인 것보다 달다.
③ 천연당류 중 감미도가 가장 낮은 것은 유당이다.
④ 전화당은 설탕의 가수분해에 의해 생성된다.

✎NOTE| ② glucosidic OH와 인접 OH가 cis형인 것이 trans형보다 달다

14 다음 중 맛을 내는 성분의 연결이 옳은 것은?

① succinic acid – 감칠맛　　　② malic acid – 단맛
③ shibuol – 아린맛　　　④ steviosid – 매운맛

✎NOTE| 대부분의 유기산은 신맛에 관여하나, succinic acid와 inosinic acid는 신맛보다 감칠맛에 관여한다.

15 식품의 맛에 대한 설명으로 옳은 것은?

① 쓴맛을 느끼는 부위는 혀의 가장 안쪽이다.
② 소화흡수와 식욕증진이 관련된 것은 아니다.
③ 단맛, 신맛, 짠맛, 떫은맛이 4원미이다.
④ 맛은 맛을 내는 성분의 농도와는 무관하다.

✎NOTE| ② 맛은 영양과는 무관하나 식욕증진과 소화흡수에 영향을 미치는 주요한 관능적 특성이다.
③ 4원미는 단맛, 짠맛, 신맛, 쓴맛이다.
④ 맛은 성분의 농도와 온도에 따라 변한다.

16 다음 중 향미증진제로 사용되는 물질이 아닌 것은?

① MSG　　　② naringin
③ IMP　　　④ maltol

✎NOTE| naringin은 감귤류의 쓴맛 성분이다.
※ MSG는 monosodium glutamate이고, IMP는 inosin-monophosphate이다.

ANSWER | 13.② 14.① 15.① 16.②

17 음료의 청량감을 주는 맛과 그 성분으로 바르게 연결된 것은?

① 단맛 – 유당   ② 쓴맛 – naringin

③ 떫은맛 – catechin   ④ 신맛 – 구연산

> NOTE | 신맛은 향기와 맛을 함께 부여하며 식품에 청량감을 준다. 특히 구연산은 상쾌한 신맛을 제공하여 식품첨가물로 많이 이용된다.

18 다음 중 감칠맛에 대한 설명으로 옳지 않은 것은?

① 글루타민산나트륨(MSG)이 대표적인 성분이다.

② 4원미와 향기가 모두 조화된 맛이다.

③ inosinic acid, succinic acid는 감칠맛에 관여한다.

④ 입안 전체로 느끼는 통각이다.

> NOTE | ④ 입안 전체로 느끼는 통각은 매운맛이다.

19 다음 중 당알코올의 특성이 아닌 것은?

① 갈변반응에 관여하지 않는다.   ② 과일, 채소 등의 천연식품에 존재한다.

③ 설탕보다 단맛이 강하다.   ④ 충치예방 효과가 있다.

> NOTE | 당알코올은 설탕이나 과당 등 천연 식품 못지않은 단맛을 유지하면서 그보다 열량과 당 지수가 낮은 것이 장점이다.

20 매운맛에 대한 설명으로 옳은 것은?

① caffein, theobromine 등이 매운 맛을 내는 성분이다.

② 맛봉오리만이 아니라 입안 전체로 느끼는 감각이다.

③ 상쾌한 느낌을 준다.

④ 미각신경을 마비시켜 일어나는 감각이다.

> NOTE | ① caffein theobromine은 쓴맛 성분이다.
> ③ 상쾌한 느낌은 산미에서 비롯된다.
> ④ 미각신경을 마비시켜 일어나는 것은 떫은맛이다.

ANSWER | 17.④ 18.④ 19.③ 20.②

식품의 냄새(향기)

1 개요

① 식품 냄새의 개념 및 지각경로

(1) 식품 냄새의 개념

화학적 감각을 통하여 느끼는 식품의 중요한 관능적 품질특성을 말한다.

(2) 냄새지각경로

냄새 ──→	후각상피조직 ──→	신경통로 ──→	신경중추
(근원 및 전달)	(물리–화학적 자극)	(자극 전달)	(주관적 평가)

② 특징

(1) 냄새유발물질 및 냄새지각의 특성

① 냄새를 유발하는 방향성 물질(발향성 물질)은 휘발성이어야 한다.

② 발향성 물질이 후각 수용체에 도달해야 한다.

③ 냄새물질은 수성 점액에 용해되어 통과하면서 확산되어야 한다.

④ 확산율의 차이는 자극에 영향을 준다.

(2) 냄새의 강도 결정요소들

흡착력이 큰 분자일수록 더욱 강한 냄새를 갖는다.

① 분자 내 2중결합의 위치

② 전자의 분포

③ 공명

④ 발향체에 인접한 단의 종류

2 식품의 냄새

① 자연식품의 냄새

(1) 식물성 식품의 냄새

① **식물성 식품의 냄새성분** … 에스테르류, 황화합물, 알코올류, 에센스 오일류 등이 주요성분이다.

♠ 식물성 식품의 주요 냄새성분 ♠

구분	이름	구조	함유식품
알코올	ethyl alcohol	CH_3CH_2OH	주류
	furfury alcohol	⟨구조식⟩ —CH_2OH	커피
	α, β-hexanel	$CH_3CH_2CH_2CH=CHCHO$	다엽
	2, 6-nonadienol	$CH_3CH_2CH=CH(CH_2)_2CH=CHCH_2OH$	오이
에스테르	amyl formate	$HCOOCH_2(CH_2)_3CH_3$	사과
	sedanolide	⟨구조식⟩	셀러리
	apiol	⟨구조식⟩	파슬리
	isoamyl acetate	$CH_3COOCH_2CH_2CH(CH_3)_2$	배, 사과
정유류	menthol	⟨구조식⟩	박하

	citral	(구조식)	오렌지, 레몬
정유류	α-pinene	(구조식)	레몬, 당근, 송백류
황화합물	propylmercaptan	$CH_3CH_2CH_2SH$	양파
	methylmercaptan	CH_3SH	무
	furfurylmercaptan	(구조식) CH_3SH	커피
	alkylisothiocyamate	$R-N=C=S$	겨자, 무, 고추냉이
	alkyl sulfide	$R-S-R'$	무, 고추냉이, 파, 마늘

② **과실류의 향**

　㉠ 상쾌한 방향족 알코올류나 지방산 ester 및 terpene류 등 복잡한 향기물질들로 구성된다.

　㉡ 사과 : $C_2 \sim C_6$의 알콜류, $C_2 \sim C_6$의 aldehyde, 산류, 에스테르류가 사과의 냄새 주성분이다.

　㉢ 감귤류

　　• 오렌지 : limonene, ethyl acetate, ethyl butyrate, β-sinensal 등이 속한다.

　　• 자몽 : nootkatone 등이 있다.

　　• 감귤 : α, β-copaene 등의 terpenoid 화합물이 있다.

③ **채소의 향기성분**

　㉠ **특성** : 과실향보다 비교적 단순한다.

　㉡ **향기성분** : 주로 aldehyde, ketone, aicd, ester 등의 향기성분과 휘발성 유황화합물 및 이의
　　분해 생성물질들로 이루어진다.

　㉢ **양파** : 양파의 S-(1-propenyl)-L-cystein sulfoxide가 allinase에 의해 가수분해되어 sulfenic
　　acid를 형성하고 mercaptan류와 aldehyde를 포함한 황화합물을 생성하여 양파의 향을 부여한다.

> S-(1-propenyl)-L-cystein sulfoxide $\xrightarrow{\text{alliinase}}$ pyruvate+sulfenic acid $\longrightarrow$
>
> thiopropanal-5-oxide, mercaptan류, 황화합물

ⓔ 마늘 : 양파의 메커니즘과 거의 동일하나 마늘의 경우 전구물질이 S-(2-propenyl)-L-cystein sulfoxide이다.

S-(2-propenyl)-L-cystein sulfoxide $\xrightarrow{\text{alliinase}}$ pyruvate + diallylthiosulfinate(alliicin)

ⓜ 겨자과 식물(배추, 양배추, 순무, 겨자) : 겨자의 glucosinolate 또는 thioglucoside가 thiglucosidase에 의해 가수분해 되어 isothiocyanate, nitrile, thiocyanate를 형성하며, isothiocyanate가 겨자과의 주요향기성분이다.

glucosinolate $\xrightarrow{\text{thioglucosidase}}$ isothiocyanate + nitrile + thiocyanate (또는 thioglucoside)

ⓗ 오이 : 오이 특유의 향기성분은 2, 6-nonadienal이다.

$$
\underset{H}{\overset{CH_3CH_2}{C}} = \underset{H}{\overset{CH_2-CH_2}{C}} \quad \underset{H}{\overset{}{C}} = \underset{CH=O}{\overset{H}{C}}
$$

ⓢ 셀러리 : 셀러리 특유의 향기는 phthalide류에 의한 것으로 알려져 있다.

sedanolide   sedanoicanhydride   3-iso-butylidene-3 α-4-dihydrophthalide

ⓞ 버섯류의 향기성분 : 버섯 내의 thiosulfinic acid의 효소작용에 의하여 lenthionine이 형성된다.

$$
\begin{array}{c}
S - S \\
H_2C \qquad CH_2 \\
| \qquad\quad | \\
S \qquad\quad S \\
\diagdown \quad \diagup \\
S
\end{array}
$$

④ **향신료의 향기성분**

　㉠ **특성**

　　• 특유의 맛과 향을 가지고 있어서 식품 조리가공 시 첨가되는 물질들이다.

　　• 향신료는 미각을 자극하여 소화촉진작용을 돕는다.

　㉡ **향기성분** : 주로 terpene, 알코올, aldehyde, ketone 및 황화합물 등이다.

　㉢ **식품산업현장에서 사용되는 향신료의 향기성분**

향신료	향기성분
바질	methylchavicol, linalool, methyl eugenol
오레가노	carvacol, thymol
로즈마리	verbenone, 1,8-cineole, camphor, linalool
세이지	salvial-4-en-1-one, linalool
타임	thymol, carvacrol
페퍼민트	1-menthol, menthone, menthofuran
스피아민트	1-carvone, carvone, derivatives

(2) 육류냄새

① **향기성분**

　㉠ **쇠고기 향기성분** : acetaldehyde가 향기성분이다.

　㉡ **닭고기 향기성분** : 유황화합물과 carbonyl화합물이 향기성분이다.

② **가열조리된 육류의 향기성분** ··· 가열조리 중 메일라드(maillard) 반응, 지방질의 자동산화, 단백질과 아미노산의 분해 등의 반응으로 생성되는 여러가지 화합물질들이 고기냄새의 성분이다.

(3) 어류냄새

① **특성**

ㄱ tvimethylamine oxide가 암모니아 및 아민류의 휘발성 아민화합물을 형성하여 혼합취를 낸다.

$$H_3C - N = O \begin{matrix} CH_3 \\ | \\ \underset{\text{효소}}{\nearrow} \quad H_3C - N: \\ | \\ CH_3 \end{matrix}$$

$$\underset{\text{효소}}{\searrow} \left[\begin{matrix} H_3C \\ \\ H_3C \end{matrix} \quad N - CH_2OH \right]$$

trimethyl
amine
oxide

$$\downarrow$$

$$\begin{matrix} CH_3 & & O \\ | & & \| \\ H_3C - N - H & + & H - C - H \end{matrix}$$

dimethylamine formablehyde

ㄴ 신선도가 떨어지면 황화수소가 검출되면서 어류냄새(생선비린내)가 증가한다.

② **냄새성분**(생선비린내 성분)

ㄱ trimethylamineoxide의 분해물 : 세균의 효소작용에 의해 trimethylamine, dimethylamine이 형성된다.

ㄴ piperidine : 어류의 단백질에 존재하거나 lysine에 의해 형성된다.

ㄷ 지방질 : 지방질의 산화에 의해 형성된 carbonyl화합물이 냄새에 관여한다.

(4) 우유 및 유제품의 향

① **신선한 우유의 향기성분**

ㄱ carbonyl류와 유황화합물 및 저급지방산 등 : 더 많은 휘발성을 가진다.

ㄴ carbonyl화합물 생성 : 장기보관 시 신선도가 떨어진다.

② **신선한 버터의 향기성분** … 휘발성 저급지방산 및 carbonyl화합물의 유도체들이 있다.

③ **치즈의 향기성분** … methionine에서 생성되는 ethyl β-methyl mercaptopropionate가 치즈의 고유냄새로 알려져 있다.

② 인공향료

(1) 인공향료(합성향료)의 개념

식품가공시 천연향이 소실되거나 없는 경우 첨가되는 혼합 제조된 발향성 물질들이다.

(2) 향기성분

alcohol, ketone, acide, ester, lactone, aldehyde류가 주로 사용된다.

(3) 여러가지 방향성 물질들

① 수용성 향료

ㄱ 정유나 flavor base용액을 함수 알코올이나 글리세린, 프로필렌글리콜 등에 의해 추출하여 얻은 것으로, 물에 잘 분산되나 내열성이 약하다.

ㄴ 드링크류, 음료, 빙과류에 적용한다.

② 유용성 향료

ㄱ 정유 혹은 flavor base용액에 식물유나 내열성이 있는 보유제 등의 용제를 사용한 경우 내열성과 향 보유성이 강하며 고농도의 제품을 얻을 수 있다.

ㄴ 캔디류, 제과, 제빵, 유지류 등 열을 많이 받는 제품에 적용한다.

③ 유화향료

ㄱ 유성향료에 적당한 유화제를 사용하여 에멜전화시킨 것으로, 물에 용해 시 특유의 백탁을 형성시켜 향취와 혼탁이 동시에 부여된다.

ㄴ 음료(환타) 및 빙과류에 적용한다.

④ 분말향료

ㄱ 향기성분을 먼저 유화시킨 후 유당이나 전분 등을 넣어 유화액에 혼합시킨 다음 열풍분무 건조방식에 의해 건조시켜 분말화한 것이다.

ㄴ 인스턴트 식품 및 각종 음료와 식품 등에 적용한다.

> **♣TIP | 냄새의 둔화현상**
> ㄱ 후각이 어떤 냄새에 오래 누출되어 그 냄새에 대한 감도가 감소되는 현상을 말한다.
> ㄴ 둔화 정도는 자극의 강도가 커질수록 증가하며 회복은 둔화보다 더 늦다.

식품의 냄새(향기)

출제예상문제

1 사과, 배, 복숭아 등 과실류의 주된 향기성분은?

① 에스테르류
② 황화합류
③ 테르펜화합물
④ 알코올류

✎NOTE | 에스테르류 … 주로 과일의 감미로운 향기성분으로 양조식품, 낙농제품, 기호식품의 향기성분이다.

2 maillard 반응에서 중간 생성물 dicarbonyl화합물과 아미노산이 반응하여 CO_2를 생성하여 풍미에 영향을 주는 반응은?

① enolization
② strecker reaction
③ aldol type condensation
④ amadori rearrangement

✎NOTE | strecker reaction … dicarbonyl 화합물과 아미노산이 반응하여 aldehyde와 CO_2를 생성하여 향기가 발생한다. strecker 반응에 의하여 생성된 aldehyde류는 그 식품의 향기에 중요한 영향을 미친다. 식품을 고온으로 처리하였을 경우 발생하는 향기나 간장의 향기는 주로 이 반응에 의하여 생성된 aldehyde류에 의한 것이다.

3 다음 아미노산 중 치즈의 고유한 냄새의 성분물질과 관계가 깊은 것은?

① n-carproaldehyde
② arginine
③ methionine
④ thiopropionaldehyde

✎NOTE | 치즈의 고유한 냄새를 내는 성분은 methionine을 전구체로 하여 생성되는 β-methylmer-captopropionate이다.

ANSWER | 1.① 2.② 3.③

4 다음 중 오이의 냄새 성분은 무엇인가?

① geraniol

② lysine

③ 2, 6-nonadienol

④ champhene

✎NOTE| 오이의 향기성분은 알코올류의 일종인 2, 6-nonadieol이다.

5 다음 중 어취성분인 것은?

① butryic acid

② piperidine

③ eugenol

④ lenthionice

✎NOTE| 민물고기에는 trimethyl amine oxide가 적거나 없어 바다고기와는 달리 죽은 후에 발생되는 강한 냄새는 piperidine에 의해 생긴다.

6 가수분해에 의한 산패 시 산패취가 가장 심한 것은?

① 우지

② 돈지

③ 버터

④ 대두유

✎NOTE| 산패란 유지를 공기 속에 오래 방치해 두었을 때 산성이 되며 불쾌한 냄새가 나는 것을 말하는데, 그 중 가수분해에 의해 유리지방산이 냄새의 주 원인이 되는 것은 버터 등 분자량이 작은 유지에서 잘 일어난다.

7 다음 중 어류의 비린내 성분은?

① indol

② skatol

③ methanol

④ trimethylamine

✎NOTE| 어류의 신선도가 저하되면 trimethylamine, piperidine, 8-aminovaleric acid 등이 형성되어 특유의 비린내를 낸다.

8 다음 중 정유의 주성분은?

① alkaloid

② terpene류

③ 유기산

④ toxin

ANSWER | 4.③ 5.② 6.③ 7.④ 8.②

> **NOTE** 정유류에 들어있는 여러 향기의 주성분은 terpene계 탄화수소이다.

9 다음 중 미숙한 두류의 풋내의 주성분은?

① taurine
② $\beta - \gamma -$ hexenol
③ dimethyl sulfide
④ piperidine

> **NOTE** 차, 토마토 등을 비롯한 식물체의 어린잎의 풋내의 주성분은 불포화결합을 가지는 C_6의 cis - 3 - hexenol이다.

10 다음 중 버터의 향기성분에 속하지 않는 것은?

① acetoin
② diacetyl
③ butyric acid
④ sedanolide

> **NOTE** 버터의 향기성분은 butyric acid, diacetyl, acetoin 등이며, 이것은 유당에서 생긴다.
> ④ sedanolide는 셀러리의 향기성분이다.

11 다음 중 묵은 쌀의 냄새성분은?

① n-carproaldehyde
② acetone
③ phenol
④ pyromeine

> **NOTE** 오래된 쌀의 묵은 냄새는 n-carproaldehyde의 존재에 기인한다.

12 다음 중 식품의 냄새와 관계없는 것은?

① benzene핵
② sulfonyl기
③ ester결합
④ 이중결합

> **NOTE** 식품의 냄새와 관계가 있는 것은 저급지방산의 ester와 방향족 화합물로서, 저분자 알코올, 제3급 알코올, 그 밖에 $-OH$, $-CHO$, ester류, $=CO$, $-C_6H_5$, $-NO_2$, $-NH_2$, $-COOH$, $N=C=S$ 등이 있다.

ANSWER | 9.② 10.④ 11.① 12.②

13 다음 중 겨자과 식물의 매운 냄새를 내는 향미성분은?

① Isoamyl acetate
② Isothiocyanate
③ Limonene
④ Methylpyrazine

✎NOTE| Isoamyl acetate는 바나나향이 나는 착향료, Limonene은 테르펜류에 속하는 탄수화물, Methylpyrazine은 식품첨가물의 한 종류이다.

14 다음 중 송이버섯의 냄새는?

① methyl cinnamate
② dimethly sulfide
③ allyl isothiocyanate
④ allyl mustard oil

✎NOTE| 송이버섯의 향기성분은 methyl cinnamate와 alcohol류로서 1-octen-3 등이 있다.

15 다음 중 양파의 최루성 향기성분은?

① sedanolide
② thiopropionaldehyde
③ methyl cinnamate
④ trimethylamine

✎NOTE| ① 셀러리의 향기성분 ③ 송이버섯의 향기성분 ④ 어류의 비린내 성분

16 다음 중 향기의 성분분석에 이용되는 방법이 아닌 것은?

① 전자공명측정기
② 자외선 분광분석기
③ paper-chromatography
④ gas-chromatography

✎NOTE| 냄새성분 분석에는 ①②④ 외에도 질량분석기 등이 사용된다.

ANSWER | 13.② 14.① 15.② 16.③

17 다음 중 커피의 향기와 관계있는 반응은?

① maillard 반응　　　　　　　　② caramel화 반응

③ polyphenol oxidation 반응　　　④ ascorbic acid 산화반응

　　📝**NOTE**┃ 커피의 향은 볶는 과정에서 아미노산과 당에 의한 maillard 반응에 의해 생성된 물질이 원인이다.

18 생선의 신선도를 화학적으로 측정하는 데 부적당한 물질은?

① 휘발성 지방산　　　　　　　　② trimethylamine

③ 휘발성 염기　　　　　　　　　④ 휘발성 환원물질

　　📝**NOTE**┃ 생선의 선도를 측정하는 방법에는 휘발성 염기질소(VBN), trimethylamine(TMA), 휘발성 환원물질, nucleotides의 분해생성물, 단백질의 승홍침전반응 등이 있다.

19 다음 중 식품의 신선도를 측정하는 지표로 이용될 수 있는 것은?

① phenol　　　　　　　　　　　② trimethylamine(TMA)

③ acetone　　　　　　　　　　　④ allicin

　　📝**NOTE**┃ TMA는 생선의 비린내를 내는 성분으로 신선도가 저하되면 TMA 수치가 증가하기 때문에 신선도 측정에 이용된다.

20 민물어류 비린내의 주된 성분은?

① Diallyl sulfide　　　　　　　② Eugenol

③ 1-Octene-3-ol　　　　　　　④ Piperidine

　　📝**NOTE**┃ 민물고기 피부에 함유된 휘발성 아린 화합물인 피페리딘(Piperidine)이 비린내를 유발한다.

ANSWER ┃ 17.① 18.① 19.② 20.④

식품의 색

1 개요

① 색의 기초개념과 표현용어

(1) 색의 기초개념

① 가시광선(380~770nm) 내의 어느 파장에서 복사에너지의 강도가 큰 것이다.

② 주관적 색깔의 평가는 조명이 적절하지 못한 경우 상당한 오차를 낼 수 있다.

(2) 색의 표현용어들

① **명도**(밝은 정도) ⋯ 파장에 상관없이 빛의 반사와 흡수관계를 표현한 것이다.

② **색상**(주파장) ⋯ 복사에너지가 어느 파장대에서 다른 파장보다 많이 반사되어 우리 눈으로 볼 수 있는 색이다.

③ **순도**(강도, 색도) ⋯ 특정 파장에서 반사되는 빛의 양이다.

② 색의 표시방법과 측정방법

(1) 색의 표시방법

① **CIE**(Commission Intermation de l'Eclairage-Internation Commission on Illumina-tion)**체계**
  ㉠ 모든 색깔을 700nm의 빨강색, 546.1nm의 초록색, 435.8nm의 파란색의 혼합으로 나타낼 수 있다.
  ㉡ 빨간색, 초록색, 파란색은 X, Y, Z로 표시한다.

② **mumsell 체계**
  ㉠ 모든 색을 색상(hue), 명암도(lightness), 채도(chroma)로 표현한다.
  ㉡ 빨간색(R), 노란색(Y), 녹색(G), 파란색(B), 보라색(P), YR, GY, BG, PB, RP의 10개 색으로 구성된다.

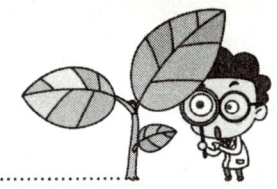

ⓒ 명암도는 0(검정)에서 10(흰색)으로 표현한다.

ⓔ 채도는 한 색깔을 같은 명암도의 회색과 구별하는 순도측정법이다.

   예 10은 선명한 색, 0은 가상 밝지 않은 색이다.

③ **hunter 체계** ⋯ 식품공업에 많이 이용되며 L, a, b로 표현한다.

   ㉠ L : 명암도(1 ~ 100)를 나타낸다.

   ㉡ a : +는 빨간색, -는 녹색을 나타낸다.

   ㉢ b : +노란색, -는 파란색을 나타낸다.

(2) 색깔의 측정방법

① **주관적 색깔의 평가** ⋯ 색깔 표준을 이용하여 사람이 최종판정에 관여하는 경우이다.

② **객관적 색깔의 평가방법** ⋯ 분광분석법, 비색계, 반사광 측정기 등이 있다.

2 식품의 색소

① 식물성 식품의 색소

(1) 엽록소(chlorophyll)

① 녹황색 채소의 중요한 색소이다.

② 햇빛의 존재하에서 고에너지의 유기물질을 합성한다.

③ **구조**

   ㉠ 4개의 pyrrole을 가진 tetrapyrrole 색소이다.

   ㉡ **엽록소 a** : 3번 탄소에 CH_3가 연결되어 있는 구조이다.

   ㉢ **엽록소 b** : 3번 탄소에 CHO가 연결되어 있는 구조이다.

   ㉣ 자연계에 a : b = 3 : 1의 비율로 엽록소 a가 더 많이 존재한다.

   ㉤ tetrapyrrole 중심부에 Mg이 연결되어 있다.

④ **성질**

   ㉠ 산에 의한 변화

   • 산을 첨가하면 Mg이 수소이온으로 치환된다(pheophytin생성).

   • 배추나 오이의 녹색이 갈색으로 변하는 원인이 된다.

$$C_{32}H_{30}ON_4(Mg^{2+}) \begin{matrix} \diagup COOCH_3 \\ \diagdown COOC_{20}H_{39} \end{matrix} + H_2 \xrightarrow{\text{가수분해}} C_{32}H_{30}ON_4(Mg^{2+}) \begin{matrix} \diagup COOCH_3 \\ \diagdown COOH \end{matrix} + C_{20}H_{39}OH$$

chlorophyll a   chlorophylide a

$$C_{32}H_{30}ON_4(Mg^{2+}) \begin{matrix} \diagup COOCH_3 \\ \diagdown COOH \end{matrix} + H_2 \xrightarrow{\text{가수분해}} C_{32}H_{30}ON_4(2H^+) \begin{matrix} \diagup COOCH_3 \\ \diagdown COOH \end{matrix} + Mg^{2+}$$

chlorophylide a   pheophorbide a

 ⓛ 알칼리에 의한 변화
- 알칼리에 의하여 phytyl ester 가수분해가 일어나 짙은 녹색의 chlorophyllide를 형성한다.
- chlorophyllide 중에 methyl ester가 다시 분해되어 짙은 녹색의 수용성 chlorophylline을 형성한다.

 ⓒ chlorophyllase에 의한 변화
- 식물조직의 파괴로 chlorophyllase에 노출되면 chlorophyllide를 생성한다.
- 시금치를 데칠 때 선명한 녹색을 띠는 원인이 된다.

 ⓔ 금속과의 반응
- 구리, 철, 아연은 엽록소의 Mg과 치환되어 안정화한다.
- 산에 의하여 pheophytin으로 변한 후에도 금속염을 첨가하여 선명한 녹색을 유지할 수 있다.

(2) carotenoid계

① 황색, 오렌지색, 적색을 띠는 색소로 당근, 토마토 등의 식물에 존재한다.

② **특징**

 ㉠ 이성질체화 : 이중결합이 대부분 trans형인데 가열, 산, 빛에 의해 cis형으로 전환되기도 한다 (밝은색).

 ㉡ 산화 : 불포화도가 높아서 자동산화, 가열산화가 된다(퇴색).

③ **카로틴(carotene)과 크산토필(xanthophyll)**

 ㉠ carotene : 탄소와 수소로만 구성된 탄화수소 카로티노이드이다.

 ㉡ xanthophyll : carotene의 산화형이다.

④ **식품 중의 carotenoid계 색소**

  ㉠ 달걀노른자 : 루테인(lutein), 제아잔틴(zeaxanthin) 등이 속한다.

  ㉡ 새우, 게 등의 갑각류 : 아스타크산틴(astaxanthin)이 있다.

  ㉢ 당근 : 알파 카로틴(α-carotene), 베타 카로틴(β-carotene), 크산토필(xanthophylls) 등이 있다.

  ㉣ 옥수수 : 제아잔틴(zeaxanthin), 크립토크산틴(cryptoxanthin) 등이 있다.

⑤ **식용색소로 사용되는 carotenoid계 색소**

  ㉠ 아나토(annatto) : 버터, 마가린, 치즈 등의 황색 색소이다.

  ㉡ 샤프란(saffron) : 음료, 제빵의 착색제로 이용된다.

(3) 안토시아닌(anthocyanin)계 색소

① aglycone인 anthocyanidin과 당류로 구성되어 있다.

② 포도당과 rhamnose와 같은 배당체로 존재한다.

③ **구조** ··· 2-phenyl-3.5, 7-trihydroxyflavylium chloride로 구성되어 있다.

④ **특징**

  ㉠ pH가 산성→중성→알칼리로 변함에 따라, 빨강→자주→청색으로 변한다.

  ㉡ dephinidin은 농도에 따라 청색→자주색→붉은색으로 변한다.

  ㉢ anthocyanase에 의해 분해되어 탈색된다.

  ㉣ anthocyanin계 색소의 색깔, pH 안정화는 결합된 다당류의 영향을 받는다.

  ㉤ 금속의 영향 : 주석에 의하여 회색으로 변색되고, Fe, Al과 청자색의 복합체를 형성한다.

  ㉥ ascorbinase의 작용을 억제하는 기능이 있다.

(4) 플라보노이드(flavonoid)계 색소

① 안토크산틴(anthoxanthin), 안토시아닌(anthocyanin), 카테킨(catechin)을 포함하는 명칭이며, 좁은 의미로 안토크산틴(anthoxanthin)을 말한다.

② **기본구조** … 벤조피론(benzopyrone)의 2번 탄소에 phenyl기를 가진 2−페놀벤조피론[phenylben zopyrone(flavone)]이다.

☀ flavone ☀

③ **식품 중에 가장 흔한 플로보노이드(flavonoid)** … 퀘세틴[quercetin(양파)], 헤스페리딘[hesperidin (감귤)], 루틴[rutin(모밀)] 등이 있다.

④ **특징**

  ㉠ 산에는 안정하며, 알칼리에는 불안정하다.

$$hisperidin \xrightarrow{\text{알칼리}} hesperidin\ chalcone(짙은\ 황색)$$

  ㉡ 열에 의해 배당체가 가수분해되어 노란색이 없어진다.

(5) 탄닌

① 무색의 탄닌성분이 산화되어 흑색 산화생성물이 형성된다.

② 수렴성의 쓴맛, 떫은맛을 낸다.

③ Fe, Ca의 흡수를 억제한다.

④ **특징**

  ㉠ 금속과 복합염(적갈색의 침전물)을 형성한다.

  ㉡ 과일이 숙성함에 따라 탄닌은 안토시아닌(anthocyanin), 안토크산틴(anthoxanthin)로 변하여 떫은맛, 쓴맛이 없어진다.

(6) 베타레인(betalain)계 색소

① 붉은색은 베타시아닌(betacyanin), 노란색은 베타크산틴(betaxanthin)이다.

② 사탕무, 적근대(red beet) 등의 채소에 존재한다.

③ 산성에서 붉은색, 황색을 띤다.

④ pH 4.0~6.0에서 가장 안정하다.

② 동물성 식품의 색소

(1) 미오글로빈(myoglobin)

① 육류조직의 주색소이다.

② 글로빈(globin)과 헴(heme)으로 구성된다.

③ 중심부에 Fe^{2+}를 가진 포르피린(porphyrin)인 헴(heme)은 산소(O_2)와 결합하여 선명한 짙은 빨간색인 옥시미오글로빈(oxymyoglobin)이 된다.

④ 옥시미오글로빈(oxymyoglobin)은 산소와 결합하여 갈색의 메트미오글로빈(metmyoglobin)이 된다.

⑤ 햄, 베이컨은 질산염, 아질산염에 의하여 선명한 빨간색인 니트로소미오글로빈[nitrosomyoglobin (NO-Mb)]을 형성한다.

(2) 헤모글로빈(hemoglobin)

① 혈액 중의 붉은 색소이다.

② 헤모글로빈(hemoglobin)은 4분자의 산소와 결합하는 산소운반체이다.

헤모글로빈(hemoglobin) → 옥시헤모글로빈(oxyhemoglobin) → 메트헤모글로빈(methemoglobin)

③ 캐러멜과 멜라노이딘 색소

(1) 캐러멜 색소

① 당을 고온으로 장시간 가열하여 생성된 갈색이나 흑갈색의 색소이다.

② 콜라, 캔디, 간장, 보리음료 등의 색소로 첨가된다.

(2) 멜라노이딘 색소

① 식품 중의 단백질(또는 아미노산)과 당분이 갈변반응을 통하여 생성된 갈색 색소물질이다.

② 구운 식빵, 비스킷, 보리차, 커피, 간장 등의 갈색 색소들이다.

🌲TIP| 식품색깔의 관능검사
　　　㉠ 시료간의 색깔차이 유무검사
　　　㉡ 소비자가 좋아하는 색깔을 알아내기 위한 조사

03 출제예상문제

1 식초로 절인 생강이 빨갛게 되는 이유는?

① 생강에 들어있는 flavonoid 때문이다.
② 생강에 들어있는 anthocyan 때문이다.
③ 생강에 들어있는 매운맛 때문이다.
④ 생강에 들어있는 chrysanthemin 때문이다.

> **NOTE** anthocyanin계 색소는 수용액의 pH가 '산성→중성→알칼리성'으로 됨에 따라 '적색→자색→청색'의 순으로 변화한다.

2 오이김치의 녹색채소가 갈색으로 되는 이유는?

① chlorophyll의 Mg이 N로 치환되었기 때문에
② chlorophyll의 Mg이 Fe로 치환되었기 때문에
③ chlorophyll의 Mg이 H^+로 치환되었기 때문에
④ chlorophyll의 Mg이 Cu로 치환되었기 때문에

> **NOTE** 엽록소(chlorophyll)를 산으로 처리하면 엽록소의 포르피린 환(porphyrin ring)에 결합되어 있는 마그네슘이 수소이온과 치환되어 그 결과 갈색의 페오파이틴(pheophytin)이 형성된다.

3 다음 중 anthocyanidin에 속하는 것은?

① daizein
② hesperidin
③ quercetin
④ pelargonidin

> **NOTE** 안토시아닌계 색소로는 pelargonidin, cyanidin, delphinidin이 있다.

ANSWER | 1.② 2.③ 3.④

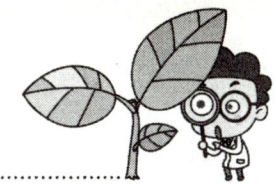

4 다음 중 난황의 주색소는?

① xanthophyll
② anthocyanin
③ carotene
④ chlorophyll

> NOTE | 난황의 색소는 xanthophyll류 색소로 lutein 등이 발색한다.
> ② 식물의 잎, 꽃, 과실의 화려한 빨강, 파랑, 보라 등의 색소에 존재하는 식물성 식품의 수용액 색소이다.
> ③ 선홍색으로 당근, 차, 고추, 토마토, 수박, 감, 밤 등에 함유되어 있는 식물성 식품의 지용성 색소이다.
> ④ 식물성 식품의 지용성 색소이다.

5 어떤 경우에 클로로필이 페오파이틴으로 변하는 현상이 더 빨리 일어나는가?

① 푸른 채소를 소금에 절였을 때
② 푸른 채소를 공기 중에 방치해 두었을 때
③ 조리하는 물에 산이 존재할 때
④ 조리하는 물에 식소다를 넣었을 때

> NOTE | 클로로필을 산으로 처리하면 클로로필의 포르피린 환에 결합되어 있는 마그네슘이 수소이온과 치환되어 갈색의 페오파이틴이 형성된다.

6 다음 중 물에 녹는 식물성 색소는?

① carotene
② flavonoid
③ chlorophyll
④ hemoglobin

> NOTE | 수용성 색소로는 flavonoid, anthocyans 등이 있다.
> ① 카로티노이드(carotene, xanthophyll)는 물에는 녹지 않고, 지방 또는 지용성 용매에 잘 녹는다.
> ③ 순수한 클로로필은 물에 녹지 않는다.
> ④ hemoglobin은 동물성 색소이다.

ANSWER | 4.① 5.③ 6.②

7 다음 중 게, 가재를 삶을 때 나타나는 색소성분은?

① lutein
② catechine
③ astacine
④ lycopene

> **NOTE** astaxanthin이 유리되어 공기 중에 산화되어 astacine으로 변하여서 붉은 색을 나타낸다.

8 귤이 갈변현상이 심하지 않은 이유로 옳은 것은?

① vitamin C의 함량이 많기 때문에
② vitamin A의 함량이 많기 때문에
③ 갈변의 원인인 polyphenol 화합물이 없기 때문에
④ 갈변효소가 귤에는 존재하지 않기 때문에

> **NOTE** 귤에는 비타민 C가 많아 갈변을 방지해준다.

9 다음 중 중조를 넣고 찐 빵이 누런 색으로 변하는 이유로 옳은 것은?

① 탄닌이 응고되었기 때문이다.
② 플라본 색소가 알칼리에 의하여 변색했기 때문이다.
③ 비효소적 갈변이 일어났기 때문이다.
④ 효소적 갈변이 일어났기 때문이다.

> **NOTE** anthoxanthin계 색소인 hesperidin은 pH 11~12에서 aglycone의 고리구조가 배열되어 해당되는 chalcone이 되며, 이 chalcone은 황색 또는 짙은 갈색을 띠는데, 밀가루에 $NaHCO_3$를 섞어 만든 빵이 황색으로 변하는 것도 이 때문이다.

10 아마도리 전위(amadori rearrangement)는 아미노-카르보닐 반응의 어느 단계에서 일어나는가?

① 초기단계
② 중간단계
③ 최종단계
④ 반응이 완전히 끝나고 난 뒤

> **NOTE** 아마도리 전위는 아미노-카르보닐 반응의 초기단계에 발생하는 것으로 산의 촉매작용에 의해 질소배당체가 케톤형의 질소배당체로 바뀌는 것이다.

ANSWER | 7.③ 8.① 9.② 10.①

11 다음 중 과실의 절단면이 갈변되는 이유로 옳은 것은?

① 가수분해   ② 당화작용

③ 페놀류의 산화   ④ ascorbic acid

> **NOTE** 사과, 배 중의 chlorogenic acid와 pyrocatechin 등 polyphenol류가 polyphenol oxidase에 의해 quinone으로 산화되어 갈색 물질을 만들어낸다.

12 다음 중 산성 ↔ 중성 ↔ 알칼리성의 변화에 따라 색깔이 다양하게 변하는 색소는?

① carotenoid   ② anthocyan

③ flavonoid   ④ xanthophyll

> **NOTE** 안토시아닌은 pH 3에서 적색, pH 8.5에서 자주색, pH 11에서 청색으로 변한다.

13 다음 중 chlorophyll을 녹색으로 고정시키는 기전은?

① chlorophyll에 소량의 KNO_3 첨가

② chlorophyll에 소량의 $CuSO_4$ 첨가

③ chlorophyll에 chlorophyllin과 methanol 첨가

④ chlorophyll에 phaeophytin 첨가

> **NOTE** Mg이 금속이온(Zn^{2+}, Cu^{2+}, Fe^{2+})으로 치환되면 chlorophyll을 생성하여 다시 녹색으로 유지시킬 수 있다.

14 효소적 갈변을 억제하는 조건이 아닌 것은?

① 공기의 주입   ② 온도 낮춤

③ 환원성 물질의 첨가   ④ blanching

> **NOTE** 효소적 갈변을 막는 방법으로는 효소의 작용을 억제하기 위한 효소의 불활성화, 최적 조건의 변동, O_2의 제거, SH화합물의 첨가와 금속이온 제거, 붕산 및 붕산염 첨가, ascorbic acid의 첨가 등을 들 수 있다.

ANSWER | 11.③ 12.② 13.② 14.①

15 다음 중 새우, 게 등 갑각류의 가열이나 산 처리 시에 적색으로 변하는 것은?

① anthocyan이 anthocyanidin으로 변화

② chlorophyll이 phephytin으로 변화

③ astaxanthin이 astacin으로 변화

④ myoglobin이 nitrosomyoglobin으로 변화

> ✎ NOTE | 새우, 게 등은 카로테노이드계의 아스타크산틴이 단백질과 약하게 결합되어 청록색을 띠고 있다. 가열하면 단백질이 변성되어 유리의 아스타크산틴으로 되는데, 이것은 산화되어 적색을 띠는 아스타신(astacine)이 된다.

16 다음 중 사과껍질에 들어 있는 안토시아닌(anthocyanin)계의 색소는?

① 델피니딘(delphinidin)   ② 시아니딘(cyanidin)

③ 펠라르고니딘(pelargonidin)   ④ 말비딘(malvidin)

> ✎ NOTE | 사과껍질에 들어있는 idein 배당체는 cyanidin계의 색소이다.

17 다음 중 안토시아닌(anthocyanin)계 색소의 특성이 아닌 것은?

① 꽃, 과일, 채소류에 배당체 형태로 주로 존재한다.

② pH에 따라 색깔이 민감하게 변한다.

③ 8개의 isoprene 단위가 결합된 구조를 가지고 있는 색소이다.

④ Fe, Sn 등의 금속이온들과 쉽게 반응하여 복합체를 형성한다.

> ✎ NOTE |

anthocyanin with sugar

18 다음 중 색소와 그 식품이 잘못 짝지어진 것은?

① hesperidin – 감귤껍질

② daizein – 황색콩

③ apigenin – 사과껍질

④ tricin – 밀가루

✎|NOTE| ③ apigenin은 flavone계의 색소로 옥수수의 담황색 성분이다. 사과는 cyanidin계의 idein을 가진다.

19 햄이나 소세지를 만들 때 질산염 처리를 하여 얻는 선홍색의 안정한 물질은 무엇인가?

① methmoglobin

② nitrosomyoglobin

③ hemoglobin

④ oxyhemoglobin

✎|NOTE| nitrosomyoglobin … 고기를 가공할 때, 미오글로빈의 색을 안정화시켜 육류 빛깔이 변하는 것을 방지하고자 KNO_3나 아질산염 용액에 담그면 저장기간 중에 KNO_3가 세균의 작용으로 KNO_2 로 환원되고, 고기 중의 젖산에 의해 HNO_2를 거쳐 NO기로 변한 다음 미오글로빈과 결합하여 형성되는 것이다.

20 다음 중 감자의 변색과정의 순서로 옳은 것은?

① tyrosine → DOPA → DOPA quinone → 적색물질 → melanin

② tyrosine → DOPA → DOPA quinone → melanin → 적색물질

③ tyrosine → DOPA quinone → DOPA → melanin → 적색물질

④ tyrosine → DOPA quinone → DOPA → 적색물질 → melanin

✎|NOTE| 감자의 변색과정 … tyrosine → DOPA → DOPA quinone → 적색물질 → melanin

21 다음 중 어떤 조건에서 아미노-카르보닐 반응에 의한 갈변의 속도가 가장 빨라지는가?

① 산성

② 알칼리성

③ 중성

④ 약산성

✎|NOTE| 아미노-카르보닐 반응은 maillard 반응의 다른 이름으로, pH가 높아짐에 따라 갈변이 빨라진다.

ANSWER | 18.③ 19.② 20.① 21.②

22 다음 중 동물성 색소로 옳지 않은 것은?

① myoglobin ② astaxanthin
③ guanine ④ anthocyans

✎NOTE| ① 육류조직의 주색소이다.
② 새우, 게 등의 anthophyll류이다.
③ 생선표면의 광채를 나타내는 색소이다.

23 다음 중 녹색색소인 것은?

① anthoxanthin ② tannin
③ chlorophyll ④ phorphyrin

✎NOTE| chlorophyll … 녹황색 채소의 중요한 색소로 광합성을 하는 식물의 잎이나 줄기에 많이 함유되어 있다.

24 다음 중 차의 대표적인 tannin 성분은?

① chlorophillide ② chlorogenic acid
③ catechin ④ betaxanthin

✎NOTE| catechin … 차잎의 대표적인 tannin 성분으로 무색이다. polyphenolase에 의해 산화되어 갈색으로 변하며 녹차의 떫은맛을 나타낸다.

25 녹색채소에 산을 가하면 어떤 색으로 변색되는가?

① 진한 녹색 ② 청색
③ 갈색 ④ 자색

✎NOTE| chlorophyll을 약산 처리하면 porphyrin에 결합하고 있는 Mg이 $2H^+$로 치환되어 갈색의 pheophytin이 형성되고 계속 산이 작용하면 갈색을 띠는 pheophobide가 형성하게 된다. 녹색채소가 갈색으로 변하는 이유는 바로 pheophytin과 pheophobide 때문이다.

ANSWER | 22.④ 23.③ 24.③ 25.③

26 다음 중 사과의 색소성분과 관계가 깊은 것은?

① anthoxanthin
② leucoanthocyanin
③ anthocyanin
④ xanthophyll

> **NOTE** 사과의 색은 anthocyanin이라는 수용성 색소에 의해 나타나며 수산화기가 증가할수록 청색이 진해지고, methoxyl기($-OCH_3$)가 증가할수록 적색이 진해진다.

27 토마토의 붉은 색깔은 일반적으로 어떤 색소에서 기인하는가?

① tannin
② anthocyanin
③ carotenoids
④ anthoxanthin

> **NOTE** 수박, 감, 앵두, 토마토의 적색은 carotenoids의 lycopene 성분에 의해 나타난다.

28 포도당의 1번 탄소의 $-CHO$ 부분이 환원되었을 경우 생성되는 화합물은?

① 글루쿠론산(glucuronic acid)
② 글루콘산(gluconic acid)
③ 글루코노락톤(gluconolactone)
④ 솔비톨(sorbitol)

> **NOTE** CHO가 OH로 환원된 형태인 소르비톨은 사과나 자두에 존재하며 자연 상태에서도 일부 존재한다.

29 다음 중 오징어, 문어의 먹물성분에 해당하는 색소는?

① anthoxanthin
② metmyoglobin
③ guanine
④ melanin

> **NOTE** 오징어 및 문어의 먹물색은 carotenoid 계열의 흑색을 나타내는 melanin 색소에 의해 나타난다.

ANSWER | 26.③ 27.③ 28.④ 29.④

30 다음 중 ascorbinase의 작용을 억제시키는 데 관여하는 색소는?

① chlorophyll
② anthocyanin
③ catechin
④ tannin

✎NOTE| anthocyanin의 특성
ⓐ 금속에 의해 회색으로 변색된다.
ⓑ 산성→중성→알칼리로 변함에 따라 적색→자색→청색으로 변한다.
ⓒ ascorbinase의 작용을 억제한다.

31 새우나 게 등의 갑각류를 가열하면 붉은색이 나타나는데 여기에 관여하는 색소는?

① salmenic acid
② metmyoglobin
③ astaxanthin
④ guanine

✎NOTE| astaxanthin … 단백질과 결합하여 가열하면 적색의 astacin이 되는 색소로 도미, 게, 새우 등을 가열하면 붉은색을 띠는 원인이 된다.

32 귤의 껍질에 존재하며 비타민 P의 작용을 하는 anthoxanthin 구조를 가진 색소는?

① rutin
② quercetin
③ hesperidin
④ carotenoide

✎NOTE| 감귤류에는 hesperidin이 황색 색소로 존재하고 anthoxanthin의 구조를 가진다.

33 다음 중 chlorophyll을 산으로 처리할 경우 생성되는 물질은?

① carotene
② porphyrin
③ pheophorbide
④ phytol

✎NOTE| chlorophyll을 산으로 처리하면 Mg이 H^+와 치환되어 phytol이 떨어져 나가면서 pheophorbide를 형성하게 된다.

ANSWER | 30.② 31.③ 32.③ 33.③

34 antoxanthin 색소의 특징에 대한 설명으로 옳지 않은 것은?

① 결합된 단당류의 영향을 받는다.

② 체내에서 배당체의 형태로 존재한다.

③ 알칼리와 산에 매우 불안정하다.

④ 수용성이다.

> **NOTE**| anthoxanthin의 특징
> ㉠ 식물체 내에서 배당체 형태로 존재한다.
> ㉡ 수용성이다.
> ㉢ 결합된 단당류의 영향을 받는다.
> ㉣ flavonoid계 색소이다.
> ㉤ 알칼리와 산화에는 불안정적이지만 산에 대해서는 안정적이다.

35 anthocyanin 색소의 특징으로 옳지 않은 것은?

① 산, 알칼리, 효소에 의해 변색된다.

② 철이온과 결합하여 회색을 나타낸다.

③ $C_6-C_3-C_6$의 골격을 갖는다.

④ 식물체의 세포액 중에서 배당체의 형태로 존재한다.

> **NOTE**| ② 철이온과 결합하면 청색의 착화합물을 형성한다.

36 anthocyanin의 안정성에 대한 설명으로 옳지 않은 것은?

① 대부분 당류에 불안정하다.

② 당분해물질이 당류보다 분해속도가 크다.

③ 과일통조림 제조 시 철캔을 사용한다.

④ pH가 너무 낮으면 안정성은 감소한다.

> **NOTE**| ③ 과일 등 통조림 제조 시 락커칠을 하여 주석에 의한 변색을 방지한다.

ANSWER | 34.③ 35.② 36.③

37 쇠고기 저장 시 질산염이나 아질산염을 첨가하면 선홍색을 띠는 원인이 되는 물질은?

① hemoglobin

② nitrosomyoglobin

③ hematin

④ metmyoglobin

✎**NOTE**│ nitrosomyoglobin … 육류가공 시 변색방지를 위하여 아질산염 혹은 질산염을 사용할 경우 생성되는 것으로 선홍색을 띠며 햄 제조 시 발색제로 사용한다.

38 다음 중 bethanidin의 특징으로 옳은 것은?

① pH 1～3 범위에서 안정하다.

② 글루코오스 배당체이다.

③ 열에 불안정하다.

④ 식품의 착색제로 이용될 수 있다.

✎**NOTE**│ pH 4～5 범위에서 비교적 안정하므로 식품의 착색제로서 이용될 수 있다.

39 다음 중 carotenoid의 색깔이 아닌 것은?

① 황색

② 등황색

③ 자주색

④ 적색

✎**NOTE**│ carotenoid는 황색, 등황색, 적색을 나타내는 지용성 색소이다.
③ 자주색은 anthocyanin에 의해 나타난다.

40 육류를 가열조리하면 육색이 회갈색으로 변하는 이유는?

① heme이 endoheme으로 환원되기 때문

② hemin이 porphyrin으로 환원되기 때문

③ hemin이 heme으로 산화되기 때문

④ heme이 hemin으로 산화되기 때문

✎**NOTE**│ heme이 hemin으로 산화되면 육색이 변한다.

ANSWER│ 37.② 38.④ 39.③ 40.④

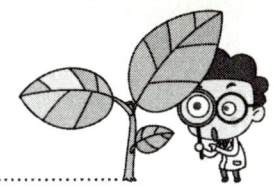

41 딸기, 포도, 자두 등에 함유되어 있는 적색 또는 적자색의 색소는?

① carotenoid
② anthoxanthin
③ anthocyanin
④ hesperidin

✎NOTE┃ anthocyanin은 적색 또는 적자색으로 세포액 속에서 용액상태로 존재한다.

42 다음 중 heme에 대한 설명으로 옳지 않은 것은?

① ferroprotoporphyrin이라고도 불린다.
② 동물의 육색을 갖게 하는 동물 특유의 색소이다.
③ 분자상태의 산소와 쉽게 결합하여 선명한 짙은 빨간색의 metmiyoglobin이 된다.
④ protoporphyrin 고리와 2가의 철 원자로 구성되어 있다.

✎NOTE┃ 세 가지의 철 원자가 들어있는 metmyoglobin은 oxymyoglorin이 산화된 것으로 신선한 육류가 방치될 때 나타나는 갈색의 원인물질이다.

43 자연계에 존재하는 anthocyanin의 종류가 아닌 것은?

① kampferin
② cyanidin
③ pelargonidin
④ delphinidin

✎NOTE┃ 자연계에 존재하는 anthocyanin의 종류는 cyanidin, pelargonidin, delphinidin, peonidin, petunidin, malvidin 등 6가지이다.

44 다음 중 carotenoid에 대한 설명으로 옳지 않은 것은?

① chlorophyll과 함께 광합성 작용에 관여한다.
② 자연계에는 대부분 cis형으로 존재한다.
③ 대개 탄소수 40개로 구성되어 있다.
④ 여러 개의 공역 이중결합으로 이루어진 발색단을 가지고 있다.

✎NOTE┃ ② 대부분 trans형으로 존재하며 가열, 강산 등에 의해 cis형으로 변하여 색깔이 밝아진다.

ANSWER ┃ 41.③ 42.③ 43.① 44.②

45 주로 마이야르(Maillard) 반응에 의해 발생하는 갈변은?

① 된장의 갈변
② 설탕을 가열할 때의 갈변
③ 깎은 감자의 갈변
④ 깎은 사과의 갈변

✎NOTE| 간장, 된장, 쿠키, 빵, 커피 등 갈변된 식품은 마이야르 반응에 의한 식품의 가공, 조리에 있어서 바람직한 빛깔이나 향기를 생성한 것이다.

46 다음 중 heme 색소에 대한 설명으로 옳지 않은 것은?

① 미오글로빈과 헤모글로빈의 색은 선명한 적색이다.
② 미오글로빈은 공기 중에 노출되면 쉽게 옥시미오글로빈으로 산화된다.
③ 염지육의 홍적색은 미오글로빈이 산화질소와 결합되어 생성되는 물질로 인해 나타난다.
④ 메트미오글로빈은 2가의 철을 함유하고 있다.

✎NOTE| ④ oxymyoglobin이 O_2와 결합하여 metmyoglobin을 형성하며 metmyoglobin은 Fe^{3+}를 가지고 있으며 갈색을 띤다.

47 붉은 사탕무, 아마란사스의 꽃 등에서 발견되는 붉은색의 수용성 색소는?

① anthocyanin
② carotenoid
③ betacyanin
④ chlorophyll

✎NOTE| betacyanin은 betalain계 색소 중 붉은색의 색소로 아메리카 자라콩 열매, 근대 등에도 함유되어 있다.

48 다음 중 hemoglobin에 대한 설명으로 옳지 않은 것은?

① 1분자의 globin과 4분자의 heme으로 이루어져 있다.
② 동물 체내에서 산소를 운반한다.
③ 육류조직의 붉은 색소단백질이다.
④ hemoglobin은 oxyhemoglobin을 거쳐 서서히 비가역적 산화되어 methemoglobin으로 된다.

✎NOTE| ③ 육류조직의 색소단백질은 myoglobin이며, hemoglobin은 혈액의 색소단백질이다.

ANSWER | 45.① 46.④ 47.③ 48.③

49 pH 용액의 변화에 따른 anthocyanin 색소의 변화가 잘못 짝지어진 것은?

① pH 1 이하 – 적색
② pH 4 ~ 5 – 무색
③ pH 7 ~ 8 – 청색
④ pH 14 – 황색

NOTE ① pH 1 이하에서는 flavylium이온에 의해 적색이 된다.
② pH 4 ~ 5에서는 carbinol염기에 의해 무색이 된다.
③ pH 7 ~ 8에서는 quinoid에 의해 청색이 된다.
④ pH 11 이상에서는 청색을 띤다.

50 색이 엷은 채소와 밀감류의 과피에 많이 들어있는 색소는?

① anthocyanin
② carotenoid
③ flavonoid
④ chlorophyll

NOTE 감자, 양배추, 양파 등 담황색 채소에는 flavonoid 색소가 들어있어 가열 시 노란색으로 착색되는 경우가 많다.

51 가지의 청자색은 무엇에 의한 것인가?

① xanthophyll
② chlorophyll
③ nasunin
④ lycopene

NOTE 가지의 청자색은 anthocyanin계의 색소로 nasunin에 의한 색깔이다.

52 다음의 동물색소 중 녹색을 띠는 것은?

① hemin
② metmyoglobin
③ sulfmyoglobin
④ nitrosomyoglobin

NOTE 육류 등의 저장 중 녹변현상이 일어나는데 이 원인은 저장 중 세균의 작용에 의해 생성된 sulfmyoglobin에 의한 것이다.

ANSWER | 49.④ 50.③ 51.③ 52.③

53 다음 중 탄닌에 대한 설명으로 옳지 않은 것은?

① 탄닌은 갈색 색소이다.

② Fe, Ca 흡수를 억제한다.

③ 쓴맛과 떫은맛을 낸다.

④ 금속이온과 복합염을 형성한다.

✎NOTE| ① tannin은 무색이며 산화되어 짙은 갈색, 흑색, 홍색의 산화물을 형성한다.

54 탄닌에 대한 설명으로 옳지 않은 것은?

① 물에 용해된다.

② 페놀화합물이다.

③ 쓰고 떫은 맛을 가지고 있다.

④ 금속이온에 의하여 갈색이 더욱 안정화된다.

✎NOTE| 탄닌은 식물의 줄기, 잎사귀, 뿌리 등에 널리 분포하며, 덜 익은 과실과 식물의 종자에도 상당량 함유되어 있다. 탄닌은 금속이온과 반응하여 회색의 복합염을 형성한다.

55 다음 중 색소와 함유식품의 연결이 옳지 않은 것은?

① riboflarin – 달걀흰자

② tannin – 커피, 차

③ narringin – 메밀

④ betacyanin – red beet

✎NOTE| narringin은 감귤류에 들어있는 flavonoid계 색소이다.

56 잎의 엽록소에 들어있는 금속은?

① Mn

② Fe

③ Mg

④ Cu

✎NOTE| chlorophyll은 잎이나 줄기의 chloroplast의 성분으로 단백질, 지방, 지단백질과 결합하여 존재하며, porphyrin ring 안에 Mg을 함유하는 녹색색소이다.

ANSWER | 53.① 54.④ 55.③ 56.③

57 chlorophyll이 산성에 의하여 갈색으로 변화되는 주원인이 되는 물질은?

① chlorophyllide
② pheophorbide
③ chlorophylline-Na염
④ chlorophylline

　　NOTE｜ chlorophyll은 산으로 처리하면 포르피린에 결합되어 있는 Mg이온이 H이온으로 치환되어 갈색의 pheophytin을 형성한다. pheophytin이 산에 의해 계속 가수분해되어 갈색의 pheophorbide가 형성된다.

58 효소에 의한 갈변현상을 억제하기 위한 방법이 아닌 것은?

① 산소를 제거한다.
② 최적조건을 변동시킨다.
③ 효소를 불활성화를 시킨다.
④ 통풍건조시킨다.

　　NOTE｜ 효소적 갈변을 억제하는 방법으로는 효소를 불활성화시키고, 효소의 최적조건을 변화시키며, 산소를 제거하거나 기질을 변화시키는 등의 방법이 있다.
④ 공기 중에 말리면 산소에 의하여 산화가 촉진된다.

59 고구마 가공 시 변색을 방지하기 위한 방법으로 사용되지 않는 것은?

① 통풍처리
② 열탕처리
③ 식염수처리
④ 아황산처리

　　NOTE｜ 고구마 가공 시 변색을 방지하는 방법으로는 아황산처리, 열탕처리, 식염수처리, 구연산용액에의 침지 등이 있다.

60 다음 중 난황의 주색소는?

① 크산토필
② 카로틴
③ 엽록소
④ 안토시아닌

　　NOTE｜ 난황의 carotenoids의 주성분은 xanthophyll에 속하는 lutein이 가장 많이 들어있고, zeaxanthin 및 cryptoxanthin도 함유되어 있다.

ANSWER | 57.② 58.④ 59.① 60.②

61 사과, 배, 감자, 고구마의 절단면을 공기 중에 방치하면 갈변현상이 일어나는데 여기에 관계하는 효소는?

① 가수분해효소(hydrolase)　　　　② 전이효소(trasferase)
③ 산화환원효소(oxidoreductase)　　④ 이성질화효소(isomerase)

　　📝**NOTE|** 효소적 갈변반응에 관여하는 효소는 polyphenol oxidase, tyrosinase 등으로 산화환원효소에 속한다.

62 다음 중 amino-carbonyl 반응의 결과가 아닌 것은?

① 색이 갈색화된다.　　　　　　　② 아미노산이 파괴된다.
③ 맛이 좋아진다.　　　　　　　　④ 항산화 물질이 생긴다.

　　📝**NOTE|** amino-carbonyl 반응에 의하여 melanoidine이라 불리는 갈색 색소가 생성되지만 단지 색의 변화뿐 아니라 향기물질의 생성, 항산화 작용 등 여러가지 현상이 발생한다.

63 아미노산의 종류에서 maillard 반응이 가장 잘 일어나는 것은?

① lysine　　　　　　　　　　　② isoleucine
③ cystein　　　　　　　　　　　④ glycine

　　📝**NOTE|** amino acid, peptide, protein, amines가 갈변에 관여하지만 일반적으로 amine이 amino acid보다 갈변속도가 크고, glycine이 가장 반응하기 쉬우며, 그 밖에는 별 차이가 없다.

64 비효소적 갈변의 방지를 위한 방법이 아닌 것은?

① 산소의 접촉을 최소한도로 한다.　② 식품의 저장온도를 낮춘다.
③ pH를 산성으로 유지한다.　　　　④ 저장실의 습도를 높인다.

　　📝**NOTE|** 비효소적 갈변반응의 방지법에는 온도나 pH나 반응물질의 농도를 낮추거나, 수분의 함량을 낮추는 것 등이 있다.

ANSWER | 61.③　62.③　63.④　64.④

65 다음 중 caramelization이 되기 어려운 것은?

① glucose   ② fructose
③ 설탕   ④ 전화당액

✎NOTE │ caramelizatin은 당분자 내 탈수작용에 의한 것으로 glucose는 fructose에 비하여 탈수되기
가 어려워서 caramel화가 잘 안 된다.

66 다음 중 빵이나 비스킷에 주로 관여하는 갈변현상은?

① caramelization   ② ascorbic acid oxidation
③ polyphenol oxidation   ④ maillard reaction

✎NOTE │ 빵이나 비스킷이 갈변되는 현상은 속에 들어있는 당류가 열을 받아 caramelization을 하기
때문에 생기는 것이다.

67 펙틴(pectin)에 대한 설명으로 옳지 않은 것은?

① 헥소스(hexose), 펜토스(pentose), 유론산(uronic acid) 등이 결합된 복합다당류이다.
② 카복실기의 일부가 메틸에스테르화되어 있는 친수성 폴리갈라투론산(polygalacturonic acid)
이다.
③ 과채류가 연화되면 메틸에스테르로부터 메톡실기가 탈리되고 저분자화된다.
④ 적당량의 당과 산이 존재할 때 겔(gel)을 형성할 수 있는 물질이다.

✎NOTE │ 펙틴은 D-갈락투론산 중합체로 글리쿠로난 또는 폴리우로니드로서 별도로 분류하는 경우가
있다.

PART **03**

식품의 성질 및 성분

01. 식품의 물성
02. 식품 중의 유독성분

CHAPTER 01 식품의 물성

1 용액과 콜로이드

① 용액

(1) 진용액

① 용매에 용질을 넣었을 때 완전히 녹아서 액상 상태가 된 것이다.

② 용액 중 분산질의 크기가 가장 작다($<1\mu m$).

③ 분자나 이온 등이 분산된다.

  예 설탕물, 소금물

④ 용액 중 가장 안정적이다.

⑤ 진용액에서 분산되는 분자 또는 이온을 용질(solute)이라고 하며, 용질을 녹이는 액체를 용매 (solvent)라고 한다.

⑥ **진용액의 종류** … 용질의 양에 따라 분류된다.

  ㉠ **불포화용액** : 용액의 특정온도에서 용질을 더 녹일 수 있는 진용액이다.

  ㉡ **포화용액** : 용액의 특정온도에서 녹일 수 있는 최대한의 용질의 양만큼 녹인 진용액이다.

  ㉢ **과포화용액** : 이론상 녹일 수 있는 한계 이상의 용질을 포함한 진용액이다. 포화용액을 가열하였다가 조심스럽게 식히는 과정을 통하여 만들어 질 수 있다.

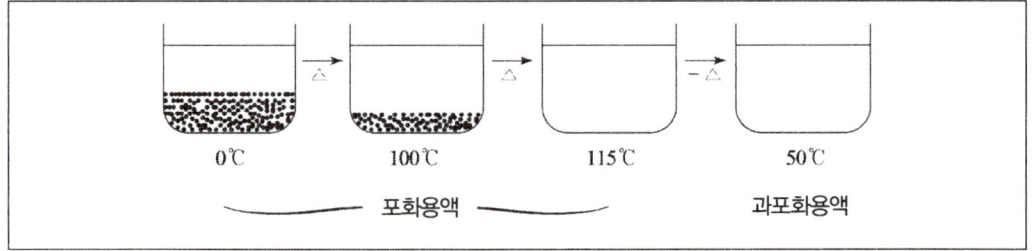

(2) 현탁액

① 100nm 이상의 고체입자가 액상의 용매에 섞여진 부유액 상태로 용매와 용질의 분해가 쉽다.

② 조리되지 않은 전분용액 등이 현탁액에 속한다.

(3) 콜로이드액

① 진용액과 현탁액의 중간 상태로 용질이 용매에 분산되어 있는 액상이다.

② 분산되는 용질의 입자 크기가 1 ~ 100nm 사이가 된다.

② 콜로이드

(1) 졸과 겔

① 졸(sol)

　㉠ 분산매가 액체이고 분산질이 고체인 유동성을 갖는 상태이다.

　㉡ 우유, 전분액, 스프, 젤라틴에 물을 가한 액 등의 상태가 이에 속한다.

② 겔(gel)

　㉠ sol의 분산매가 냉각되거나 제거되면서, sol이 유동성을 잃고 응고된 반고체의 상태이다.

　㉡ 젤리, 묵, 두부 등의 상태이다.

③ sol–gel화

　㉠ 열이나 에너지의 투입, 제거에 의하여 sol과 gel 사이에 가역적인 변화가 일어난다.

　㉡ sol → gel : 계 내부의 에너지가 발산(제거)되면서 분산질끼리 결합하여 일어나는 변화이다.

　㉢ gel → sol : 계 내부로 에너지가 유입하여 분산질의 운동에너지가 커지면서 유동성이 생긴다.

♟ 열에너지에 따른 pectin gel–pectin sol의 변화 ♟

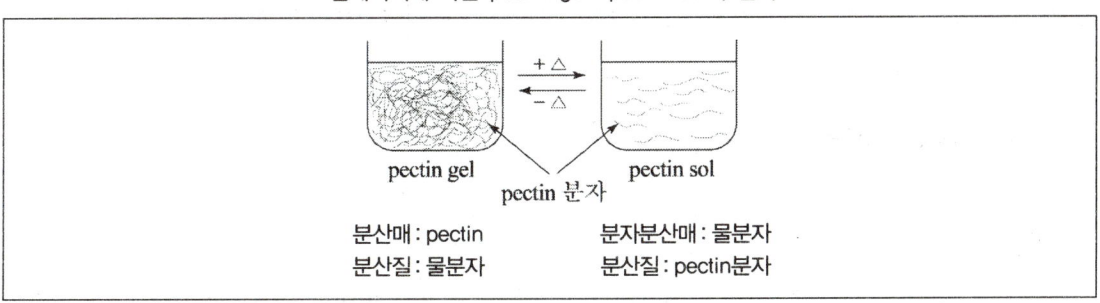

(2) 콜로이드의 종류

① **친용매성 콜로이드** ··· 콜로이드 입자와 분산매 사이에 친화력이 가장 크다. 이러한 친화력 때문에 쉽게 sol이 형성한다.

> 예 아카시아고목 + 물, 젤라틴 + 물

② **소용매성 콜로이드**

> ㉠ 분산매에 대한 친화력이 거의 없는 물질로 이루어진 콜로이드이다.
> ㉡ 매우 안정성이 낮다.
>> 예 물 + 금가루

③ **보호성 콜로이드** ··· 계면활성제에 의하여 친화력이 없는 콜로이드 입자와 분산매의 콜로이드를 형성하는 것이다.

(3) 콜로이드의 성질

① **반투과성**

> ㉠ 콜로이드 입자는 반투막을 통과할 수 없다.
> ㉡ 식품의 반투막이 유지되어 있는 상태에서는 콜로이드성 단백질이 유출되지 못하지만 가열이나 기타 조리에 의하여 반투막이 파괴되면 단백질이 유출된다.

② **tyndall 현상**

> ㉠ 콜로이드 용액에 빛을 쪼이면 분산매가 반사되어 뿌옇게 보이는 일종의 산란현상이다.
> ㉡ 분산매의 크기가 클수록 이러한 tyndall 현상이 분명히 나타난다.

③ **brown 운동** ··· 졸 상태에서 분산매는 에너지에 의하여 불규칙하게 운동한다.

④ **응석**(coagulation)

> ㉠ 소수성 졸에 전해질을 가했을 때 콜로이드 입자가 침전되는 현상이다.
> ㉡ 치즈제조나 두부제조시 이용된다.

⑤ **염석**(salting-in/salting-out) ··· 친수성 졸에 다량의 전해질을 넣어 침전되는 현상이다.

③ 유화액(에멀션, emulsion)

(1) 개념

서로 성질이 다른 두 액체가 작은 알갱이로 분산되어 있는 상태로, 이때 두 액체간의 표면 장력을 낮추어서 두 액체가 분리되지 않고 잘 분산되어 있도록 하는 물질이 유화제이다.

(2) 유화액의 종류

① **수중유적형**(o/w, oil in water) ··· 물 중에 기름이 분산되어 있는 상태로 우유, 마요네즈, 아이스크림 등이 있다.

② **유중수적형**(w/o, water in oil) ··· 기름 중에 물이 분산되어 있는 상태로 크림, 버터, 마가린 등이 있다.

(3) 유화제(계면활성제)

① 한 분자 내에 친수기(−OH, −CHO 등)와 친유기(알킬기 등)를 모두 가지고 두 용액 사이의 계면에 존재하여 그 장력을 낮춰준다.

② **종류** ··· 인지질, 검, 레시틴, 담즙 등이 식품의 유화제로 사용된다.

④ 거품(foams)

(1) 개념

거품은 공기가 분산질이며 액체·고체가 분산매인 콜로이드이다.

(2) 거품의 형성

① 액체의 표면장력에 상응하는 에너지를 주어 공기방울을 쌓을 수 있는 얇은 필름을 형성하도록 한다.

② **거품을 형성하기에 적합한 액체** ··· 표면장력이 낮고 증기압이 낮은 액체가 거품을 잘 형성한다.

(3) 식품조리에의 이용

cream, 달걀흰자, 달걀노른자, 젤라틴, 농축유제품 등이 이용된다.

(4) 거품안정제

① **지방입자** ··· 공기입자의 벽을 견고하게 한다.
    예 휘핑크림의 냉각

② **변성단백질** ··· 단백질의 변성으로 인하여 공기방울의 벽에 견고함을 제공한다. 이때 단백질은 거품생성을 위한 기계적 조작으로 인한 열에 의해 변성된다.
    예 달걀흰자거품

❚ 달걀흰자거품 ❚

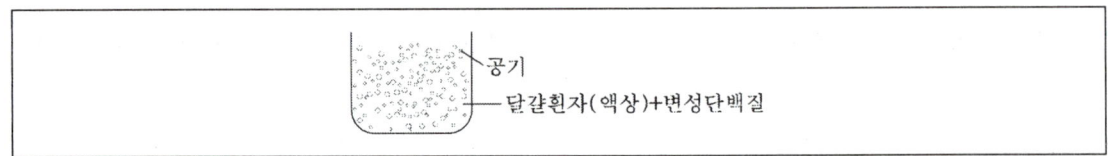

공기
달걀흰자(액상)+변성단백질

⑤ 식품의 유동성

(1) 점성(viscosity)

① 전단력(shearing stress)을 유지하고 흐름을 저항하는 유체의 성질이다.

② **전단율** … 유체의 상단은 흐름이 빠르고 그에 비해 하단의 흐름은 느리다. 그 상단부와 하단부의 속도비가 전단율이다.

❚ 유체의 전단율 ❚

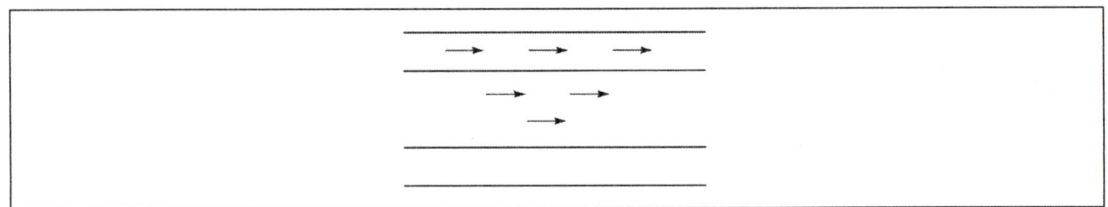

③ 점성은 유체의 온도와 반비례한다.

(2) 뉴톤유체(newtonian)과 비뉴톤유체(non-newtonian)

① **뉴톤유체**
  ㉠ 뉴톤유체는 전단율과 무관한 점성을 갖는다.
  ㉡ 물, 설탕, 시럽, 와인 등이 속한다.

② **비뉴톤유체**
  ㉠ 유체의 흐름속도가 전단율과 관계있는 유체이다.
  ㉡ 마요네즈, 케찹, 초콜릿 등의 에멀전류 : 전단율이 증가할수록 묽어진다(점성과 전단율이 반비례).

(3) 탄성(elasticity)

① **개념** … 외부의 힘을 받았다가 힘이 제거되었을 때, 힘이 주어지기 전의 원상태로 돌아가는 성질을 말한다.

② 젤리나 곤약 등의 식품에서 주요한 성질이다.

(4) 가소성(plasticity)

① **개념** … 외부의 힘에 의하여 변형되고 힘이 제거되었을 때 원래의 상태로 돌아가지 않는 성질이다.

② 버터, 마가린은 가소성이 큰 식품이다.

(5) 점탄성(viscoelasticity)

점성과 탄성을 모두 가지고 있는 성질로, 검, 밀가루 반죽 등에서 볼 수 있다.

① **신전성** … 국수 반죽처럼 길게 늘어지는 성질이다.

② **경점성**

   ㉠ 식품의 점탄성을 나타내는 경도이다.

   ㉡ finograph로 측정하며, 밀가루 반죽, 떡 등에서 측정한다.

③ **예사성** … 달걀흰자에 젓가락을 넣어 당겨 올릴 때 딸려 올라오는 성질이다.

④ **바이젠베르그 효과**

   ㉠ 연유에 젓가락을 세워 회전시킬 때 연유가 젓가락을 따라 올라오는 성질이다.

   ㉡ 탄성을 가진 액체에서 볼 수 있다.

2 식품의 물리적 성질

① 식품의 발화점과 인화점

(1) 발화점

① 가연성 식품이나 혼합물이 발화할 때 필요한 최저의 가열온도이다.

② 착화점, 자연발화온도라고도 한다.

(2) 인화점

① 식품에서 발생하는 증기와 공기가 혼합되어 연소가 일어날 때 필요한 최저의 액체 또는 고체의 온도이다.

② 유지의 경우 발연점이 높은 것은 인화점도 높다.

② 식품의 발연점과 훈연점

(1) 발연점

① 유지를 가열할 때 유지의 표면에서 엷고 푸른 연기가 발생하기 시작하는 온도를 말한다.

② 발연점은 높을수록 좋다.

③ 유리지방산 함량이 클수록, 노출된 유지의 표면적이 클수록, 불순물이 많을수록 발연점은 낮아져 유지의 품질이 저하한다.

(2) 훈연점

① 가연성 물질 또는 혼합물이 훈연의 발생을 개시하는 데 필요한 최저의 가열온도이다.

② 식품의 훈제품 제조 등에 이용되는 온도로 지방산의 함량과 밀접한 관계가 있다.

♟ 유지의 발연점, 인화점, 연소점 ♟

(단위 : ℃)

종류		발연점	인화점	연소점
피마자 기름(정제)		200	298	335
옥수수 기름	조제	178	294	346
	정제	227	326	359
아마인 유	조제	163	387	353
	정제	160	309	360
올리브 유(조제)		199	321	361
콩기름	조제, 엑스펠러 추출	181	296	351
	조제, 용매추출	210	317	354
	정제	256	326	356

01 출제예상문제

1 유화액의 형태를 이루는 것 중 가장 영향을 적게 끼치는 것은?

① 교반속도
② 유화제의 성질
③ 물과 기름의 비율
④ 전해질의 유무와 그 종류 및 농도

📝 NOTE│ 교반속도는 유화액의 형태와는 관계가 거의 없으며 유화액의 생성속도와 관계가 있다.

2 다음 중 유화된 식품이 아닌 것은?

① 햄
② 마가린
③ 버터
④ 마요네즈

📝 NOTE│ 햄은 고체로 지방과 수분이 혼합되어 있지 않다.

3 다음 중 순수한 교질용액인 것은?

① 소금을 물에 녹인 것
② 밀가루를 물에 풀어 놓은 것
③ 젤라틴을 물에 녹인 것
④ 설탕을 물에 녹인 것

📝 NOTE│ 보기 물질 중 순수한 교질용액 상태인 것은 젤라틴을 물에 녹인 것이다.
①④ 진용액 ② 현탁액

4 유지의 성질 중 마요네즈를 만들 때 이용하는 것은?

① 검화작용
② 흡수작용
③ 분해작용
④ 유화작용

📝 NOTE│ 마요네즈는 o/w형 에멀션으로 물 속에 기름이 작은 방울로 분산되어 있는 것이다.

ANSWER│ 1.① 2.① 3.③ 4.④

5 다음 중 o/w형 에멀션으로 대표적인 식품은?

① 마가린　　　　　　　　　　② 버터
③ 우유　　　　　　　　　　　④ 쇼트닝

✎NOTE | ①②④ 유중수적형(w/o)의 분산식품에 속한다.

6 다음 음식 중에서 진용액에 속하는 것은?

① 설탕시럽　　　　　　　　　② 우유
③ 간장　　　　　　　　　　　④ 생계란

✎NOTE | 설탕물, 소금물처럼 분산물질이 1개의 분자나 이온으로 구성되고 그 물질의 직경이 1nm 이하의 것을 진용액이라 한다.

7 다음 중 w/o에 속하는 식품은?

① 버터　　　　　　　　　　　② 우유
③ 아이스크림　　　　　　　　④ 마요네즈

✎NOTE | w/o(유중수적형) … 버터, 마가린, 쇼트닝

8 다음 중 초콜릿, 된장국의 교질상태의 종류는?

① 현탁질　　　　　　　　　　② 무탁질
③ 연무질　　　　　　　　　　④ 고체교질

✎NOTE | 초콜릿이나 된장국은 분산매가 액체이고 분산상이 고체인 현탁질에 속한다.

9 다음 중 gel의 성질과 관계가 없는 것은?

① 팽윤　　　　　　　　　　　② 유독성
③ 축화　　　　　　　　　　　④ 융해작용

✎NOTE | 유독성은 sol의 특성이다.

ANSWER | 5.③　6.①　7.①　8.①　9.②

10 분산매와 분산질이 서로 친화성이 적어 약간의 충격에 의하여 콜로이드성이 깨어지는 것은?

① 친수성 콜로이드　　　　　　　② 소수성 콜로이드
③ 친액성 콜로이드　　　　　　　④ 보호성 콜로이드

　　✎NOTE｜ 소용매성 콜로이드 … 분산매와 분산질이 친화성이 적어 전해질을 조금 가해도 침전이 생긴다.
　　　　　용매가 물인 소용매성 콜로이드가 소수성 콜로이드이다.

11 다음 중 유화액인 식품은 무엇인가?

① 우유　　　　　　　　　　　　② 간장
③ 콩나물국　　　　　　　　　　④ 밀가루풀

　　✎NOTE｜ 우유는 물 속에 기름이 분산된 형태로 단백질이 유화제 역할을 한다.

12 다음 중 유화제가 아닌 것은?

① 전분　　　　　　　　　　　　② sterol
③ 단백질　　　　　　　　　　　④ lecithin

　　✎NOTE｜ 유화제는 한 분자 내에 친수기와 소수기를 함께 가지는 것으로 단백질, lecithin, sterol 등이
　　　　　있다.

13 다음 설명에서 나타나는 콜로이드의 성질은 무엇인가?

> 콜로이드 용액에 빛을 쪼이게 되면 희게 반사하는 현상이 생기는데 이것은 콜로이드 입자에 의한
> 빛의 산란 때문이다.

① 브라운 운동　　　　　　　　　② 틴달현상
③ 응석　　　　　　　　　　　　④ 염색

　　✎NOTE｜ ① 액체나 기체 속에 고체의 알갱이가 떠 있을 때 외부의 영향을 받지 않고 불규칙 운동을
　　　　　　하는 현상이다.
　　　　　③ 분산되어 있는 입자가 빽빽한 접합상태가 되어 침전하는 현상이다.
　　　　　④ 친수성 졸에 다량의 전해질을 넣어 침전되는 현상이다.

ANSWER ｜ 10.② 11.① 12.① 13.②

14 계란흰자를 이용하여 거품을 만들 때 형성되는 콜로이드 분산질을 안정시키는 역할을 하는 것은?

① lecithin　　　　　　　　　　② 인지질
③ 검질　　　　　　　　　　　　④ 변성단백질

✏️**NOTE** eggwhite의 foams는 분산매가 액상 eggwhith이며 분산질이 공기이다. foam형성을 위한 조작 시 발생하는 열로 인해 생성된 변성단백질이 공기방울 안정성을 더해준다.

15 유화액에 관한 설명으로 옳지 않은 것은?

① 유화제로는 검질과 인지질이 대표적이다.
② 유화액은 수중유적형과 유중수적형으로 나뉜다.
③ 우유는 단백질에 의해 유화상태가 안정화된다.
④ 유화제는 물과 기름 사이의 반발력을 증가시켜 유화액을 안정시킨다.

✏️**NOTE** ④ 유화액을 안정시키는 유화제는 물과 기름 사이의 반발력을 감소시켜 유화액을 안정화시킨다.

16 다음 중 유화액(emulsion) 상태가 아닌 것은?

① 마요네즈　　　　　　　　　② gravy souce
③ 초콜릿　　　　　　　　　　④ 우유

✏️**NOTE** 에멀션은 분해효소와 분산질 모두 액체이고 졸은 분산질이 고체이다. gravy souce는 졸의 한 형태이다.

17 마요네즈에서 유화제로 작용하는 물질은?

① 식초　　　　　　　　　　　② 난황
③ 난백　　　　　　　　　　　④ 식용유

✏️**NOTE** 유화제
㉠ 유화제는 주로 단백질, 겔, 지방산, 검, 인지질 등의 형태로 존재한다.
㉡ 난황 중의 레시틴은 인지질의 일종으로 효과적인 유화제이다.

ANSWER | 14.④　15.④　16.②　17.②

18 밀가루 반죽에서 가장 중요한 성질은?

① 점성   ② 점탄성

③ 흐름성   ④ 가소성

NOTE 점탄성은 점성과 탄성을 모두 가진 성질로 검, 밀가루 중에서 볼 수 있다.

19 다음 중 콜로이드성 식품이 아닌 것은?

① 계란흰자   ② 우유

③ 초콜릿   ④ 소금물

NOTE 소금물은 분산물질이 1개의 분자나 이온으로 구성된 직경이 $1\mu m$ 이하의 진용액이다.

20 식품의 경점성을 측정할 필요가 있는 식품은?

① 젤리   ② 마가린

③ 밀가루 반죽   ④ 토마토 케찹

NOTE 경점성은 점탄성을 나타내는 경도로 finograph로 측정하며 밀가루 반죽, 떡 등에서 측정한다.

21 다음 중 식품의 유동학적 특성의 범위가 아닌 것은?

① 결단성   ② 탄성

③ 소성   ④ 점탄성

NOTE 유동학에서는 주로 탄성, 점성, 점탄성, 소성 등을 다루게 된다.

22 다음 중 졸의 일부만이 겔로 변하는 현상은?

① 흡수   ② 가소성

③ 응결   ④ 이액

NOTE 응결은 졸의 일부가 겔로 변하는 현상이다.

ANSWER | 18.② 19.④ 20.③ 21.① 22.③

23 시간이 경과하면 액체가 빠져나가 겔 구조가 수축되는 현상은?

① 흡수
② 이액
③ 응결
④ 점성

✎NOTE| 이액(syneresis)은 겔이 시간이 지나서 액체가 빠져나가 겔 구조가 수축되는 현상이다.

24 영구적 유화액도 경우에 따라서는 분산상이 깨어진다. 다음 중 유화액이 깨어지는 원인이 아닌 것은?

① 냉동
② 건조
③ 상온에서 보관
④ 소금의 첨가

✎NOTE| 건조·냉동은 지방구 주위의 물의 연속상이나 유화제의 표면방해 때문이고 소금은 물의 표면 장력을 증가시키는 효과를 내기 때문이다.

25 콜로이드 입자가 가라앉지 않고 균일한 상태로 오랫동안 분산매에 떠다니게 되는 성질은?

① 브라운 운동
② 엉김
③ 반투과성
④ 틴달현상

✎NOTE| 브라운 운동 … 분산매의 입자가 열운동으로 불규칙한 운동을 계속하고 있는 것이다.

26 다음의 콜로이드성과 식품의 연결이 바르지 못한 것은?

① 에멀션 – salad dressing
② 졸 – 젤리
③ 겔 – 커스타드
④ foam – 버터

✎NOTE| ④ 버터, 마가린은 에멀션이다.

27 다음 중 뉴톤 유체의 특성을 가진 유체가 아닌 것은?

① 물
② 알코올류
③ 포도당
④ 초콜릿 시럽

✎NOTE| ④ 초콜릿 시럽은 비뉴톤 유체이다.

ANSWER | 23.② 24.③ 25.① 26.④ 27.④

28 과즙, 과실퓨레, 과실펄프에 대한 설명으로 옳지 않은 것은?

① 사과즙이나 포도즙의 경우, 그 속에 함유된 펙틴 물질로 인해 비뉴톤 유체의 성질을 가진다.

② 펙틴을 제거한 사과즙이나 포도즙 등은 그 속에 함유된 당류의 농도에 관계없이 비뉴톤 유체 성질을 가진다.

③ 뉴톤 유체는 온도가 상승됨에 따라 그 점도는 급속도로 감소한다.

④ 과실퓨레나 과실펄프는 의사가소성을 나타내지만, 온도의 변화에 대한 외관상의 점도는 크게 변하지 않는다.

> ✎NOTE │ ② 펙틴을 제거한 사과즙이나 포도즙 등은 그 속에 함유된 당류의 농도에 관계없이 뉴톤 유체의 성질을 가진다.

29 비뉴톤 유체의 대한 설명으로 옳지 않은 것은?

① 전단응력과 전단속도 사이의 관계를 나타내는 곡선, 점도계수 자체가 전단속도가 되는 유체들을 비뉴톤 유체라고 한다.

② 뉴톤 유체에 분자량이 매우 큰 친수성 고분자 화합물을 극소량이라도 첨가할 경우 그 성질이 비뉴톤 유체의 성질로 변할 수 있다.

③ 물, 알코올류, 포도당, 설탕과 같은 분자량이 크지 않은 당류의 용액들, 각종 식용유지, 우유 등이 이에 속한다.

④ 비뉴톤 유체의 경우 점도 대신 조밀도라는 말로 표현하며, 전단응력과 전단속도 사이의 곡선을 조밀도 곡선이라고도 부른다.

> ✎NOTE │ ③ 뉴톤 유체의 특징을 가지는 물질이다.

30 다음 중 졸의 형태를 띠고 있는 것은?

① 우유 ② 맥주
③ 연기 ④ 흙탕물

> ✎NOTE │ 졸…분산질은 고체, 분산매는 액체인 콜로이드 분산계의 한 종류로서, 유체의 성질이 강한 상태를 말한다. 흙탕물, 젤라틴 용액을 들 수 있다.

ANSWER │ 28.② 29.③ 30.④

CHAPTER
02

식품 중의 유독성분

1 유독성분의 개요와 독성평가

① 유독성분의 개요

(1) 독성물질의 개념

① 일정량 이상을 섭취했을 때 위해 가능성이 크다고 입증된 물질을 말한다.

② 모든 물질은 잠재적으로 독성이 있으며 독성이 발현되는가는 섭취량에 따라 결정된다.

(2) 유독성분의 분류

① **내인성 독성물질** … 식품원료인 동·식물체에 의해 생합성되어 존재하는 대사물질이다.

② **외인성 독성물질**

　㉠ 생물학적 원인이나 인위적 원인에 의해 식품에 존재하는 독성물질이다.

　㉡ **생물학적 독성물질** : 세균성 식중독의 원인균 및 곰팡이 대사에 의해 형성된 독성물질이다.

　㉢ **인위적 독성물질** : 식품에 혼입된 농약, 먼지 등의 환경오염물질, 식품가공에 사용되는 각종 화학물질에서 유래한 독성물질, 가공·저장·이용 중 기구, 용기, 포장으로부터 용출되는 독성물질 및 식품가공 중 형성되는 독성물질 등이 있다.

③ **유인성 독성물질** … 식품 중의 어떤 성분이나 첨가물이 물리·화학적 처리에 의하여 새로이 식품 중에 생성되는 독성성분이다.

② 오염물질의 독성평가

(1) 독성평가의 방법

① **급성독성**(acute toxicity)
- ㉠ 시험물질의 투여량을 비교적 많게 하여 저농도부터 고농도까지 일정한 간격으로 1회 투여하여 7 ~ 14일 동안 관찰하는 방법이다.
- ㉡ 실험동물의 50%의 치사량인 LD_{50}(lethal dose 50)을 결정하거나 급성독성 증상을 관찰하는 데 이용한다.

② **아급성독성**(subacute toxicity) ⋯ 시험물질을 치사량 이하의 용량을 여러 단계로 나누어 4주 동안 투여하여 생체에 미치는 영향을 파악한다.

③ **만성독성**(chronic toxicity)
- ㉠ 상당한 기간이 지난 후에 나타나는 독성으로 일반적으로 시험물질을 실험동물에 20 ~ 24개월 동안 지속적으로 투여하여 독성여부에 따른 영향을 관찰한다.
- ㉡ 실험동물의 50%에 암을 유발하는 발암물질의 투여량을 TD_{50}(tumor dose 50)이라고 한다.

(2) 미생물을 이용한 식품의 안전성 시험법

① **ames 시험법**(ames test)
- ㉠ 식품을 비롯한 환경 중의 돌연변이 유발물질을 검출하는 데 가장 널리 이용되는 방법이다.
- ㉡ 병원성이 없는 salmonella typhimurium의 변이균주를 이용하여 시험물질의 돌연변이 유발성을 조사한다.

② **rec 분석법**(rec test)
- ㉠ 시험물질에 의한 두 균주의 생육 차이를 측정하여 DNA를 손상시키는 물질을 검출한다.
- ㉡ ames 시험법에 비해 노력과 비용이 덜 들고 간편하다.
- ㉢ 작용 스펙트럼이 ames 시험법보다 넓으므로 ames 시험법과 병용하면 돌연변이 유발 물질의 검출확률이 커진다.

(3) 기타 시험법

① **돌연변이 유발물질의 시험법** ⋯ 대장균, 효모, 곤충을 이용하는 방법 등이 있다.

② **식품관련 물질의 안정성 평가** ⋯ 포유동물의 배아세포를 이용한 염색체 이상 시험법 등이 사용된다.

2 내·외인성 독성물질과 오염물질

① 내인성 독성물질

(1) 식물성 독성물질

① **단백질 가수분해효소 저해제**(protease inhibitor)

　㉠ 비교적 분자량이 작은 단백질로 구성된다.

　㉡ **피해증상** : 생육을 저해시키고 췌장 비대를 일으킨다.

　㉢ **작용** : 효소에 신속히 결합하여 매우 안정한 화합물을 형성하여 그 작용을 저해한다.

　㉣ **분포** : 대두, 녹두, 강낭콩, 완두, 감자, 고구마, 곡류에 많이 함유되어 있다.

　㉤ **종류**

　　• kunitz 저해제 : trypsin과 1 : 1로 결합하여 작용한다.

　　• bowman-brik 저해제 : trypsin과 결합하는 부위 및 chymotrypsin과 결합하는 부위를 가지고 있다.

② **hemagglutinin**

　㉠ 대부분 당단백질로 4~10% 정도의 탄수화물을 함유하고 있으며 식물성 식품에 널리 분포한다.

　㉡ **피해증상** : 생육을 저해하고 적혈구를 응고시킨다.

　㉢ **작용** : 시험관 속에서(체외에서) 적혈구 원형질막의 glycan 부위에 결합하여 적혈구를 응고시키는 성질을 가지고 있는 단백질로서 lectin이라고도 한다.

　㉣ 습열처리 및 오랜 시간의 건열처리에 의해 독성이 소실된다.

　㉤ **분포** : 피마자, 대두, 강낭콩, 렌즈콩 등에 많이 함유되어 있다.

③ **glucosinolate**

　㉠ 배추, 겨자, broccoli, turnip 등의 배추과 식물에 존재하는 황을 함유한 배당체로 매운 맛을 띤다.

　㉡ **피해증상** : 갑상샘 기능 저하증을 나타내며 인체에 미치는 영향은 매우 작다.

　㉢ **종류**

　　• glucosinolate : thioglucosidase에 의하여 thiocyanate를 생성한다.

　　• thiocyanate : 체내 아이오딘의 작용을 저해한다(anti-thyroid).

④ **solanine**

　㉠ **분포** : 싹튼 감자에 존재하는 독소이다.

　㉡ **피해증상** : 용혈작용, 운동중추마비 등이 나타난다.

　㉢ 열처리에 의해 독성이 사라진다.

⑤ **사이안화합물**(cyanogen)

  ㉠ 배당체 형태로 식물에 널리 분포한다.

  ㉡ 피해증상 : 구토, 복통, 호흡곤란, 경련, 호흡중추 마비 등이 나타난다.

  ㉢ 분쇄 후 수분을 첨가하여 가열하면 사이안화수소가 제거되어 독성이 불활성화된다.

  ㉣ 종류

    • amygdalin : 아몬드, 살구씨, 복숭아씨 등에 분포되어 있다.

    • dhurrin : 수수에 함유되어 있다.

    • linamarin : 라마콩, 아마안씨, cassava 등에 함유되어 있다.

  ㉤ 시안화합물이 가수분해되어 HCN 생성 : 치사량 0.5 ~ 3.5mg/kg body wt 정도이다.

⑥ **버섯독**

  ㉠ 우리나라의 독버섯 : 광대버섯, 화경버섯, 개암버섯, 깔때기버섯, 마귀곰보버섯속 등의 버섯이 있다.

  ㉡ 대부분의 버섯독은 조리, 통조림, 냉동 등에 의해 파괴되지 않는다.

  ㉢ 피해증상 : 용혈작용, 운동중추의 마비를 일으킨다.

  ㉣ 열처리에 의해 독성이 사라진다.

(2) 동물성 독성물질

① **조개류의 독성물질**

종류	원인 조개류	독성 물질	특성	중독 증상
venerupin 조개독	모시조개, 굴, 바지락	venerupin	• 화학구조불명 • 수용성, 내열성 • 치사율 40~50%	불쾌감, 식욕부진, 복통, 구토, 출혈반점, 토혈, 의식장애
tetramine 조개독	조각매물고둥, 소라고둥	tetramine	사람의 중독량 350 ~ 450mg	두통, 현기증, 멀미, 두드러기
마비성 조개독	섭조개, 홍합, 대합	saxitoxin, gony-autoxin 및 관련 동종 화합물	• 수용성, 내열성 • 신경·근육세포의 sodium channel 저해	입술, 혀의 지각이상, 졸음, 두통, 메스꺼움, 구토, 복통, 근육마비, 언어장애, 호흡장애

② **생선의 독성물질**

  ㉠ tetrodotoxin

    • 복어 중독의 원인 독소로 생선독 중 가장 강력하다.

    • 분포 : 알, 난소, 간, 껍질, 근육 등에 분포한다.

    • 알칼리성에서는 불안정하나 내산성, 내열성을 띤다.

    • 사람에 대한 치사량 : 약 2mg 정도이다.

    ⓛ **ciguatea의 독소**
- 열대나 아열대 산호초 주변에서 서식하는 독어를 섭취하여 일어난다.
- 원인 독소는 polyther인 ciguatoisin과 관련 화합물이다.
- 피해 : 신경세포나 근육세포에서 Na^+의 세포막 통과를 증가시켜 신경계, 순환계, 위장관계 등에 영향을 미쳐 메스꺼움, 구토, 설사, 근육통, 심박동의 변화 등과 같은 장애를 일으킨다.

    ⓒ **청어류의 독소**
- 주로 카리브해 연안에서 청어, 멸치 등의 청어과에 속하는 생선을 통해 종종 발생한다.
- 독소의 특성과 기원은 밝혀지지 않았다.

    ⓔ **고등어류 중독의 독성물질**
- 세균에 의해 부패된 고등어, 다랑어, 가다랑어 등 고등어과 생선조직의 아미노산으로부터 생성된 히스타민을 비롯한 amine에 기인하는 중독증이다.
- 피해증상 : 두통, 홍조, 가려움, 설사 등을 유발시킨다.

② 외인성 독성물질

(1) 곰팡이독(mycotoxin)

진균류, 곰팡이의 2차 대사생성물로 사람, 가축 등 포유동물에게 바람직하지 못한 생리장애를 나타 낸다.

① **aflatoxin**
    ㉠ 주로 토양에 존재하는 곰팡이들에 의해 생성되며 온대 및 한대지역에서는 독성 균주의 검출 빈도가 낮다.
    ⓛ 발암성 물질이다.
    ⓒ **aflatoxin 최적 생성조건**
- 상대습도 80 ~ 85% 이상이다.
- 온도 25 ~ 30℃ 정도이다.
- 기질의 수분함량 16% 이상이다.
- 탄수화물이 많은 곡류와 유량 종자가 주요 기질이며 향신료, 건과류, 무화과 등에서도 검출된다.

② **fusarium 독소**
    ㉠ fusarium속의 곰팡이가 생성하는 독소로 tricothecene, fuminisin, zearalenone 등이 있다.
    ⓛ 관련식품 : 밀, 옥수수, 수수, 쌀 등의 곡류에 분포한다.

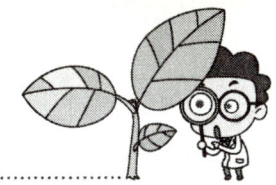

③ patulin

    ㉠ 사과, 배, 포도, 두류, 밀 등과 오염된 원료를 사용한 사과주스와 같은 가공식품에서 검출된다.

    ㉡ 산성용액에서는 안정하지만 알칼리에 의해 가수분해된다

    ㉢ 이산화황과 발효에 의해 환원된다.

    ㉣ 신경독소 및 면역독소이며 돌연변이를 일으킨다.

    ㉤ 실험동물에는 폐부종을 유발한다.

④ 맥각중독

    ㉠ 맥각균에 오염된 호밀, 보리 등에 형성된 균핵이다.

    ㉡ 양이 많은 경우 독성물질로 작용하여 구토, 설사, 복통, 두통, 무기력증과 같은 증상을 일으키며 심한 경우 지각이상 등이 발생하여 사망할 수도 있다.

    ㉢ 맥각의 주요 독소는 alkaloid로 가수분해되어 여러 아미노산, pyrubic acid, 암모니아, lysergic adie 등을 생성한다.

⑤ 황변미독

    ㉠ 쌀의 수분함량이 15% 이상되면 penicilium 곰팡이에 의해 변질되어 황변미가 생성된다.

    ㉡ 황변미의 유해물질은 간장독으로 luteoskyrin, cyclochlorotin, islanditoxin, 신경독으로 citreoviridin, 신장독으로 citrinin이 있다.

(2) 세균 독소(botulism 독소)

① 혐기성 포자형성 간균인 clostridium botulinum이 생성하는 신경 독소에 의해 일어나는 식중독 증상으로 독성이 매우 강하다.

② 이 독소들은 단백질로 80℃에서 10분 이상 열처리하면 독성이 소실된다.

③ 잘못 가공된 소시지를 비롯한 육제품, 채소 통조림, 수산식품에 의해 발생한다.

3 화학적 식중독

① 오용에 의한 유해물질

(1) 메탄올(CH_3OH)

① 알코올의 발효과정에서 생성되기 때문에 과실주에 미량 함유되어 있다.

② 두통, 복통, 설사 등을 일으킨다.

③ 시신경독으로 인해 실명의 가능성이 있다.

(2) DDT(dichlorodiphenyl trichloroethane)

① 지용성으로 배출이 안 되고 지방조직에 축적된다.

② 급성중독으로 두통, 구토, 복통, 설사, 현기증을 일으킨다.

$$Cl - \text{벤젠} - \overset{\overset{H}{|}}{C} - \text{벤젠} - Cl$$
$$Cl - \overset{|}{\underset{Cl}{C}} - Cl$$

② 가공 중 혼입되는 유해물질

(1) PCB(polychlorobiphenyl)

미강유에 사염화diphenyl을 주체로 한다.

(2) PCB의 특징

① 간경화 등의 만성질환이 나타난다.

② 인체의 지방조직에 축적되어 배설이 느리다.

③ 가구, 용기, 포장 중 기인하는 유해물질

(1) 카드뮴

① 산성 식품에 녹아 메스꺼움, 구토, 설사 등을 나타낸다.

② 이타이이타이 병의 원인물질로 알려져 있다.

(2) 납

① 만성중독으로 식욕부진, 권태감, 관절통, 근육통 등의 증상을 보인다.

② 급성중독은 메스꺼움, 구토, 설사, 복통 등이고 중증인 경우 혈압강하, 체온저하 등이 나타난다.

④ 의도적인 식품첨가물

(1) 아질산염

① 육류의 발색과 보존을 위해 첨가하는 화학물질이다.

② 질소화합물과 반응하며 nitrosamin을 형성한다.

③ nitrosamin은 발암성을 가진다.

(2) 아황산염

① 갈변방지제, 산화방지제로 사용된다.

② 기관지천식을 일으킬 수 있는 발암성 물질이다.

02 출제예상문제

1 다음 중 식품과 독소의 연결이 바르게 짝지어진 것은?

① 감자 – solanine
② 참깨 – guercetin
③ 콩 – naringin
④ 감귤 – amygdalin

NOTE | ① solanine은 감자의 독소이다.
② guercetin은 flavonoids의 일종이다.
③ naringin은 감귤 중의 쓴맛 성분이다.
④ amygdalin은 살구씨 등의 독소이다.

2 다음 중 정제된 단백질 효소 저해제의 특징이 아닌 것은?

① 가열할수록 활성을 띤다.
② 대두 중에 함유된 것은 trypsin 저해제이다.
③ 시험동물에 투여하면 성장이 억제된다.
④ 가열하면 불활성된다.

NOTE | ① 저해제 자체가 단백질이므로 가열시에 활성을 잃는다.

3 황변미 독소와 중독증이 바르게 짝지어진 것은?

① citreoviridin – 간장독
② citrinin – 신장병
③ citrinin – 신경마비
④ citreoviridin – 간암

NOTE | 황변미 독소 중 citrinin은 신장독을 내어 신장에서 물의 재흡수를 저해한다.
※ citreoviridin … 신경 독소로 신경마비, 호흡장애, 경련, 혈액순환 이상 등이 나타난다.

ANSWER | 1.① 2.① 3.②

4 다음 중 solanine의 특징으로 옳지 않은 것은?

① 옥수수, 보리 등에 많이 들어있다.　　② cholinesterase 작용을 억제한다.

③ 상처난 감자에 특히 많다.　　④ 복통, 현기증, 마비 등을 일으킨다.

　　NOTE| 상처난 감자, 싹튼 감자, 빛을 받아 녹색을 띠는 감자 등에 특히 많은 양이 들어있다.

5 시아노겐 배당체 중 라마콩에 함유되어 있는 것은?

① linamarin　　② dhurrin

③ linseed　　④ cassava

　　NOTE| linamarin은 라마콩에 들어있는 사이안화합물이다.

6 다음 중 천연 항산화제가 아닌 것은?

① gossypol　　② hematin

③ sesamol　　④ quercetin

　　NOTE| hematin은 heme제의 일종으로 천연 항산화제와는 관계가 없다.

7 다음 중 식물성 식품의 독성성분이 아닌 것은?

① solanine　　② saponin

③ hemaglutin　　④ tetrodotoxin

　　NOTE| 테트로도톡신은 복어의 독소성분이다.

8 복어 알, 생식선, 간, 피부 등에 특히 함량이 높은 독소는?

① saponine　　② tetrodotoxin

③ solanine　　④ aflatoxin

　　NOTE| tetrodotoxin은 복어의 독소로 낮은 농도이지만 육질부에도 들어있으며 생선독 중 가장 강력하다.

ANSWER | 4.① 5.① 6.② 7.④ 8.②

9 다음 중 마비성 패류독성의 특징이 아닌 것은?

① 치사량은 1 ~ 4mg이다.

② 열에 안정한 편이다.

③ 근육마비 및 발성장애를 일으킨다.

④ 호흡과 순환계 조절에 장애를 일으킨다.

✎NOTE| 근육마비 및 발성장애는 어류중독의 증상이다.

10 다음의 독성물질 중 체내 식중독을 일으키는 원인이 다른 것은?

① tetramine ② citrin

③ aflatoxin ④ tricothecene

✎NOTE| tetramine은 조개독으로 식품 내인성 독소이다.

11 다음 설명 중 옳지 않은 것은?

① 황변미 독소인 citrinin은 간장병을 유발한다.

② aflatoxin은 곰팡이가 생산한 mycotoxin이다.

③ 법으로 허가된 식품첨가물은 무해하므로 그 사용에 대해서 우려할 필요가 없다.

④ 대두에 들어있는 trypsin inhibitor는 단백질이다.

✎NOTE| ③ 법으로 허가되었다고 해서 무해한 물질로는 볼 수 없으므로 그 사용에 있어서 한계량을 명시해 놓는다.

12 수은 중독의 증세가 아닌 것은?

① 허리통증 ② 시력상실

③ 언어장애 ④ 말초신경장애

✎NOTE| 무릎, 어깨, 허리 등의 통증은 카드뮴 중독의 증상이다.

ANSWER | 9.③ 10.① 11.③ 12.①

13 다음 중 Cd이 원인으로 작용한 병은?

① 황달　　　　　　　　　　② 이타이이타이병
③ 미나마타병　　　　　　　　④ 신장병

✎NOTE | 이타이이타이병은 일본의 아연 광산의 폐수 중의 Cd에 의해 발생했다.

14 clostridium botulinum 독소의 특징으로 옳지 않은 것은?

① 내열성이 강한 혐기성 균이다.
② 중독 증상으로는 신경계 마비로 인한 시력장애, 호흡곤란 등이 있다.
③ 일종의 지방으로 100℃에서 5분 이내에 독성을 잃는다.
④ 인간에 대한 치사량은 0.35μg이다.

✎NOTE | ③ 일종의 단백질로 100℃에서 10분 이상 가열해야 독성을 잃는다.

15 mycotoxin 및 주요 중독증이 잘못 짝지어진 것은?

① rubratoxin − 장기출혈, 신장병
② aflatoxin − 신장독
③ sterigmatocystin − 간장암(쥐)
④ ochratoxin − 간장독, 신장독

✎NOTE | aflatoxin은 발암물질이다.

16 다음 중 곰팡이가 생산하는 독소는?

① tetrodotoxin　　　　　　② mycotoxin
③ saponin　　　　　　　　④ solanine

✎NOTE | ① 복어독　③ 날콩 등에 존재하는 용혈작용을 일으키는 물질　④ 싹이 난 감자

ANSWER | 13.② 14.③ 15.② 16.②

17 다음 중 aflatoxin의 특징이 아닌 것은?

① 곰팡이가 생산하는 독소이다.

② 지용성이며 열에 안정하다.

③ 신경 독소로 10 여종의 유도체가 있는 것으로 알려져 있다.

④ 아열대나 열대 지방에서 크게 문제가 되는 독소이다.

✎NOTE| ③ aflatoxin은 발암성 독소로 특히 간에 문제를 일으킨다.

18 다음 중 맥각균의 특징이 아닌 것은?

① 구토, 설사, 임신부의 유산 및 조산 등의 증세가 있다.

② 보리나 라이맥에 기생하여 맥각이라는 균핵을 만든다.

③ 맥각의 독소는 알칼로이드로 열에 안정하다.

④ 열에 불안정하므로 보통의 조리나 가공조건에서 파괴가 가능하다.

✎NOTE| ④ 보통의 조리나 가공조건에서는 파괴가 불가능하다.

19 다음 중 식품과 원인 독성물질의 연결로 바른 것은?

① tetrodotoxin − 조개   ② citreoviridin − 콩

③ dhurrin − 수수   ④ gossypol − 아몬드

✎NOTE| tetrodotoxin은 복어, citreoviridin은 쌀, gossypol은 목화씨의 독소이다.

20 아플라톡신에 대한 설명으로 옳지 않은 것은?

① 곰팡이 독소의 일종으로 발암성을 가진 독소이다.

② aspergillus flavus에 의해 생성되는 독소이다.

③ 자외선을 조사하면 형광을 띤다.

④ 이열성으로 열에 의해 쉽게 독소가 파괴된다.

✎NOTE| ④ 아플라톡신은 내열성으로 열에 의해 쉽게 파괴되지 않는다.

ANSWER | 17.③ 18.④ 19.③ 20.④

21 감자의 독성분에 대한 설명으로 옳지 않은 것은?

① 환각작용이 있다.
② 발아부위와 녹색부위에 독성분이 많다.
③ 독성분은 솔라닌으로 중추신경독이다.
④ 예방을 위해 발아부위와 녹색부위의 껍질을 깊이 도려내고 끓여서 먹는다.

✎NOTE| 보통 감자에는 솔라닌 함량이 2 ~ 13mg/100g이지만 발아한 부위나 광선에 의해 녹색으로 변한 부위에는 80 ~ 100mg/100g으로 증가하여 용혈작용을 일으키고 운동중추에 문제를 일으킨다.

22 식품과 중독성분이 올바르게 연결된 것은?

┌───┐
│ ㉠ 대합조개 – saxitoxin   ㉡ 맥각 – venerupin   │
│ ㉢ 청매 – amygladin   ㉣ 독버섯 – cicutoxin   │
└───┘

① ㉠㉡㉢   ② ㉠㉢
③ ㉡㉣   ④ ㉢㉣

✎NOTE| ㉡ 맥각의 독은 ergotoxin이며, venerupin은 바지락의 독성분이다.
㉣ 독버섯의 독은 muscarin이며, cicutoxin은 독미나리의 독성분이다.

23 다음 중 곰팡이 독소와 관련이 없는 것은?

① citrinine   ② rubratoxin
③ ciguatoxin   ④ aflatoxin

✎NOTE| ciguatoxin은 산호초 주변에서 서식하는 독어의 독성분이다.

24 식품첨가물 중 육류의 발색제로 발암성이 있는 물질은?

① 아황산염   ② 아질산염
③ premelanoidin   ④ tar계 색소

✎NOTE| 아질산염은 발암성의 nitrosanine을 생성한다.

ANSWER | 21.① 22.② 23.③ 24.④

PART 부록

실력평가모의고사

제1회 실력평가모의고사
제2회 실력평가모의고사
제3회 실력평가모의고사
제4회 실력평가모의고사
제5회 실력평가모의고사
제6회 실력평가모의고사
제7회 실력평가모의고사
제8회 실력평가모의고사
제9회 실력평가모의고사
제10회 실력평가모의고사
정답 및 해설

실력평가 모의고사

정답 및 해설 P. 326

1 다음 중 용매로 작용하는 물의 특징이 아닌 것은?

① 끓는점이 매우 높다.

② 전해질이 잘 녹는다.

③ 표면장력이 크다.

④ 냉동식품의 변질의 원인이 된다.

2 결합수에 대한 설명으로 옳지 않은 것은?

① 결합수의 함량은 식품의 종류와 무관한다.

② 미생물 포자의 발아·번식에 이용되지 않는다.

③ 단백질이나 탄수화물의 분자구조에 물분자가 수소결합한 형태이다.

④ 일정크기 이상의 압력을 가하면 제거된다.

3 다음 중 aldose에 속하지 않는 것은?

① rhamnose

② ribose

③ xylose

④ arabinose

4 다음 중 6탄당에 대한 설명으로 옳지 않은 것은?

① celluolose와 glycogen의 구성단위는 glucose이다.

② 효모에 의해 발효되어 zymhexose라고 불린다.

③ 자연계에 널리 분포하여 식품영양학상 중요하다.

④ 인체 내에서 이용되지 못해 영양가치는 크지 않다.

5 다음 중 탄닌에 대한 설명으로 옳지 않은 것은?

① 수렴성 성분이다.　　　　　　② 탄닌은 짙은 갈색 물질이다.
③ 덜 익은 과일에 함유되어 있다.　④ 쓴맛과 떫은맛을 낸다.

6 단백질 분자가 전기적으로 중성을 띠어 침전되는 성질을 이용하여 분리하고 정제하는 데 이용되는 성질은?

① 전기영동　　　　　　　　　② 등전점
③ 염석현상　　　　　　　　　④ 수화성

7 다음 중 효소의 작용기전이 다른 것은?

① protease　　　　　　　　② polygalacturonase
③ polyphenolase　　　　　　④ rennin

8 식품 10g의 회분 수용액을 중화하는 데 0.1N NaOH 2mL가 사용되었다면 이 식품의 산성 및 알칼리성 정도는?

① 알칼리도 2　　　　　　　② 알칼리도 20
③ 산도 2　　　　　　　　　④ 산도 20

9 형광물질로서 보조효소인 FAD와 FMN의 구성성분인 비타민은?

① vitamin A　　　　　　　② vitamin B_1
③ vitamin B_2　　　　　　④ vitamin B_6

10 다음 중 maillard 반응을 촉진하는 인자가 아닌 것은?

① 아황산염　　　　　　　　② 산성 pH
③ 아미노기의 농도　　　　　④ 산소의 양

11 단백질의 구조에 대한 설명으로 옳지 않은 것은?

① 1차 구조는 아미노산의 배열순서이다.
② 2차 구조는 수소결합으로 안정된다.
③ 3차 구조는 4개의 단위로 되어 있다.
④ 4차 구조는 구상을 이룬다.

12 다음 중 분자구성의 특징이 다른 것은?

① thiosugar
② uronic acid
③ deoxysugar
④ glycoside

13 미역, 다시마 등의 갈조류의 세포막에 주성분으로 존재하는 다당류로 오렌지 주스, 치즈 등의 안정제, 농화제, 유화제로 사용되는 성분은?

① algin
② carrageenan
③ gum arabic
④ xanthan gum

14 불포화지방산에 대한 설명으로 옳지 않은 것은?

① 체내의 필수지방산은 불포화지방산이다.
② 입체이성질체가 존재한다.
③ 굴절률이 낮다.
④ 천연에 존재하는 불포화지방산은 cis형이다.

15 다음 중 유화액의 종류가 다른 것은?

① 크림
② 우유
③ 마요네즈
④ 아이스크림

16 수분을 저온에서 승화시키는 저장방법으로 향미와 색을 보존하기에 적당한 것은?

① 동결건조법   ② 염장법
③ 훈연법   ④ 건조법

17 과일의 성숙에 따른 색소의 변화로 옳은 것은?

① tannin의 함량이 증가한다.
② anthocyanin의 함량이 감소한다.
③ lycopene의 함량이 증가한다.
④ chlorophyll의 함량이 증가한다.

18 과일주스와 포도주의 청징화를 위해 이용되는 효소는?

① cellulase   ② naringinase
③ protease   ④ pectinase

19 다음 중 갈색화의 원리가 다른 것은?

① 감자의 갈변   ② 꿀의 갈변
③ 간장의 갈변   ④ 된장의 갈변

20 식품의 점활미(cholloidal taste)를 부여하는 단백질은?

① mucoid   ② gelatin
③ vitellin   ④ glutenin

CHAPTER

제2회

실력평가 모의고사

정답 및 해설 P. 328

1 단백질의 염에 의하여 용해도가 낮아지는 현상은?

① salting in

② salting out

③ 경화

④ 변성

2 다음 중 호화에 대한 설명으로 옳지 않은 것은?

① 전분입자의 구조적 차이로 인하여 호화의 조건이 달라진다.

② 전분의 micelle 구조는 팽윤단계에서 파괴된다.

③ 산성에서 팽윤과 호화가 촉진된다.

④ 전분의 물 흡수과정은 가역적인 단계이다.

3 다음 중 이당류에 대한 설명으로 옳지 않은 것은?

① trehalose는 환원성이 없고 효모에 의하여 발효되지 않는다.

② 섬유소의 구성단위는 isomaltose이다.

③ 설탕은 비환원당이다.

④ gentiobiose는 amygdalin의 구성단위이다.

4 다음 중 식품가공에서 아스코르빈산의 용도가 아닌 것은?

① 갈변방지제

② 유화제

③ 산화방지제

④ 밀가루의 품질개량제

284 부록 |

5 무기질에 대한 설명으로 옳지 않은 것은?

① 대사작용의 촉매로 작용한다.
② 생체 구성성분이다.
③ 식품을 태운 후 재로 남은 부분이다.
④ C, H, O와 함께 다른 원소들로 이루어진 작용기를 가지고 있다.

6 식품 중에 존재하는 물에 대한 설명으로 옳지 않은 것은?

① 결합수는 수소결합에 의하여 단단하게 결합되어 있다.
② 화학반응에 관여하는 것이 유리수이다.
③ 유리수와 결합수는 독립적으로 존재하여 서로 이동하지 않는다.
④ 결합수는 수증기압이 낮아 100℃ 가열에 의하여 제거되지 않는다.

7 전분의 노화를 방지하기 위하여 고려할 수 있는 방법이 아닌 것은?

① 건조 　　　　　　　　② 냉장보관
③ 설탕의 첨가 　　　　　④ 유화제 사용

8 다음 중 곰팡이에 의한 비비누화 지질은?

① campesterol 　　　　　② cholesterol
③ ergosterol 　　　　　　④ sitosterol

9 다음 중 마늘의 매운맛 성분에서 비롯된 아미노산은?

① ornithine 　　　　　　② citrulline
③ arginine 　　　　　　　④ alline

10 다음 중 비타민 F에 속하는 물질이 아닌 것은?

① linoleic acid ② linolenic acid

③ arachidonic acid ④ DHA

11 다음 중 munsell 체계에 대한 설명으로 옳지 않은 것은?

① 세 가지 색을 기본색으로 모든 색을 나타낸다.

② 세로축이 명암도를 나타낸다.

③ 가로축이 채도를 나타낸다.

④ 명암도 10은 흰색이다.

12 짠맛 또는 쓴맛의 음식을 먹은 후 물을 마실 때 물을 단맛으로 느끼는 현상은?

① 미맹현상 ② 변조현상

③ 강화현상 ④ 소실현상

13 다음 중 탄수화물 분해효소에 대한 설명으로 옳지 않은 것은?

① β-amylase는 액화력은 강하고 당화력은 약하다.

② 과일의 연화에 관여하는 분해효소는 polygalacturonase이다.

③ α-amylase는 전분입자를 불규칙하게 절단한다.

④ 당화작용에 관여하는 효소는 amylase와 maltase이다.

14 수분활성과 삼투압원리를 이용하여 미생물의 번식을 억제함으로써 저장성을 높인 저장법은?

① 건조법 ② 절임법

③ 냉장법 ④ 냉동법

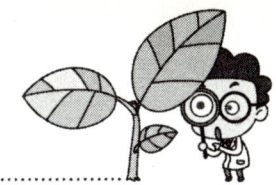

15 다음 중 uronic acid에 대한 설명으로 옳지 않은 것은?

① 단당류의 carbonyl기가 환원된 형이다.
② glucuronic acid는 체내에서 phenol 독소와 결합하여 배설시킨다.
③ 단당류 분자의 제1급 알코올기가 산화된 것이다.
④ 단맛은 없다.

16 다음 중 전분에 대한 설명으로 옳은 것은?

① blue value가 높은 것이 아밀로펙틴의 함량이 높은 전분이다.
② 일반적으로 80%의 아밀로오스와 20%의 아밀로펙틴으로 이루어져 있다.
③ α -1, 6결합의 가지를 가수분해하는 효소가 α -amylase이다.
④ α -1, 4결합에 작용하는 효소가 소당류, 덱스트린, 엿당 등을 형성한다.

17 다음 중 지방산과 이중결합 수의 연결이 바르게 짝지어진 것은?

① arachidonic acid − C20 : 5
② palmitoleic acid − C16 : 1
③ linoleic acid − C18 : 3
④ linolenic acid − C18 : 2

18 단백질에 대한 설명으로 옳지 않은 것은?

① 생리기능을 담당하는 주요한 요소가 된다.
② 평균 17%의 질소함량을 가지고 있다.
③ 식품에 독특한 풍미를 부여한다.
④ peptide 결합으로 연결된 여러 종류의 아미노산으로 구성된다.

19 다음 중 비타민 A에 대한 설명으로 옳지 않은 것은?

① 지방 과산화물에 의한 산화에 민감하다.
② 빛에 의해 손실이 나타난다.
③ 가열에 비교적 안정적이다.
④ 데치기는 손실을 초래한다.

20 다음 중 노화에 대한 설명으로 옳은 것은?

① 노화가 일어나도 전분의 micelle 구조는 복원되지 않는다.
② 노화된 전분은 종류와 상관없이 동일한 X-선 간섭도를 나타낸다.
③ 아밀로펙틴 함량이 높으면 노화속도가 느리다.
④ 0℃보다 낮은 온도에서 노화가 가장 잘 일어난다.

실력평가 모의고사

정답 및 해설 P. 330

1 다음 중 동물성 색소에 대한 설명으로 옳은 것은?

① 육류식품의 주색소는 헤모글로빈이다.

② 갈색의 oxymyoglobin으로 산화된다.

③ 산화된 갈색소는 철 3가 이온을 가지고 있다.

④ 아질산염을 첨가하면 미오글로빈의 산화가 더욱 촉진된다.

2 다음 중 아밀로오스의 특징이 아닌 것은?

① 가지형 구조를 이룬다.　　　　② α -1, 4 결합으로 연결된다.

③ 나선형 구조를 이룬다.　　　　④ 아이오딘과 반응하여 청색반응을 한다.

3 돼지감자의 뿌리와 줄기에 많이 함유되어 있는 당류와 그 구성성분에 대한 연결이 바르게 짝지어진 것은?

① maltodextrin − maltose　　　　② inulin − fructose

③ fucan − deoxysugar　　　　④ cellulose − glucose

4 결합수에 대한 설명으로 옳은 것은?

① 일반적으로 존재하는 수분보다 밀도가 낮다.

② 수증기압이 보통의 물보다 높다.

③ 화학반응에서 용매로 작용하지 않는 수분이다.

④ 미생물의 번식과 발아에 의하여 이용될 수 있다.

5 다음 중 단백질의 구조가 다른 것은?

① gelatin
② collagen
③ myosin
④ ovalbumin

6 천연유지와 함유된 산화방지물질의 연결이 바르게 짝지어진 것은?

① 참기름 − gossipol
② 종자유 − tocopherol
③ 콩 − ascorbic acid
④ 깨 − deidzein

7 다음 중 칼슘의 흡수를 저해하는 성분이 아닌 것은?

① 수산
② phytin
③ P
④ 비타민 D

8 다음 중 식품의 부패와 상관이 있으며, 가수분해를 통하여 불쾌한 냄새를 유발하는 효소는?

① myrosinase
② peptidase
③ amidase
④ glucoamylase

9 다음 중 복합지질에 속하는 것이 아닌 것은?

① 레시틴
② 세라마이드
③ 강글리오사이드
④ 스쿠알렌

10 다음 중 과당에 대한 설명으로 옳은 것은?

① 유리상태의 과당은 furanose형이다.
② 점도가 설탕보다 크다.
③ 용해도가 가장 크다.
④ 포도당보다 단맛이 약하다.

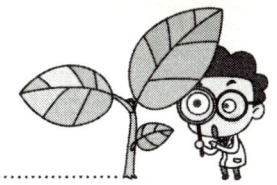

11 다음 중 전분의 호정화에 대한 설명으로 옳지 않은 것은?

① 160℃ 이상 가열
② 수분의 첨가
③ 화학적 변화
④ 덱스트린화

12 다음 중 지질의 수소첨가에 의한 변화가 아닌 것은?

① 입체이성질체의 종류
② 녹는점
③ 탄소수
④ 산화에 대한 안정성

13 다음 중 철분에 대한 설명으로 옳은 것은?

① 인산염에 의하여 흡수가 촉진된다.
② 흡수율은 동물성 식품의 철분이 더 높다.
③ 3가 이온이 2가 이온보다 흡수율이 더 높다.
④ 근육의 수축에 관여한다.

14 다음 중 과일, 채소류의 빨간색 또는 자청색을 나타내는 색소에 대한 설명으로 옳은 것은?

① 지용성 색소로 가열산화에 약하다.
② 알칼리에서 빨간색을 띤다.
③ pH에 따라 색이 변한다.
④ 금속이온과 결합하여 안정화된다.

15 다음 중 전분을 엿당 단위로 가수분해하는 효소는?

① α –amylase
② β –amylase
③ phosphorylase
④ amyloglucosidase

16 다음 중 갈락토오스에 대한 설명으로 옳지 않은 것은?

① cerebroside의 구성성분이다.

② furanose형이다.

③ 유리상태로 존재하지 않는다.

④ 천연에 존재하는 갈락토오스는 D형이다.

17 다음 중 성장에 필요한 수분활성이 최저인 미생물은?

① 곰팡이   ② 효모

③ 삼투압성 효모   ④ 내건성곰팡이

18 탄수화물에 대한 설명으로 옳지 않은 것은?

① $C_mH_{2m}O_n$ ② 동물의 주에너지원

③ 식물의 저장물질   ④ 다가알코올의 유도체

19 지질에 관한 설명 중 옳지 않은 것은?

① cholesterol은 체내에서 생합성된다.

② 중성지방은 글리세롤과 지방산이 에스테르로 결합한다.

③ 왁스류는 영양학적 가치는 없다.

④ 유지는 특정한 단일결정형을 가진다.

20 다음 중 곡류를 가공 후 강화하여야 하는 영양소는?

① thiamin   ② riboflavin

③ vitamin C   ④ Ca

실력평가 모의고사

정답 및 해설 P. 332

1 비타민 C의 산화환원반응에 대한 설명으로 옳은 것은?

① D-ascorbic acid는 환원능력이 없다.

② L-ascorbic acid는 환원능력은 없지만, 생물학적 활성을 가진다.

③ 탈수소, 탈탄산반응에 의하여 furfural을 형성한다.

④ 열, 산소 등에는 불안정하나 광선에는 안정하다.

2 다음 중 양파에 들어있는 anthoxanthin계 색소는?

① epicatechin   ② rutin

③ lycopene   ④ quercetin

3 다음 중 맥아당(maltose)에 대한 설명으로 옳지 않은 것은?

① β-1, 4결합이다.

② 환원당이다.

③ 설탕보다 감미도가 낮다.

④ 발아 중인 곡류에 그 함량이 높다.

4 다음 중 계란에 들어있는 biotin을 불활성화시키는 물질은?

① mucoid   ② ovoalbumin

③ avidin   ④ lecithin

5 다음 중 유지의 발연점에 대한 설명으로 옳은 것은?

① 유지가 발연되는 최고온도를 말한다.
② 유지가 노출되는 표면적이 좁을수록 발연점은 낮아진다.
③ 조제유가 정제유보다 발연점이 높다.
④ 유리지방산의 함량이 많을수록 발연점이 내려간다.

6 어류의 신선도가 저하되어 발생하는 자극취의 성분이 되는 주요 물질은?

① butanone   ② mercaptopropionate
③ thiazoline   ④ trimethylamine

7 유지의 산화에 대한 설명으로 옳지 않은 것은?

① cis형이 trans형보다 쉽게 산화된다.
② 미량의 수분은 산화억제제로 작용한다.
③ 금속, 금속염에 의하여 산화가 촉진된다.
④ 냉동저장시 산화속도가 상온보다 더 빠르다.

8 건조식품의 품질유지에 영향을 미치는 요인에 대한 설명으로 옳은 것은?

① 건조식품의 수분함량이 거의 없을수록 변질을 예방할 수 있다.
② 건조식품의 흡습으로 인해 점탄성이 향상된다.
③ 일분자층 이하의 수분함량에서는 비효소적 갈변반응이 나타난다.
④ 건조식품의 등온흡습곡선이 급경사일수록 저장성이 있다.

9 다음 중 전화당에 대한 설명으로 옳은 것은?

① 좌선성에서 우선성으로 변한다.
② 가열에 의한 변화에 의하여 생성된다.
③ 전화당은 설탕보다 용해도가 낮다.
④ 포도당과 과당의 등량 혼합물이다.

10 비타민 B군 중 가장 안정하고 체내에서 트립토판에 의하여 전환되는 것은?

① thamin
② cyanocobalamin
③ pyidoxine
④ niacin

11 다음 중 maillard 반응에 대한 설명으로 옳지 않은 것은?

① 아미노기를 가진 질소화합물과 카르보닐화합물에 의한 melanoidin 생성반응이다.
② 산소가 필요하지 않은 반응이다.
③ 반응의 최적 pH는 산성이다.
④ 아스코르빈산에 의한 갈색반응과 같이 비효소적 반응이다.

12 다음 중 채소의 녹색채소를 변화시키는 현상이 다른 것은?

① 식초의 첨가
② 소금의 첨가
③ 데치기
④ Na염의 첨가

13 다음 중 구성성분의 연결이 잘못 짝지어진 것은?

① xylose − xylan
② arabose − araban
③ ribose − glycoside
④ galactose − galactan

14 조리 중 손실이 가장 적은 비타민은?

① ascorbic acid
② thiamin
③ vitamin D
④ pyridoxin

15 다음 중 방향족 아미노산이 아닌 것은?

① alanine
② phenylalanine
③ tyrosine
④ tryptophan

16 다음 중 과일과 채소의 갈변을 방지하기 위해 사용하는 아황산에 의해 파괴되는 영양소는?

① thiamin
② pantothenic acid
③ carotenoid
④ ergosterol

17 다음 중 유지의 산가에 대한 설명으로 옳은 것은?

① 산성 식품의 산도와 같은 것이다.
② 산가가 높을수록 유지의 품질이 높다.
③ 유리지방산을 중화하는 HCl mg수이다.
④ 산가가 높은 유지는 튀김용으로 적합하지 않다.

18 다음 중 열에 의해 변성되는 단백질이 아닌 것은?

① myogen
② collagen
③ lactoalbumin
④ glycinin

19 효소반응에 영향을 미치는 인자가 아닌 것은?

① pH
② 생성물의 농도
③ 온도
④ 아황산염의 존재

20 아미노산의 성질에 대한 설명으로 옳은 것은?

① 아세톤, 에스테르 등의 비극성 유기용매에는 녹는다.
② 모든 아미노산은 2개의 광학이성질체가 존재한다.
③ pH에 따라서 전하가 바뀐다.
④ 글루타민산은 단맛을 가진다.

실력평가 모의고사

정답 및 해설 P. 334

1 다음 중 아미노산으로만 구성된 단백질이 아닌 것은?

① lactoalbumine
② glutenin
③ keratin
④ casein

2 다음 중 감미도의 크기를 바르게 나열한 것은?

① 과당 > 전화당 > 설탕 > 엿당 > 포도당 > 젖당
② 포도당 > 전화당 > 설탕 > 과당 > 엿당 > 젖당
③ 과당 > 전화당 > 설탕 > 포도당 > 엿당 > 젖당
④ 전화당 > 과당 > 설탕 > 엿당 > 포도당 > 젖당

3 다음 중 고형유지의 가장 큰 특징에 해당하는 것은?

① 점성
② 가소성
③ 탄성
④ 신전성

4 다음 중 전분입자의 α-1, 6결합을 가수분해하는 효소는?

① glucoamylase
② β-amylase
③ maltase
④ α-amylase

5 유지의 물리적 특성이 아닌 것은?

① 다형현상을 가진다.
② 물에 녹지 않고 유기용매에 잘 녹는다.
③ 불포화도가 높을수록 용해도가 높다.
④ 지방산의 길이가 길수록 비중이 증가한다.

6 다음 중 당알코올로 비타민 B_2의 구성성분이 되는 당류는?

① sorbitol   ② mannitol
③ ribitol   ④ xylitol

7 다음 중 식품의 수분함량에 대한 설명으로 옳지 않은 것은?

① 등온흡습곡선은 일반적으로 역S형의 곡선을 나타낸다.
② 히스테레시스(hysteresis)의 원인은 모세관으로 수분이 들어가는 속도와 나오는 속도의 차이이다.
③ 등온탈습곡선의 처음 부분은 물분자가 다분자층으로 구성되는 부분이다.
④ 식품의 등온흡습곡선과 등온탈습곡선은 일치하지 않는다.

8 다음 중 인지질에 대한 설명으로 옳지 않은 것은?

① 정제유에는 거의 함유되어 있지 않다.
② 식품의 잎과 표피에 분포한다.
③ 유화제로 사용된다.
④ 글리세롤, 지방산, 인산, 질소화합물 등이 결합한 것이다.

9 다음 중 짙은 녹색채소에 풍부하게 존재하며 장내에서 합성되는 비타민은?

① 비타민 B_{12} ② 비타민 K
③ niacin   ④ folic acid

10 인체의 골격 대부분을 이루는 무기질로 신경전달에 중요한 역할을 하는 것은?

① Ca
② P
③ Na
④ K

11 다음 중 식물성 원료에서 채취할 수 있는 지용성 색소는?

① chlorophyll
② flabonoid
③ antocyanin
④ hemoglobin

12 지방의 산화에 의하여 일어나는 식품의 품질변화로 볼 수 없는 것은?

① 텍스처의 변화
② 착색 및 탈색
③ 영양가의 손실
④ 캐러멜 향기

13 미각 중 입안 전체의 통각으로 느껴지는 것은?

① 떫은맛
② 짠맛
③ 신맛
④ 매운맛

14 전분의 호화에 대한 설명으로 옳은 것은?

① 불규칙한 분자배열상태로의 전환이다.
② 전분의 β 화라고 한다.
③ 평윤단계까지는 가역적인 변화이다.
④ 아밀로오스와 아밀로펙틴 간의 수소결합이 형성된다.

15 다음 중 아미노산에 대한 설명으로 옳은 것은?

① 일반적으로 아미노산은 α , D형이다.
② 필수아미노산은 20종이다.
③ 리신과 발린은 필수 아미노산이다.
④ 음성전해질이다.

16 다음 중 변성에 대한 설명으로 옳은 것은?

① 변성단백질은 단백질의 1차 구조로 존재한다.

② 변성에 의해서 소화작용이 어려워진다.

③ 가역적인 반응이다.

④ 생물학적 특성은 유지된다.

17 곤약의 성분이며 식물의 줄기와 잎에 많이 함유되어 있는 단당류는?

① arabinose   ② fructose

③ galactan   ④ mannose

18 다음 중 탄수화물에 대한 설명으로 옳은 것은?

① 섬유소는 아이오딘 반응에 푸른색을 나타내지 않는다.

② glycogen은 amylopectin과 같은 구조를 가진다.

③ 섬유소는 세포 사이에 시멘트효과를 가진다.

④ 아라비아 검의 주구성단위는 galacturonic acid이다.

19 다음 중 파파야 열매에 들어있는 단백질 분해효소는?

① pepsin   ② cathepsin

③ trypsin   ④ papain

20 다음 중 비타민에 대한 설명으로 옳지 않은 것은?

① riboflavin은 산소와 산성에 안정하다.

② folic acid의 결핍은 악성빈혈의 원인이 된다.

③ threonine은 체내에서 niacine으로 전환된다.

④ tocopherol 중 α-tocopherol의 생물학적 활성이 가장 크다.

제6회 실력평가 모의고사

정답 및 해설 P. 336

1 물의 기본적인 성질이 아닌 것은?

① 물분자는 대칭형 구조(symmetrical structure)이다.

② 수소결합을 이루고 있다.

③ 염류와 같은 이온 결합화합물들을 잘 녹인다.

④ 식품 속의 물은 자유수와 결합수 2가지 형태로 존재한다.

2 절임된 육류조직 내의 myoglobin의 색소의 변화경로 중의 생성물들이다. 색깔이 옳게 연결된 것은?

① myoglobin – 짙은 빨간색

② oxymyoglobin – 핑크색

③ nitrosomyoglobin – 갈색

④ nitrosohemochromogen – 핑크색

3 다음 중 향미 강화작용을 가지는 것이 아닌 것은?

① L–glutamic acid

② L–aspartic acid

③ quinine

④ L–tricholomic acid

4 stachyose에 대한 설명으로 옳지 않은 것은?

① 사당류로서 갈락토오스 – 갈락토오스 – 포도당 – 과당으로 구성된다.

② 면실과 대두 등의 콩과식물의 종자들에 함량이 많다.

③ 환원성이며, 라피노오스와 같이 효모에 의해서 부분적으로 가수분해된다.

④ 인체 내에서 소화, 흡수가 잘 되지 않는다.

5 대표적인 식물의 저장 탄수화물은?

① 글리코겐　　　　　　　　　② 전분
③ 포도당　　　　　　　　　　④ 섬유소

6 식품에 대한 방사선 조사에 쓰이는 물질은?

① Ce 137　　　　　　　　　② Ba 137
③ W 183　　　　　　　　　④ Fr 223

7 다음 중 헤파린에 대한 설명으로 옳지 않은 것은?

① 간, 비장, 신장에 함유되어 있다.
② 혈액응고를 저지하는 작용을 한다.
③ 동물의 결합조직에 분포되어 있다.
④ 아세틸기 대신에 황산기가 아미노기에 결합되어 있다.

8 유화제에 대한 설명으로 옳지 않은 것은?

① 중계역할을 하는 활성제이다.
② 레시틴 등의 천연물질과 글리세린 지방산 에스터, 소르비탄 지방산 에스터와 같은 합성품이 있다.
③ 유화제의 성질은 HLB(hydrophile-lipophile balance)값으로 나타낸다.
④ HLB값이 9 이하이면 친수성이고, 11 이상인 것은 소수성이다.

9 다음 중 효소적 갈변의 억제방법이 아닌 것은?

① 가열　　　　　　　　　　② pH 조절
③ 산소 제거　　　　　　　④ 금속이온 첨가

10 변향에 대한 설명으로 옳지 않은 것은?

① 대두유나 아마인유, 기타 리놀렌산을 함유하는 유지를 공기에 장시간 노출시키면 유지의 산패가 발생하기 전에 나는 냄새를 변향이라고 한다.
② 냄새의 근원은 리놀렌산의 말단 펜텐기에서 오는 휘발성 산화물이다.
③ 변향을 잘 일으키는 대표적인 유지로는 대두유와 아마인유 등을 들 수 있다.
④ 산패되기 쉬운 유지에서는 변향도 잘 일어난다.

11 다음 중 자동산화반응의 전파반응에 대한 설명으로 옳지 않은 것은?

① 자유 라디칼이 공기 중의 산소분자와 직접 결합하여 과산화물 라디칼을 형성한다.
② 유지분자로부터 수소를 받아 중간산화생성물인 hydroperoxide를 형성하는 동시에 새로운 자유 라디칼이 된다.
③ 자기 촉매적인 자동산화반응을 일으킨다.
④ 중간산화생성물인 hydroperoxide의 생성속도는 분해속도보다 크므로 계속해서 증가한다.

12 스테롤의 종류 중 고등동물의 근육조직, 뇌조직, 신경조직, 담즙, 혈액 및 일반 지방질에 널리 분포하는 것은?

① 콜레스테롤
② 시토스테롤
③ 스티그마스테롤
④ 에르고스테롤

13 곡류 속의 지방질 성분에 대한 설명으로 옳지 않은 것은?

① 곡류에는 추출하기 쉬운 상태로 존재하는 유리지방질과 그 외 다른 성분들로 구성되어 있다.
② 탄수화물이나 단백질과 강하게 결합되어 있고 추출이 어려운 결합형 지방질도 존재한다.
③ 배유에는 결합형 지방질 성분들이 많다.
④ 약 1%에 해당하는 결합형 지방질의 성분은 대부분이 극성 지방질로 구성되어 있다.

14 다음 중 발연점에 영향을 주는 요인이 아닌 것은?

① 유리지방산의 함량
② 유지의 노출 표면적
③ 외부에서 들어오는 미세한 입자상 물질의 존재
④ 식품의 수분 함유량

15 β–sheet 구조에 대한 설명으로 옳지 않은 것은?

① 2개의 폴리펩타이드 주사슬이 오직 평행하게만 병행할 때 주사슬 사이에 수많은 안정한 수소결합에 의해서 형성된다.
② 폴리펩타이드 사슬에는 질소–말단에서 탄소–말단까지의 방향성이 있다.
③ 단백질의 2차 구조이다.
④ 지그재그형 구조이다.

16 단백질의 변성에 대한 설명으로 옳지 않은 것은?

① 단백질의 성질이 가역변화를 받아 천연의 것과 다른 상태가 되는 것을 뜻한다.
② 단백질의 1~3차 구조는 가열을 비롯한 물리적인 작용, 또는 산·알칼리와 같은 화학작용 등에 의해서 해리, 재결합 등을 일으켜 그 고유의 구조가 변형된다.
③ 펩타이드 결합을 제외한 부수적인 결합들의 해리, 재결합 등이 비가역적 변화를 일으켜 분자의 형태가 바뀐다.
④ 단백질이 변성되면 효소의 활성이 저하되거나 상실된다.

17 해조류단백질에 대한 설명으로 옳지 않은 것은?

① 가장 대표적인 것은 chlorella이다.
② 클로렐라는 좋은 향미를 가지고 있다.
③ 클로렐라는 소화율이 좋지 않기 때문에 직접적인 식품 단백질 자원으로서는 사용하지 않는다.
④ 클로렐라는 탄소원으로 대기 중의 탄산가스를 이용할 수 있으나, 질소원은 외부로부터 공급받아야 한다.

18 혈색소의 구성요소이며 산소운반기능을 하는 무기질로서 부족하면 빈혈, 무력감 등을 유발시키는 것은?

① Cu   ② Ze
③ Fe   ④ Co

19 유지 속의 유효성분인 리놀렌산, 리놀레인산, 아라키도닉산을 나타내는 말로 필수지방산이라 불리는 것은?

① vit A   ② vit K
③ vit F   ④ vit E

20 nitrosamine에 대한 설명으로 옳지 않은 것은?

① 발암성 독성성분으로 작용한다.
② nitrosamine 내의 형성반응은 비타민 C, 비타민 E, BHA, BHT 등에 의해 억제된다.
③ 절임육류 가공품의 경우 미량의 아질산염이 있지만, nitrosamine의 함량은 많다.
④ 식품 내에 자연성분으로 존재하는 아질산염은 식품 중의 아민류 또는 섭식 후 체내에서 아민류와 반응하며 nitrosamine을 형성한다.

실력평가 모의고사

정답 및 해설 P. 338

1 다음 중 안토시아닌류가 아닌 것은?

① pelargonidin

② hesperidin

③ delphinidin

④ cyanidin

2 다음 설명으로 옳은 것은?

① 매운맛을 가진 성분들은 화학구조에 따라 산 아미드와 guaiacol derivatives로 나뉜다.

② acid amides에 속하는 매운맛 성분은 우리나라 음식물의 풍미와 매우 관계가 깊은 고추의 매운맛 성분이다.

③ 고추의 매운맛 성분은 쇼가올, 진저롤, 진저론 등의 바닐릴 케톤류로 알려진 화합물에 함유되어 있다.

④ 매운맛은 미각신경을 강하게 자극할 때 생성되는 미각이다.

3 어류의 냄새에 대한 설명으로 옳은 것은?

① 신선한 어류에서는 특별한 냄새가 난다.

② 어류는 신선도가 떨어짐에 따라 dimethylamine, trimethylamine, pipperidine, ammonia 등의 화합물들이 형성된다.

③ 가장 중요한 생선 비린내 성분은 pipperidine이다.

④ 어류의 특유한 비린내는 유황 화합물들의 형성에 기인한다.

4 trehalose에 대한 설명으로 옳지 않은 것은?

① 두 분자의 α-포도당이 α-1, 1결합으로 연결되어 있다.
② 서로의 기능기(functional group)를 통해서 연결되어 있으므로 환원성이 없다.
③ 효모, 곰팡이, 버섯 등에 단체로 널리 존재한다.
④ 쓴맛을 가지며, 효모에 의해서 발효되지 않는다.

5 물엿을 여러 식품가공과정에 사용하는 이유로 옳지 않은 것은?

① 단맛을 낸다.
② 식품의 조직이나 조밀도에 큰 영향을 준다.
③ 설탕의 결정화에 의한 결정의 석출을 억제한다.
④ 물엿은 식품의 빙점과 산화파괴를 증대시킨다.

6 전분의 가열분해에 대한 설명으로 옳지 않은 것은?

① 전분을 높은 온도에서 직접 가열하면 전분분자들의 열분해로 인해 가열분해물들과 함께 수용성 전분, 덱스트린이 형성된다.
② 전분의 가열분해로 생긴 덱스트린류는 가수분해 과정으로 형성된 덱스트린류와 구별하기 위해 파이로덱스트린류(pyrodextrins)로 불린다.
③ pyrodextrins에는 흰색을 가진 pyrodextrins과 노란색을 가진 pyrodextrins이 있다.
④ 흰색의 pyrodextrins은 180 ~ 210℃에서 직접 가열하여 얻으며, 노란색의 pyrodextrins는 80 ~ 120℃에서 직접 가열하여 얻는다.

7 글리코겐의 구조에 대한 설명으로 옳지 않은 것은?

① α-포도당이 α-1, 4결합과 α-1, 6결합을 통해서 결합된 중합체이다.
② 구조나 성질이 전분 중의 아밀로오스와 비슷하다.
③ 아밀로펙틴보다 가지의 길이는 짧고 가지 수는 더 많다.
④ 평균 포도당 구성단위의 수는 amylopectin보다 적은 8 ~ 16개이다.

8 다음 중 카라기난의 성질로 옳은 것은?

① 카라기난은 pH 7보다는 산성에서 안정하다. 안정성의 순서는 $x > \lambda > \iota$ 이다.

② 카라기난은 단백질과 반응하여 복합체를 형성한다.

③ 카라기난 gel은 펙틴 gel, 젤라틴 gel과 같은 탄성을 가지고 있어 쉽게 부스러지지 않는다.

④ 식품 이외에도 화장품 또는 고약의 기제로서 널리 사용된다.

9 tyrosinase에 대한 설명으로 옳지 않은 것은?

① 구리분자를 함유한 산화효소로서 폴리페놀류에서도 모노폴리페놀 유도체로 작용하므로 모노페놀 옥시다아제라고 한다.

② 구리이온에 의해 활성화를 나타내며, 염소이온에서는 억제된다.

③ tyrosinase는 수용성이므로 감자를 깎아 물에 담그어 두면 갈변이 일어나지 않는다.

④ −OH기가 −NH₂기로 치환된 페놀유도체에서는 갈변을 일으킬 수 없다.

10 유지 가열시 생성되는 유리지방산에 대한 설명으로 옳지 않은 것은?

① 유리지방산은 수분이 존재할 때만 형성된다.

② 유리지방산은 트리글리세리드에서 다이글리세리드, 모노글리세리드, 글리세롤의 순으로 단계적인 가수분해가 진행된다.

③ 수분이 존재하지 않는 상태에서의 에스터 결합의 분해는 탄소 수가 적은 지방산이나 불포화지방산의 함량이 클수록 잘 일어난다.

④ 탄소수가 적은 지방산으로 구성된 에스터 결합일수록 쉽게 분해된다.

11 PG의 특징에 대한 설명으로 옳은 것은?

① 큰 수용성을 가지므로 지방질이 많은 식품에는 사용할 수 없다.

② 달걀노른자나 육류제품에 사용하면 식품 고유의 색을 그대로 유지할 수 있다.

③ 항산화제를 첨가한 유지를 사용하여 만든 가공식품으로 항산화작용이 그대로 옮겨진다.

④ 우리나라에서도 PG의 사용이 허용되고 있다.

12 cerebroside에 대한 설명으로 옳지 않은 것은?

① 동물의 뇌 조직의 지방질에 함유되어 있다.

② 인지질에 속한다.

③ 신경 조직에 많이 함유되어 있어서 cerebroside 또는 galactolipid라고 한다.

④ sphingosine과 galactose의 배당체에 지방산이 아미드 결합된 것으로 분자 중에 인산을 함유하고 있지 않다.

13 다음 중 곰팡이나 효모에 널리 분포되어 있는 미생물 스테롤인 것은?

① brassicasterol
② α -sitosterol
③ stigmasterol
④ ergosterol

14 유지의 영양에 대한 설명으로 옳지 않은 것은?

① 식용유지나 지방질 식품의 형태로 섭취된다.

② 체내에 흡수되어 에너지원이 된다.

③ 체내에서 유지 1g은 약 4kcal의 열량을 생산해 낸다.

④ 체내에서 유지의 이용률은 약 95% 정도이다.

15 단백질의 2차 구조의 고유한 특징은?

① 펩타이드 결합
② α -helix와 β -sheet
③ 수소 결합
④ 소수성 결합

16 오징어, 문어, 감의 엑기스, 오징어 표면의 백색가루로서 단백질을 구성하지 않는 아미노산은?

① 오르니틴
② 카나바닌
③ 트레아닌
④ 타우린

17 달걀 노른자에 함유되어 있는 수용성 단백질로 황산 암모늄의 반포화 용액에 의해 침전되는 것은?

① lipovitellin ② lipovitellinin

③ phosvitin ④ livetin

18 다음 중 알칼리도에 대한 설명으로 옳은 것은?

① 식품 1g 중의 회분을 중화하는 데 필요한 1N HCl의 mL수를 말한다.

② 식품 10g 중의 회분을 중화하는 데 필요한 0.1N HCl의 mL수를 말한다.

③ 식품 100g 중의 회분을 중화하는 데 필요한 0.1N HCl의 mL수를 말한다.

④ 식품 1000g 중의 회분을 중화하는 데 필요한 0.1N HCl의 mL수를 말한다.

19 삼투성을 가진 물질로 루틴, 헤스페리딘, 에리오딕틴 등이 있으며 플라보노이드 색소에 속하는 것은?

① 아스코르빈산 ② 비타민 L

③ 비타민 P ④ 엽산

20 콩과식물의 열매에 존재하는 독성을 가진 아미노산은?

① mimosine ② phallicidin

③ α -amanitin ④ tetrodotoxin

1 다음 설명 중 옳은 것은?

① 건조식품에 있어서 수분함량은 안정성에 대해 아무런 영향을 미치지 않는다.

② 일반적으로 수분함량의 무게가 고체성분의 무게보다 큰 식품에서 수분활성도(또는 상대습도)는 1.0에 가깝다.

③ 지방질 산화의 경우에는 수분활성도의 증가에 따라 그 산화속도는 증가한다.

④ 수분은 유지의 산화에 아무런 관계가 없다.

2 플라보노이드의 성질로 옳지 않은 것은?

① 플라본 유도체들은 그 배당체들과는 달리 물에는 잘 녹지 않으며, 유기용매에는 잘 녹는다.

② 플라보노이드를 함유한 식품을 가열조리할 때는 그 배당체들은 가수분해를 일으켜 그 식품의 노란색깔은 더 짙어진다.

③ 주석의 이온과 결합하여 복합체를 형성하며 짙은 노란색깔을 띠게 된다.

④ 철과 결합될 때는 처음에는 녹색으로 착색된 복합체를 형성하나 곧 흑갈색으로 변한다.

3 과실의 신맛에 대해 옳지 않은 것은?

① 가장 신맛이 강하다.

② 과실 속에 함유된 유기산으로는 구연산, 사과산, 호박산, 주석산 등이 있다.

③ 과채류에는 신맛이 들어 있지 않다.

④ 감귤류의 가장 중요한 유기산은 구연산이다.

4 전분의 구성단위로서 물엿 또는 일반 자연식품이나 가공식품 등에 널리 함유된 이당류는?

① 설탕(sucrose)

② 유당(lactose)

③ 맥아당(maltose)

④ 과당(fructose)

5 아이오딘과의 정색반응에서 빨간색을 나타내는 덱스트린은?

① amylodextrin

② achromodextrin

③ maltodextrin

④ erythrodextrin

6 다음 중 수분함량을 조절하여 노화를 억제하는 식품은?

① 비스켓   ② 냉동 건조미

③ 빵   ④ 찹쌀

7 펙틴의 정의에 관한 설명으로 옳지 않은 것은?

① 펙틴 물질들 중에서 가장 중요한 성분으로 단일물질이다.

② 단일물질에 대한 이름이 아니며, 한 그룹의 물질들에 대한 일반명이다.

③ 여러가지의 공통된 구조나 성질상의 특징을 가진 물질들을 일컫는다.

④ 당과 산의 존재하에서 gel을 형성할 수 있다.

8 다음 중 졸(sol)의 한 형태로 분산매가 물인 것은?

① 에어로졸   ② 히드로졸

③ 오르가노졸   ④ 에멀션

9 효소에 의한 갈색화 반응에 대한 설명으로 옳지 않은 것은?

① 야채나 과실을 박피, 세단, 마쇄 등을 할 때 그 조직에서는 급속도로 갈색화가 일어난다.

② 폴리페놀 옥시다아제에 의한 폴리페놀류의 산화와 티로시나아제(tyrosinase)에 의한 티로신의 산화에 의한 반응으로 분류할 수 있다.

③ 가장 중요한 것은 티로시나아제에 의한 티로신의 산화에 의한 반응이다.

④ 효소에 의한 갈색화 반응은 이미 고온에서 가열처리된 가공식품이나 저장식품에서는 일어날 수 없다.

10 다음 중 자동산화반응의 종결반응에 대한 설명으로 옳은 것은?

① 자기 촉매적인 자동산화반응을 일으킨다.

② 연쇄반응 중 생성된 일부 유리 라디칼들이 서로 결합하여 이중체·삼중체 등의 새로운 중합체를 형성한다.

③ 과산화물가가 상승하기 시작하며, peroxides를 형성하고 분해한다.

④ 분자 내에 공유결합을 형성하는 전자쌍이 두 갈래로 나누어져 자유 라디칼을 생성한다.

11 자연 항산화제의 종류로서 면실유에 많이 존재하는 물질은?

① sesamol

② gossypol

③ gum guaiac

④ lecithin

12 지질의 종류 중 복합지질을 가수분해하여 인산을 생성하는 것은?

① 인지질

② 왁스

③ 유지

④ 당지질

13 포스포이노시티드에 대한 설명으로 옳은 것은?

① 주요 지방산으로는 stearic, palmitic, oleic, linoleic acid 등이 있고 그 중 stearic과 linoleic acid의 함량이 제일 많다.

② 지방산의 구성성분이 아니며 세포 과립 중 존재하고 부신, 피부, 신경계에 함량이 많으며 성인의 저장지방에는 없다.

③ 신경을 마비시키며, 용혈작용을 한다.

④ 뇌, 신장, 조직 내에 당지질과 함께 존재한다.

14 비스켓류, 과자류의 조직에 작용하는 쇼트닝의 역할로 옳지 않은 것은?

① 부드럽고 부스러지기 쉽게 한다.

② 쇼트닝으로 사용된 유지는 밀가루 속의 전분입자, 글루텐, 물 등으로 구성된 각 층 사이에 들어가 불연속적인 매트릭스를 형성하여 쉽게 부스러질 수 있는 성질을 부여한다.

③ 쇼트닝을 반죽에 넣어 만든 비스켓은 유지를 사용하지 않고 만든 밀가루 제품처럼 질기지 않다.

④ 매트릭스의 표면에 형성되어 있는 유지의 막은 단단한 느낌을 준다.

15 다음 중 육류의 근육조직에 들어 있는 색소단백질은?

① hemoglobin

② myoglobin

③ hemocyanin

④ cytochrome

16 다음 중 방향족 아미노산만 묶어 놓은 것은?

① arg, lys, cys, trp

② phe, tyr, trp, his

③ tyr, trp, arg, lys

④ phe, arp, ans

17 육류단백질에 영향을 미치는 요인 중 pH에 대한 설명으로 옳지 않은 것은?

① 육류의 수분흡수능력은 육류단백질의 수화현상에 영향을 받는다.

② 육류단백질의 수화는 pH에 크게 영향을 받는다.

③ 육류의 수분흡수능력은 육류의 정상적인 수치인 pH 5.5 내외에서 매우 낮다.

④ pH가 알칼리성으로 기울어지면 육류의 수분흡수능력은 감소한다.

18 인의 재흡수율을 높여 주는 비타민은?

① vit A

② vit D

③ vit E

④ vit K

19 모든 자연 식품에 널리 분포되어 있으며 coenzyme A를 형성하고, 결핍 시 식욕부진, 소화불량, 우울증 등을 유발하는 것은?

① pantothenic acid

② biotin

③ folic acid

④ pyridoxine

20 muscarine에 대한 설명으로 옳지 않은 것은?

① 파리버섯·광대버섯 등의 독버섯류에 주로 존재하고, 부패한 육류에서도 볼 수 있다.

② 알칼로이드이다.

③ 심장박동 억제, 말초혈관 확장에 의한 혈압강하를 일으킨다.

④ 독성효과는 가지과식물에 존재하는 알칼로이드인 아트로핀에 의해 확산된다.

실력평가 모의고사

정답 및 해설 P. 344

1 토마토, grapefruit, 야자유에 들어 있는 카로티노이드는?

① cryptoxanthin   ② lycopene

③ capsanthin   ④ astaxanthin

2 감초의 감미성분으로서 백색 또는 담황색의 결정인 인공감미료는?

① 둘신   ② 페릴라틴

③ 사카린   ④ 글리시리진

3 과실에 대한 설명으로 옳지 않은 것은?

① 과실은 대체로 74~75%의 수분을 함유한다.

② 과실은 0.4~0.8%의 회분을 함유한다.

③ 과실은 0.2~0.4%의 지방을 함유한다.

④ 과실은 5% 이상의 단백질을 함유한다.

4 당알코올에 대한 설명으로 옳지 않은 것은?

① pentose, hexose를 화학적으로 산화시켜 얻을 수 있다.

② pentose, hexose들의 카르보닐기가 알코올기, 즉 수산기로 치환된 polyhydroxy alcohol을 당알코올이라 부른다.

③ 일부 당알코올류는 식품성분이나 식물체의 구성성분으로 존재한다.

④ 일부 당알코올들은 강한 단맛 또는 섭취 후 체내에서의 특이한 작용 때문에 중요하다.

5 식품가공 공장이나 의약품 공장 등에서 사용되고 있는 엿기름에서 추출하여 만든 효소는?

① diastase   ② amylase

③ glucoamylase   ④ amylo-1, 6-glucosidase

6 전분의 노화현상에 대한 설명으로 옳지 않은 것은?

① 전분분자들의 구조상 차이로 인해 종류에 따라 노화되는 속도가 다르다.

② 감자나 고구마의 전분 등은 노화되기 쉬우며, 밀이나 옥수수의 전분은 노화되기 어렵다.

③ 찹쌀, 찰옥수수 등의 전분은 잘 노화되지 않는다.

④ 아밀로펙틴 함량이 높을수록 노화는 잘 일어나지 않는다.

7 친수성 콜로이드를 만드는 데 널리 사용되는 셀룰로오스의 유도체는?

① hydroxypropylcellulose   ② methylcellulose

③ hydroxyethylcellulose   ④ ethylhydroxyethylcellulose

8 한천의 구조에 대한 설명으로 옳지 않은 것은?

① gel 형성능력이 뛰어난 아가로펙틴과 그렇지 않은 아가로스 두 가지 형태로 구성된다.

② 아가로스는 이당류, 즉 아가로비오스가 α-1, 3 결합을 통하여 연결된 중성을 나타내는 코일상의 직선분자들이다.

③ 아가로펙틴은 아가로스와 같은 기본적 구조에서 일부의 갈락토오스가 황산에스터, D-글루큐론산, 피루빈산과 결합된 구조를 가진다.

④ 황산에스터와 carboxyl의 함량은 한천의 gel 형성능력에 큰 영향을 준다.

9 다음 중 캐러멜화 반응을 이용한 식품이 아닌 것은?

① 간장   ② 된장

③ 홍차   ④ 과자류

10 자동산화과정은 라디칼 반응에 의해 진행되는데, 이 반응의 3단계에 포함되지 않는 것은?

① 초기반응(initiation reaction)

② 전파반응(propagation reaction)

③ 종결반응(termination reaction)

④ 중합반응(polymerization reaction)

11 다음 중 항산화제에 대한 설명으로 옳지 않은 것은?

① 유지의 산화속도를 억제하여 주는 물질이나 요인을 일컫는다.

② 식용유지나 식품 중의 지방질 성분의 산패에만 관련된다.

③ 유지의 산화속도가 억제되면 산패의 발생이 일어날 때까지의 시간이 연장된다.

④ 항산화제란 유도기간을 연장하는 물질 또는 요인이라고 정의한다.

12 카아노오바 왁스(carnauba wax)에 대한 설명으로 옳지 않은 것은?

① 녹는점이 높고 엷은 노란색을 띤 딱딱한 왁스이다.

② 에테르, 끓인 알코올 또는 가성소다에 잘 녹는다.

③ 구성 지방산과 알코올로는 멜리실 알코올, 카아노오빌 알코올, 세로틴산 등이 있다.

④ 동물성 왁스이다.

13 토코페롤의 식품화학상 중요한 작용에 대한 설명으로 옳지 않은 것은?

① 스테로이드 화합물의 선구물질이다.

② 식물성 유지나 동물성 유지에 대해서 자연 항산화제로서의 역할을 한다.

③ 유지의 산패를 방지한다.

④ 생체 내에서 그 구성 지방질의 산패를 억제하거나 일중항 산소를 제거하는 역할을 한다.

14 아세틸가에 대한 설명으로 옳지 않은 것은?

① 일반 유지는 10 이하, 파마자유는 153~161 등의 아세틸가를 나타낸다.
② 아세틸화된 유지 1g을 가수분해할 때 생성되는 초산을 KOH로, 중화하는 데 필요한 KOH의 양을 mg수로 표시한 것이다.
③ 아세틸가는 먼저 시료유지에 acetaldehyde를 반응시켜 유지 속에 있는 유리수산기를 모두 아세틸화한다.
④ 팜 야자유의 아세틸가는 쇠기름의 아세틸가보다 높다.

15 다음 중 프로타민에 대한 설명으로 옳지 않은 것은?

① 식물성 및 동물성 식품에서 모두 발견된다.
② arginine, histidine, lysine 등 염기성 아미노산의 함량이 크므로 강한 염기성 단백질이다.
③ 묽은 알칼리, 알코올에는 불용이며 물, 묽은 산에 녹는다.
④ 프로타민에 속하는 단백질로는 salmine, culpein, scombrin, sturin 등이 있다.

16 다음 중 성장기 어린이나 회복기 환자에게 요구되는 필수아미노산은?

① histidine, arginine
② valine, phenylalanine
③ histidine, tryptophan
④ arginine, isoleucine

17 척추동물의 근육조직 내에 0.01% 존재하며, 신진대사과정의 중간생성체인 것은?

① creatine
② creatinine
③ carnosine
④ anserine

18 세포외액에 많이 존재하며 삼투현상에 의한 수분의 순환조절역할을 하는 것은?

① Na   ② Cl
③ K   ④ P

19 비타민 B 복합체로 근육당이라고 불리는 것은?

① choline   ② inositol
③ lipoic acid   ④ folic acid

20 곡류 중의 수수류에 존재하며 식용으로 사용되기 전 효소에 의해 가수분해되는 독성물질은?

① amygdalin   ② gossypol
③ dhurrin   ④ muscarine

실력평가 모의고사

정답 및 해설 P. 346

1 신선한 육류의 수분활성도(Aw)는?

① 1.00 ~ 1.15

② 0.98 ~ 0.99

③ 0.72 ~ 0.80

④ 0.65 ~ 0.76

2 클로로필과 알칼리와의 반응에 대한 설명 중 옳은 것은?

① 클로로필은 알칼리성 용액에서는 먼저 파이틸 에스터 그룹(phytyl ester group)이 급속하게 가수분해되어 짙은 초록색을 가진 클로로필라이드가 된다.

② 알칼리의 농도가 옅을 때는 클로로필린은 염의 형태로 존재한다.

③ 염류는 황록색을 갖고 있으며, 물에 잘 녹는 수용성 클로로필이다.

④ 클로로필과 알칼리와의 반응은 실제 식품 중의 클로로필에서 흔히 일어나는 반응이다.

3 다음 당의 감미도를 큰 것부터 순서대로 나열한 것은?

① 설탕 > 과당 > 포도당 > 맥아당

② 과당 > 설탕 > 포도당 > 맥아당

③ 포도당 > 설탕 > 과당 > 맥아당

④ 맥아당 > 포도당 > 설탕 > 과당

4 다음 중 pentose의 일종인 araban이나 기타 일부 고분자 탄수화물의 주요 구성성분으로 식물체에 존재하는 단당류는?

① ribose

② arabinose

③ xylose

④ deoxyribose

5 다음 중 아밀로오스의 분자구조로 옳은 것은?

① 포도당이 가지없이 α-1, 4결합으로 연결된 α-나선형을 가진 직쇄상의 중합체이다.

② 포도당이 가지를 가지며 α-1, 4결합으로 연결된 α-나선형을 가진 직쇄상의 중합체이다.

③ 포도당이 가지없이 β-1, 4결합으로 연결된 β-나선형을 가진 직쇄상의 중합체이다.

④ 포도당이 가지없이 α-1, 6결합으로 연결된 α-나선형을 가진 직쇄상의 중합체이다.

6 호화과정 중 성질변화에 대한 설명으로 옳지 않은 것은?

① 팽윤에 의해 부피가 팽창한다.

② 결정성 물질의 특징인 이방성과 복굴절 현상이 소실된다.

③ 용해현상이 증가한다.

④ 점도가 감소한다.

7 셀룰로오스의 결정성 영역에 대한 설명으로 옳지 않은 것은?

① 셀룰로오스 분자들은 섬유의 축에 대해서 평행으로 되어 있다.

② 자연 그대로의 셀룰로오스는 단사정계의 결정형을 가지고 있다.

③ 셀룰로오스는 4가지 종류의 결정구조를 갖고 있다.

④ 셀룰로오스는 I, II, III, IV 4가지의 결정구조를 가지며, 이 중 I만이 단사정계이고 나머지는 모두 사방정계이다.

8 콜로이드 용액에 대한 설명으로 옳지 않은 것은?

① 콜로이드 입자를 형성하는 분자 또는 입자의 크기, 모양에 의해 크게 좌우된다.

② 안정된 콜로이드 용액을 형성하는 분자나 입자의 크기는 100 ~ 10,000 Å 정도이다.

③ 분산매가 물인 경우에는 분산상을 이루는 입자와 물의 친화력에 따라 친수성 콜로이드와 소수성 콜로이드로 분류된다.

④ 콜로이드 입자와 물의 친화력이 큰 경우에는 안정된 균일상을 이룬다.

9 다음 중 메일라아드 반응의 중간단계에서 생성되는 당의 분해산물이 아닌 것은?

① methylglyoxal
② melanoidine
③ acetaldehyde
④ acetol

10 냄새를 흡수하여 유지가 산패되는 경우에 대한 설명으로 옳지 않은 것은?

① 달걀 노른자, 우유, 육류 등과 같은 식품들에 함유된 지방질 성분들은 외부의 냄새를 흡수하기 쉽다.
② 조리된 후에는 산패되지 않는다.
③ 식용유지류는 외부, 주변의 냄새성분을 잘 흡수하기 때문에 장미유 제조에 이용된다.
④ 유지나 지방질 식품들은 냄새를 잘 흡수한다.

11 과산화물가 측정법에 대한 설명으로 옳지 않은 것은?

① 식용유지나 지방질 식품에 존재하는 과산화물의 함량을 측정하는 방법이다.
② 식용유지나 지방질 식품이 산패하면 생성되는 과산화물의 생성속도를 측정한다.
③ 유지 속의 과산화물의 함량은 과산화물가로 표시한다.
④ 1g의 유지에 함유된 과산화물의 밀리몰수 또는 밀리당량으로써 과산화물가를 표시한다.

12 다음 중 필수지방산이 아닌 것은?

① linoleic acid
② linolenic acid
③ stearic acid
④ arachidonic acid

13 탄화수소에 대한 설명으로 옳지 않은 것은?

① 지방질과 함께 존재하며 일부 스테롤과 합성에 관여한다.
② 다른 지방질 성분들과 함께 전체 지방질의 0.1 ~ 1.0% 정도 얻어진다.
③ 탄화수소는 검화되지 않은 지방질(unsaponifiable lipids)에 속한다.
④ 동물의 근육조직, 뇌조직, 신경조직, 혈액, 달걀 노른자, 해산물 등에 널리 분포한다.

14 비중에 대한 설명으로 옳지 않은 것은?

① 유지의 비중은 완전히 액체이거나 고체인 경우에는 비교적 일정한 수치를 나타낸다.

② 여러 식용유지들 사이의 비중은 그 차이가 크다.

③ 반고체상태로 존재하는 유지에 있어서는 그 구성성분인 트리글리세리드 분자들의 결정형의 형태가 다르다.

④ 부분적으로 액체상의 분자들이 존재하므로 부피는 온도에 따라 변화하여 정확한 수치를 얻을 수 없다.

15 모든 용매에 녹지 않는 단백질로서 경성단백질이라고도 불리는 것은?

① 알부민
② 글로불린
③ 스클레로프로테인
④ 글루텔린

16 다음 중 단백질의 정색반응이 아닌 것은?

① 뷰렛 반응
② 크산토프로테인 반응
③ 소모기법
④ 닌히드린 반응

17 식품 중의 단백질 함량에 대한 설명으로 옳지 않은 것은?

① 곡류의 단백질 함량은 15% 이하이고, 두류는 20% 이상이다.

② 두류 중 대두의 단백질 함량은 30% 정도이다.

③ 과일과 야채는 단백질 함량이 낮다.

④ 닭고기 > 돼지고기 > 쇠고기 순으로 단백질 함량이 높다.

18 칼슘에 대한 설명으로 옳지 않은 것은?

① 결핍 시 경련, 근육 수축, 신경활성화의 증가 등의 현상이 나타나거나 기형적 조직을 형성한다.

② 성인 여자에게는 골다공증과 골연화증 등의 결핍증상이 나타난다.

③ 골격조직 내의 칼슘과 인의 비율은 2 : 1이다.

④ 육류, 우유, 유제품, 난류, 두류, 견과류, 어패류 등에 다량 함유되어 있다.

19 다음 중 지용성 비타민의 종류와 결핍증의 연결이 잘못 짝지어진 것은?

① vit A – 야맹증

② vit D – 구루병, 골연화증

③ vit E – 거대적혈구성 빈혈

④ vit K – 식욕감퇴, 혈압저하, 불면증

20 대두의 독성물질에 대한 설명으로 옳지 않은 것은?

① 사포닌과 사포제닌 성분이 유해작용을 일으킨다.

② 사포닌은 강한 용혈작용과 계면활성작용에 의한 기포성을 가진다.

③ 대두에 소량 함유된 사포닌은 생체에 실질적인 유해작용을 가져오지 않는다.

④ 대두, 팥, 살구, 자두, 매실의 종자 등에 함유되어 있다.

정답 및 해설

제1회

1. ④ 2. ④ 3. ① 4. ④ 5. ② 6. ② 7. ③ 8. ④ 9. ③ 10. ①
11. ③ 12. ④ 13. ① 14. ③ 15. ① 16. ① 17. ③ 18. ④ 19. ① 20. ①

1 ④ 결합수의 특징으로 대한 설명이다. 결합수는 용질에 대하여 용매로 작용하지 않는다.

2 ④ 동식물 조직에 존재하는 결합수는 큰 압력으로 압착하여도 제거되지 않는다.

3 rhamnose는 methyl aldose이다.

4 5탄당과 6탄당은 자연계에 널리 존재하여 식품영양학적으로 중요하다. 그러나 5탄당은 인체 내에서 소화되지 못하므로 영양가치가 크지 못하다.

5 탄닌 자체는 색이 없으며 그 산화물이 짙은 갈색 혹은 홍색을 나타낸다.

6 등전점은 일정한 pH에서 그 분자 속의 양과 음의 하전이 완전히 같아져 전기적으로 중성이 될 때의 pH를 말한다.

7 polyphenolase는 polyphenol oxidase로 불리는 효소로 polyphenol에 작용하는 산화효소이다.

8 산도는 식품 100g을 연소시킨 회분 수용액을 중화하는 데 필요한 0.1N NaOH의 mL수이다. 그러므로 10g의 회분수용액에 2mL가 필요하므로 100g에는 20mL가 필요하다. 육류, 어류, 달걀은 산도가 10 ~ 20인 식품이다.

9 riboflavin(B₂)은 우유에 많이 함유되어 있으며 노란 형광을 보이는 물질이다. 광선에 약하므로 포장에 주의해야 한다.

10 maillard 반응의 화학적 저해물질로는 아황산염, 황산염, thiol, 칼슘염 등이 있다.

11 ③ 4차 구조에 대한 설명으로 4차 구조는 구상으로 구부러지고 접힌 모양의 polypeptide 4개의 단위로 이루어진다.

12 deoxysugar, 당알콜, thiosugar, uronic acid 등은 단당류와 비슷한 화합물이고 glycoside는 단당류가 비당류와 결합한 것이다.

13 algin은 alginic acid의 염으로 갈조류의 세포막의 주성분으로 직선상의 분자구조를 가지고 있다.

14 ③ 불포화지방산은 불포화도가 크고 지방산 잔기의 탄소수가 증가할수록 굴절률은 커진다.

15 ① 유중수적형 ②③④ 수중유적형

16 질문은 동결건조법에 대한 것으로 동결건조법을 사용하여 식품의 향미를 유지할 수 있다. 인스턴트 커피 제조 시 사용된다.

17 과일이 성장하고 숙성할수록 엽록소는 감소하고 carotenoid(carotene계, lycopene, lutein)와 anthocyanin이 증가한다.

18 ① 곡류, 채소 등의 가공 ② 주스의 쓴맛을 제거 ③ 간장, 된장, 치즈의 제조, 제과 등에 이용

19 감자 등에 함유되어 있는 아미노산 tyrosine이 tyrosinase에 의하여 산화되어 멜라닌 색소를 형성한다.
②③④ 비효소적 갈변이다.

20 mucoid와 같은 당단백질은 단순단백질과 다당류의 복합체로, 식품에 점활미를 부여한다.

| 1. ② | 2. ③ | 3. ② | 4. ② | 5. ④ | 6. ③ | 7. ② | 8. ③ | 9. ④ | 10. ④ |
| 11. ① | 12. ② | 13. ① | 14. ② | 15. ① | 16. ④ | 17. ② | 18. ③ | 19. ④ | 20. ② |

1 염석(salting-out)현상 … 염의 농도가 높을 때 염과 단백질이 경쟁하여 용해도가 낮아지는 현상이다.

2 ③ 전분의 호화 시 알칼리를 가하면 전분의 팽윤과 호화가 촉진된다.

3 ② 섬유소의 구성단위는 cellobiose이다.

4 친수성기와 친유성기를 모두 가지고 있는 물질이 계면활성의 역할을 맡아 유화제로 사용된다.

5 ④ 무기질은 에너지원이 되지 않는 생체의 구성성분으로 C, H, O, N을 제외한 다른 원소를 통틀어 무기질이라고 한다.

6 ③ 유리수와 결합수는 서로 가역적으로 이동한다
※ **결합수** … 식품 중의 유기물질과 수소결합으로 단단하게 결합하고 있어 $-18°C$ 이하에서도 얼지 않고 용매로 작용하지 않는다.

7 ② 냉장온도에서는 노화가 가장 활발히 일어나기 때문에 상온보다 노화속도가 더 **빠르다**.
※ 유화제를 사용하여 전분 콜로이드용액의 안정도를 증가시킬 수 있다.

8 ①④ 식물성 스테롤류 ② 동물성 스테롤류 ③ 효모, 곰팡이가 생산하는 mycosterol

9 alline은 마늘의 매운맛 성분인 allinine에서 생긴 것이다.

10 비타민 F는 필수지방산으로 linoleic acid, linolenic acid, arachidonic acid 등이 있으며 결핍시 습진, 기관지염 등이 나타난다.

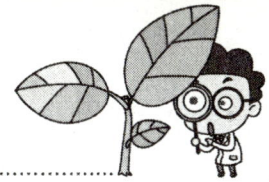

11 모든 색을 빨간색, 초록색, 파란색의 세 가지 색으로 나타내는 것은 CIE 체계이다.

12 변조현상…한 가지 맛을 느낀 후 다른 맛은 정상적으로 맛보지 못하는 현상이다.

13 ① β-amylase는 액화력이 약하고 당화력이 강하여 당화효소라고 한다.

14 절임법…낮은 수분활성과 높은 삼투압 조건에서, 세포탈수현상을 이용하여 미생물 생육을 억제하는 방법이다.

15 uronic acid는 단당류 말단의 제1급 알코올이 산화되어 carboxyl기로 된 것이다.

16 전분
　㉠ 전분은 일반적으로 20%의 아밀로오스와 80%의 아밀로펙틴으로 구성되어 있다.
　㉡ α-amylase : α-1, 4결합에 작용하여 가수분해하고 dextrin, maltose, glucose를 생성한다.

17 palmitoleic acid는 탄소 16개, 이중결합 1개의 불포화지방산이다.
　① arachidonic acid는 C2O : 4　② linoleic acid는 C18 : 2　④ linolenic acid는 C18 : 3

18 단백질은 생리기능을 영위하는 효소, 항체, 유전자, 호르몬 등의 성분이 된다.

19 ④ 데치면 저장 중의 비타민 A의 손실을 예방할 수 있다.
　※ 비타민 A는 지용성 비타민으로 유지의 산패가 일어나는 조건에서는 비타민 A의 분해도 초래된다.

20 노화전분은 전분의 종류와 상관없이 B형 X-선 간섭도를 나타낸다.

| 1. ③ | 2. ① | 3. ② | 4. ③ | 5. ④ | 6. ② | 7. ④ | 8. ③ | 9. ④ | 10. ③ |
| 11. ② | 12. ③ | 13. ② | 14. ③ | 15. ② | 16. ② | 17. ③ | 18. ① | 19. ④ | 20. ① |

1 ① 육류식품의 주색소로는 미오글로빈이다.
② 산소와 결합하여 붉은색의 옥시미오글로빈을 형성하고 천천히 산화를 거쳐 갈색의 메트미오글로빈이 된다.
④ KNO₃나 아질산염을 첨가하면 KNO₃가 세균의 작용으로 KNO₂로 환원되어 선명한 붉은색의 니트로소미오글로빈을 형성한다.

2 ① 가지형 구조를 가진 것은 아밀로펙틴으로 아이오딘과 잘 반응하지 않는다.

3 돼지감자의 뿌리와 줄기에 많이 함유되어 있는 것은 다당류 inulin이며 과당(fructose)이 구성성분이다.

4 결합수는 보통의 물보다 밀도가 크고 압력이나 열에 의하여 제거되지 않으며 생물화학적 반응에 이용되지 못한다.

5 단백질은 구조에 따라 섬유상과 구상으로 분류되는데 ovalbumin은 구상단백질이다.

6 참기름(sesamol), 목화씨(gossipol), 종자유(tocopherol) 등이 대표적인 천연 산화방지제이다.

7 비타민 D는 칼슘의 흡수를 증가시킨다. 우유에 비타민 D를 강화하면 우유칼슘의 흡수율을 좋게 할 수 있다.

8 amidase는 amide 결합을 가수분해하는 효소로 식품의 부패와 관련이 있으며 오래된 육류나 생선의 암모니아 냄새를 일으키는 주원인이다.

9 스쿠알렌은 어유에 함유되어 있는 $C_{30}H_{50}$의 탄화수소이다.

10 과당은 유리상태에서 pyranose이고 소당류나 다당류를 형성할 때는 furanose형이며 점도가 낮고, 용해도, 감미도가 높다.

11 호정화
ⓐ 전분에 물을 가하지 않고 160℃ 이상으로 가열하면 가용성 전분을 거쳐 덱스트린으로 변화하는 현상을 말한다.
ⓑ 호정화에 의하여 전분의 구조가 절단되며 물리적 변화와 함께 화학적 변화까지 일어난다.
ⓒ 호화전분보다 가용성이 높고 효소에 쉽게 작용한다.

12 유지에 수소를 첨가함으로서 cis형이 trans형으로 바뀌고 녹는점이 낮아져 액상유지에서 고형유지로 변한다.

13 철분은 2/3가 혈색소에 존재한다. 식품 중의 철분은 2가 이온이 3가 이온보다 흡수율이 높고 인산염이나 피틴산에 의하여 불용성 화합물을 형성하여 흡수가 저해된다.

14 anthocyanin계 색소로 pH에 따라 색깔이 변하는 불안정한 색소로 산성에서 중성, 알칼리로 변할 때 빨간색에서 자색, 청색으로 변한다.

15 β-amylase는 α-1, 4결합에 작용하여 전분을 maltose 단위로 가수분해하여 당화효소라고 부른다.

16 갈락토오스의 화학구조는 pyranose형이다.

17 효모(Aw = 0.88) > 곰팡이(Aw = 0.80) > 내건성 곰팡이(Aw = 0.65) > 삼투압성 효모(Aw = 0.60)

18 탄수화물은 탄소와 산소, 수소로 이루어진 유기화합물이며 그 구조식은 $C_mH_{2n}O_n$이다.

19 유지는 2개 이상의 결정형을 가지고 있어서 녹는점이 일정하지 않다.

20 thiamin은 곡류의 겨에 분포하여 도정시 함량이 감소되므로 강화해야 한다.

제4회

| 1. ③ | 2. ④ | 3. ① | 4. ③ | 5. ④ | 6. ④ | 7. ② | 8. ③ | 9. ④ | 10. ④ |
| 11. ③ | 12. ① | 13. ③ | 14. ③ | 15. ① | 16. ① | 17. ④ | 18. ④ | 19. ② | 20. ③ |

1 비타민 C의 산화환원반응
㉠ L형은 강한 환원능력을 가지면서 생물학적 활성을 가지며, D형은 환원능력은 있지만 생물학적 활성능력은 없다.
㉡ 산화에 의하여 탈수소반응, 탈탄산반응을 거쳐 furfural을 형성하고 이것이 중합되어 갈색 색소를 형성한다.
㉢ 열, 빛, 금속 등에 의해 산화가 쉽게 일어난다.

2 ① 차에 들어있는 flavonoid계 탄닌
② 메밀이나 토마토의 색소
③ 토마토의 붉은색 색소

3 맥아당은 α-glucose 2분자의 α-1, 4결합으로 연결되어 있다.

4 비오틴은 생난백의 당단백질인 아비딘에 의하여 불활성화된다.

5 유리지방산의 함량이 많고, 노출된 유지의 표면적이 넓을수록, 외부에서 유입된 물질이 많을수록 발연점이 내려간다.

6 trimethylamine 등의 휘발성 아민화합물은 어류 특유의 비린내를 갖는 주성분이다.

7 ③ 미량의 수분은 free radical의 공급원이 되어 자동산화과정의 초기반응을 촉진시켜 산화촉진제로 작용한다.
※ 온도가 높아질수록 산화반응속도가 빨라지는 것이 일반적이나 특수한 경우가 있다. 0℃ 이하에 식품을 저장하면 얼음결정이 석출되고 금속촉매의 농도가 증가하므로 자동산화가 촉진된다.

8 건조식품의 특징
㉠ 건조식품은 흡습성이 낮아 수분에 의한 변화가 적고 저장성이 높다.
㉡ 일분자층을 형성하는 수분함량이 수분의 최대허용량이며 최소수분량이다. 그보다 낮으면 산패와 비타민의 분해, 비효소적 갈변반응이 나타나고, 높을수록 갈변, 퇴색, 가수분해에 의한 변질, 외형의 변화 등이 나타난다.

9 ①② 광회전도 변화에 의하여 우선성인 설탕이 좌선성인 전화당으로 바뀐다.
③ 용해도와 감미도는 설탕보다 높다.

10 niacin은 체내에서 tryptophan 60mg이 niacin 1mg으로 전환된다.

11 maillard 반응은 비효소적 갈색화 반응으로 최적의 pH는 알칼리성이다.

12 산에 의하여 녹색 색소는 갈색의 phoephytin으로 변한다.

13 ribose는 핵산의 구성단위가 되고 ATP, NAD, CoA 등 생리물질의 구성성분이다.

14 지용성 비타민은 수용성 비타민보다 조리 중 손실이 적다.

15 alanine은 지방족 아미노산이다.

16 효소적, 비효소적 갈색화를 방지하는 아황산은 티아민을 손상시킨다.

17 산가는 유지 1g 중에 존재하는 유리지방산을 중화하는 KOH의 mg수로서 산도가 높을수록 유리지방산이 많은 것으로 품질이 낮다.
※ **산성 식품의 산도** ⋯ 식품 100g을 연소시켜 얻은 회분의 수용액을 중화시키는 데 필요한 0.1N NaOH의 mL수이다.

18 콩의 glublin인 glycinin은 열에 의하여 응고되지 않으나 염에 의하여 응고된다.

19 효소의 농도와 기질의 농도가 효소반응에 영향을 미친다.

20 ① 아세톤, 에스테르 등의 비극성 유기용매에는 전혀 녹지 않는다.
② glycine을 제외한 아미노산은 2개의 광학이성질체를 가진다.
④ 글루타민산은 감칠맛을 가지고 있어 조미료로 사용된다.

| 1. ④ | 2. ③ | 3. ② | 4. ① | 5. ③ | 6. ③ | 7. ③ | 8. ② | 9. ② | 10. ① |
| 11. ① | 12. ④ | 13. ④ | 14. ① | 15. ③ | 16. ① | 17. ④ | 18. ② | 19. ④ | 20. ③ |

1 카세인(casein)은 복합단백질로 phosphoprotein이다.

2 과당이 천연당류 중 감미도가 가장 높으며 전화당 > 설탕 > 포도당 > 엿당 > 젖당 순이다.

3 버터, 마가린 같은 고형유지의 주요한 성질은 가소성인데 이 가소성은 구성 지방산의 종류와 지방산의 길이에 따라 달라진다.

4 glucoamylase는 전분입자의 α-1, 4결합과 α-1, 6결합에 작용하여 glucose 단위로 절단한다.

5 유지의 탄소수가 많고 불포화도가 높을수록 용해도가 낮다.

6 ribitol은 ribose가 환원된 것으로 비타민 B_2의 구성성분으로서 중요하다.

7 ③ 등온탈흡습곡선의 첫부분은 식품표면에 물분자가 단일층을 이루고 있는 부분이다.

8 ② 식품의 표피와 잎에 분포하는 것은 왁스류로 수분증발을 방지하며, 광택제나 공업용으로 사용된다.

9 비타민 K는 혈액응고와 관련이 있고 동물성 식품에는 거의 함유되어 있지 않다. 장내 세균에 의하여 합성되며 정상인에게는 결핍증이 거의 나타나지 않는다.

10 Ca은 뼈대의 형성, 신경전달, 효소의 활성화 등의 역할을 하며 체내 함량의 99%가 골격에 존재한다.

11 식물성원료에서 채취할 수 있는 지용성 색소는 chlorophyll과 carotenoid가 있다.

12 ④ 캐러멜 향기는 당류와 가수분해에 의한 당류와 단백질의 반응에서 나타나는 변화이다.
※ 지방의 산화에 의한 산화물과 기타 성분이 반응하여 텍스처의 변화, 산패, 착색, 단백질, 지방, 비타민의 영양가 손실이 일어난다.

13 입안 전체의 통각으로 느껴지는 것은 매운맛이다. 매운맛을 내는 성분으로 유황화합물, amide류, amine류, guaiacol 유도체 등이 있다.

14 호화는 규칙적인 분자배열의 β 전분에서 불규칙한 분자배열의 α 전분으로 변화되는 현상이다.

15 아미노산은 양성전해질이다. 리신과 발린은 필수적인 아미노산이다.

16 변성단백질은 대부분이 비가역적인 반응이며 물리화학적 변화와 함께 생물학적 특성도 손실되고, 효소작용을 쉽게 받아 소화가 잘 된다.

17 mannose는 다당류 mannan으로 구성되어 있으며 곤약의 주성분이다.

18 glycogen은 amylopectin과 같은 α-D-glucose의 중합체이다.

19 파파인은 단백질을 polypeptide와 아미노산으로 분해한다.

20 체내에서 niacin으로 전환되는 것은 tryptophan이다. 따라서 양질의 단백질 섭취가 부족하면 niacin 결핍증이 나타날 수 있다. 60mg tryptophan은 1mg niacin에 해당한다.

1 ① 물분자는 비대칭형 구조(asymmetrical structure)를 가진다. 비대칭성 구조 때문에 물분자의 양전하와 음전하는 분자 내에서 분극화되고 있다.
※ **수소결합** … 물분자는 강한 극성을 가지며, 물분자의 수소원자는 그 부분적인 양전하를 통해서 인접하고 있는 물분자의 부분적인 음전하를 가진 산소원자와 느슨한 결합(수소결합)을 하게 된다.

2 ① 빨간색 ② 선명한 빨간색(짙은 빨간색) ③ 빨간색

3 quinine은 쓴맛의 성분을 가진 알칼로이드로서 해열제, 진통제, 특히 말라리아 치료제로서 사용된다.

4 ③ stachyose는 비환원성이다.

5 대표적인 식물의 저장 탄수화물은 전분이다.

6 Co 60이나 Ce 137에서 얻어지는 이온화 방사선을 이용하여 건조 야채류, 건조 향신료, 기타 여러 식품들의 해충의 제거, 오염 미생물의 제거에 큰 관심이 모아지고 있다.

7 ③ 동물의 결합조직에 분포되어 있는 것은 히알루론산과 콘드로이틴 황산이며, 특히 콘드로이틴 황산은 연골, 피부 등 동물결합조직의 주성분이다.

8 ④ HLB값이 9 이하이면 소수성이고, 11 이상인 것은 친수성이다. 9와 11 사이값을 가지는 것은 중간 형태의 유화제이며, HLB값이 작을수록 물에 분산되기 어려운 소수성을 나타낸다.

9 **효소적 갈변의 억제방법**
㉠ 가열 처리 ㉡ pH 조절
㉢ 기질 제거 ㉣ 산소 제거
㉤ 환원성 물질의 첨가 ㉥ 금속이온 제거

10 변향취와 산패취는 뚜렷이 구별되고, 산패가 발생하기 전에 변향이 일어난다. 산패되기 쉬운 옥수수기름에서는 변향이 일어나지 않으므로 변향의 형성기구와 산패의 형성기구는 다르다.

11 ④ 중간산화생성물인 hydroperoxide의 생성속도는 분해속도보다 크므로 어느 수준까지만 증가한다.

12 **콜레스테롤** ··· 동물성 스테롤의 가장 대표적인 것으로, 동물의 근육조직, 뇌조직, 신경조직, 담즙, 혈액, 달걀 노른자, 해산물 등에 널리 분포한다. 동물에는 0.1~0.4%, 어유에는 1~1.5% 정도 함유되어 있다.

13 ③ 배유에 함유된 지방질 성분들로는 트리글리세리드, 다이글리세리드, 유리지방산, 인지질 등이 있다.

14 **발연점에 영향을 주는 요인**
    ㉠ 유리지방산의 함량
    ㉡ 유지의 노출 표면적
    ㉢ 외부에서 들어오는 미세한 입자상 물질의 존재

15 ① 2개의 폴리펩타이드 주사슬이 평행 또는 역평행하게 병행할 때 주사슬 사이에 수많은 안정한 수소 결합에 의하여 성립되는 지그재그 구조이다.

16 ② 단백질의 제1차 구조인 펩타이드 결합은 비교적 안정한 결합으로 그 고유의 구조는 특별한 경우를 제외하고는 변형되지 않는다.

17 ② 클로렐라는 좋지 못한 향미(flavor)를 가지고 있다.

18 **철(Fe)** ··· 혈액 내의 대부분의 철은 적혈구 내에 존재한다. 적혈구의 수가 감소되면 산소운반 및 탄산가스 제거능력이 저하되며, erythropoietin의 양은 증가한다. cytochrome oxidase와 catalase, myoglobin은 철함유 효소로서 모든 생세포 내에 존재하며, 세포의 호흡에 필수적 요소이다. 빈혈, 창백, 무력감 등의 결핍증세를 나타낸다.

19 유지 속의 유효성분인 리놀렌산, 리놀레인산, 아라키도닉산을 필수 지방산 혹은 비타민 F라 부른다. 피부질환, 생식기 능장애, 생장 정지, 기관지, 습진 등의 결핍증세가 나타난다.

20 ③ 식품 내에 자연성분으로 존재하는 아질산염의 양은 미량인 반면, 절임육류 가공품의 경우 다량의 아질산염이 함유되어 있기 때문에 nitrosamine의 함량도 무시할 수 없는 정도로 많다.

제7회

1. ②	2. ①	3. ②	4. ④	5. ④	6. ④	7. ②	8. ②	9. ④	10. ①
11. ④	12. ②	13. ④	14. ④	15. ②	16. ④	17. ④	18. ③	19. ③	20. ①

1 hesperidin은 플라보노이드계 색소이다.

2 ② acid amides가 아니라 guaiacol derivatives에 대한 설명이다.
③ 고추가 아니라 생강이다.
④ 매운맛은 미각이라기보다는 통각이다.

3 ① 신선한 어류에서는 특별한 냄새가 나지 않으나 신선도가 떨어짐에 따라 dimethylamine, trimethylamine, pipperidine, ammonia, 휘발성 염기성 질소화합물들, dimethyl sulfide 등의 휘발성 유황함유 화합물들이 형성되어 특유한 비린내가 난다.
③ 가장 중요한 생선 비린내 성분은 trimethylamine과 dimethylamine이다.
④ 어류의 특이한 비린내는 휘발성 아민 화합물들의 형성에 기인한다.

4 ④ trehalose는 단맛을 갖고 있으며, 효모에 의해서 발효된다.

5 ④ 물엿은 식품의 빙점은 강화시키고 산화파괴를 억제하는 작용을 한다.
※ 물엿을 식품가공 과정에 사용하는 이유
  ㉠ 단맛을 낸다.
  ㉡ 식품의 조직, 조밀도에 영향을 준다.
  ㉢ 설탕의 결정화과정에서 큰 결정형성을 억제한다.
  ㉣ 설탕 과자류의 굳기에 영향을 미친다.
  ㉤ 식품의 빙점을 강화시킨다.
  ㉥ 식품의 흡습성을 증대시킨다.
  ㉦ 식품의 산화파괴를 억제시킨다.

6 ④ 노란색의 pyrodextrins은 180~210℃에서 직접 가열하여 얻으며, 물에 대한 용해성이 크게 증진된다. 반면, 흰색의 pyrodextrins는 80~120℃에서 직접 가열하여 얻으며, 물에 대한 용해성은 크게 향상되지 않는다.

7 ② 글리코겐은 그 구조나 성질이 전분 중의 아밀로펙틴과 비슷하기 때문에 동물성 전분이라고도 부른다.

8 ① 카라기난은 pH 7보다는 산성에서 안정하다. 안정성의 순서는 $\iota > \lambda > x$ 이다.
③ 카라기난 gel은 펙틴 gel, 젤라틴 gel과 같은 탄성을 갖고 있지 않기 때문에 부스러지기 쉽다. 그러나 식품공업 분야에서는 gel 형성제, 농화제, 안정제 등으로 사용되고 있다.
④ 식품 이외에는 화장품 또는 고약의 기제로서 널리 사용되는 것은 알긴이다.

9 ④ polyphenol oxidase에 대한 설명이다.

10 유리지방산은 수분이 존재할 때나 수분이 존재하지 않을 때에도 형성되며, 트리글리세리드에서부터 다이글리세리드, 모노글리세리드, 글리세롤의 순으로 단계적인 가수분해가 진행된다.

11 ① 약간의 수용성을 가지므로 수분함량이 큰 지방질 식품에도 사용할 수 있는 장점이 있으나, 항산화작용은 지방질 성분에 흡수된 분자에 의해서만 일어난다.
② 철과 같은 금속이온이 존재할 때 이들과 상호반응을 일으켜 청색 또는 녹색으로 착색되므로 달걀노른자나 육류제품에 사용하면 청색 또는 녹색으로 착색이 된다.
③ 항산화제로 PG를 첨가한 유지를 사용하여 만든 가공식품에는 항산화작용이 그대로 옮겨지지 않는다. 즉, 이행성이 없다.

12 cerebroside는 분자 내에 sphingosine을 함유하므로 스핑고지방질이기는 하나, 인산기를 함유하지 않으므로 인지질은 아니다. 강글리오시드와 함께 당지질에 속한다.

13 ergosterol … 효모나 곰팡이에서 생산되는 스테롤로서 자외선이 존재하면 β환이 개열하면서 vit D_2가 되며 ergosterol 자신이 vit D의 선구물질인 provitamin D로 된다.

14 ③ 체내에서의 유지의 이용률은 약 95% 정도이므로 1g 섭취시 약 9kcl의 열량을 생산해 낸다.
 ※ 유지의 열량 계산방법
  ㉠ 유지 1g이 생산해내는 열량 : 9.4kal
  ㉡ 체내 이용률 : 95%
  ㉢ 유지 1g 섭취시 체내에서 이용할 수 있는 열량 : 9.4kcal/g × 0.95 = 8.9kcal/g ≒ 9kcal

15 단백질 분자의 기본적 입체구조는 그 분자 내의 펩타이드 결합을 통해서 연결되고 있는 아미노산 분자들 사이의 2차 결합인 수소 결합에 의해서 크게 영향을 받으므로, 이와 같은 수소 결합에 의해서 형성된 구조를 제2차 구조라고 하며, 특징으로는 α-helix와 β-sheet, random coil 등이 있다.

16 타우린은 오징어, 문어, 감의 엑기스, 오징어 표면의 백색 가루로 되어 있는 아미노산이다. 동물에 있어서 시스테인의 주 산화생성물로 중간 생성물인 히포타우린의 산화에 의해 생성된다. 유리상태로 동·식물 조직 내에 분포하며 정상인은 소변을 통해 매일 200mg씩 배출된다.

17 달걀 노른자에 함유되어 있는 단백질에는 리베틴으로 알려져 있는 수용성 단백질이 존재한다. 리베틴은 황산 암모늄의 반포화용액에 의해 침전되는 리포프로테인의 한 종류이다.

18 알칼리도란 식품 100g 중의 회분을 중화하는 데 필요한 0.1N HCl의 mL수를 말한다.

19 삼투성을 가진 물질로 루틴, 헤스페리딘, 에리오딕틴 등이 있으며 담황색 수용성 물질로 플라보노이드 색소에 속한다. 엽체류, 감귤류, 레몬, 메밀 등에 많이 존재한다.

20 일부 콩과식물의 열매에 함유되어 있는 독성을 가진 아미노산인 미모사인(mimosine)은 방목된 소에게 갑상샘종을 일으킨다.

1 ① 건조식품에 있어서 수분함량은 안정성에 대해서 지배적인 영향을 미친다.
③ 지방질 산화의 경우에는 수분활성도의 증가에 따라 그 산화속도는 감소된다.
④ 수분은 유지의 산화에 있어서 보호작용을 한다.

2 ③ 플라보노이드는 주석의 이온과 결합하여 복합체를 형성하나, 뚜렷한 색깔변화는 없다.

3 과채류에 속하는 토마토에는 소량의 초산이 함유되어 있다.

4 맥아당은 물엿에 많이 함유되어 있다고 해서 엿당이라고도 한다.

5 erythrodextrin은 아이오딘과의 정색반응에서 적갈색, 즉 **빨간색**을 나타낸다.

6 전분의 수분함량은 전분의 노화에 큰 영향을 준다. 수분함량이 30 ~ 60% 사이의 경우 노화가 잘 일어나며, 수분함량이 30% 이하이거나 60% 이상의 경우 전분분자들의 침전이 억제되므로 노화는 잘 일어나지 않는다. 수분함량을 이용한 식품에는 비스켓류, 건빵류, 라면류 등이 있다.

7 ① 펙틴은 펙틴 물질들로 불리는 넓은 범위의 화합물들이 속하는 물질 중의 하나지만, 그 자체도 단일물질에 대한 이름이 아니고 여러가지의 본질적으로 공통된 구조나 성질상의 특징을 가진 물질들, 즉 한 그룹의 물질들에 대한 일반명이다.

8 ① 분산매가 기체상태이다(연기, 안개).
③ 분산매가 유기용제이다.

9 ③ 효소에 의한 갈색화 반응으로 가장 중요한 것은 폴리페놀 옥시다아제에 의한 반응이다.

10 종결반응에서는 초기반응, 전파반응에서 생성된 유리 라디칼들이 서로 결합하여 이중체·삼중체 등의 새로운 중합체를 형성한다. 이 새로운 중합체들은 산패된 유지의 성질에 영향을 끼친다.
① 전파반응에 대한 설명이다.
③ 산소흡수기에 대한 설명이다.
④ 초기반응에 대한 설명이다.

11 고시폴(gossypol) … 자연 항산화제 중 면실유에 특히 많으며 강력한 항산화력을 가지나 독성이 강하므로 정제시 제거해야 하는 물질이다.

12 인지질 … 지질의 종류 중 복합지질에 속하며 복합지질을 가수분해하여 인산을 생성하는 물질이다. 정제가 안된 식용유에 널리 함유되어 있다.

13 ② 플라즈말로겐(plasmalogen)에 대한 설명이다.
③ 레시틴의 β 위치에서 지방산을 분해하여 생성된 lysolecithin(라이소레시틴)에 대한 설명이다.
④ 스핑고미엘린(sphingomyelin)에 대한 설명이다.

14 ④ 매트릭스의 표면에 형성되어 있는 유지의 막은 부드러운 느낌을 준다.

15 색소단백질(chromoprotein) … 색소와 단백질로 구성되어 있는 복합단백질이다. 여기에 속하는 단백질로는 육류조직 중 근육에 존재하는 myoglobin, 혈액 중에 존재하는 hemoglobin, 하등동물의 혈액 중에 존재하는 hemocyanin, 동식물의 호흡효소인 cytochrome 등이 있다.

16 방향족 아미노산으로는 phenylalanine, tyrosine, tryptophan, histidine이 있으며, 방향족 고리를 형성하기 때문에 광분해에 민감하다.

17 ④ pH가 알칼리성으로 기울어지면 육류단백질에 존재하는 산성 그룹이 해리되어 육류단백질의 부전하(negative charge)를 증가시킨다. 따라서 육류의 수분흡수능력도 증가한다.

18 성장기·임신기·수유기에는 식사 중 칼슘과 인의 비율은 2 : 1이 이상적이고, 식사 중 함유된 인의 70%가 흡수되고, 비타민 D가 재흡수율을 높여 준다.

19 판토텐산…모든 자연 식품에 널리 분포되어 있으며 pantoice acid와 β-alanine이 결합된 구조로서 coenzyme A를 형성한다. 이 보조효소는 당질, 지방, 단백질의 열방출 반응에 관여하며, 동물성 식품, 두류와 곡류, 견과류, 간장, 된장 등에 함유되어 있다. 식욕부진, 소화불량, 우울증 등의 결핍 증상을 나타낸다.

20 muscarine은 독버섯에 함유되어 있는 알칼로이드로서 심장박동 억제, 말초혈관 확장에 의한 혈압의 강하, 중추작용에 의한 환각을 일으킨다.
④ 독성효과를 억제하기 위해서 아트로핀을 사용한다.

1. ②	2. ④	3. ④	4. ①	5. ①	6. ②	7. ②	8. ①	9. ③	10. ④
11. ②	12. ④	13. ①	14. ③	15. ①	16. ①	17. ②	18. ①	19. ②	20. ③

1   lycopene은 토마토에 빨간색을 주는 주요 카로티노이드이다.

2   글리시리진 … 글리시린산의 다이소듐염 또는 트리소듐염을 말하며, 감초의 감미성분으로서 백색 내지는 담황색의 결정이다. 그 단맛은 설탕의 약 50배 정도이다.

3   ④ 과실은 0.3 ~ 1.3%의 단백질을 함유한다.

4   ① pentose, hexose를 화학적으로 환원(reductoin)하여 얻을 수 있다.

5   diastase는 α-amylase, β-amylase를 함유하고 있는 효소로서 식품가공 공장이나 의약품 공장 등에서 사용하고 있는 엿기름에서 추출한다.

6   ② 밀이나 옥수의 전분은 가장 노화되기 쉬우며, 감자나 고구마의 전분, 타피오카, 찰옥수수의 전분은 잘 노화되지 않는다.

7   메틸셀룰로오스는 분자식에서 methyl기 구조를 가지고 있으며, 친수성 콜로이드를 만드는 데 널리 사용되고 있다.

8   ① 한천은 전분모양으로 gel 형성능력이 뛰어난 아가로스와 그렇지 않은 아가로펙틴의 두 가지 성분으로 구성되어 있다.

9   ③ 홍차는 폴리페놀의 산화에 의한 갈색화 반응으로 효소에 의한 반응의 가장 좋은 예의 하나이다.

10 라디칼 반응의 3단계
　　㉠ **초기반응** : 식용유지나 지방질 성분의 자동산화의 첫단계로 hydropeoxide를 형성 및 축적한다.
　　㉡ **전파반응** : 유지분자들이 공기 중의 산소와 직접 결합하면서 연쇄반응을 일으켜 중간 산화생성체인 hydroperoxide를 형성한다.
　　㉢ **종결반응** : 연쇄반응의 일부 생성물들인 활성이 큰 각종 라디칼들이 서로 결합을 하여 중합체들을 형성한다.

11 항산화제 … 식용유지나 식품 중의 지방질 성분의 산패나 산화과정의 속도를 억제하여 주고 유도기간을 연장하는 물질이나 요인을 일컫는다.

12 ④ 카아노오바 왁스는 식물성이다.

13 ① 스테로이드 화합물의 선구물질은 스쿠알렌이다.

14 ③ 아세틸가는 먼저 시료유지에 무수 초산(acetic anhydride)을 반응시켜, 유지 속에 있는 유리 수산기를 모두 아세틸화한다.

15 ① 동물의 체내에서만 핵산과 결합된 핵산단백질의 형태로 존재하기 때문에 동물성 식품에서만 발견된다.

16 필수아미노산 중 성장기 어린이나 회복기 환자에게는 arginine와 histidine이 더 요구된다.

17 creatinine … 척추동물의 근육조직 내에 0.01% 존재하며, 대체로 근육 · 혈액 · 소변에 함유되어 있는 백색 결정체이다. 신진대사과정의 중간생성체이며 크레아틴의 무수형이다.

18 나트륨 … 약 50%는 세포외액에, 40%는 고형물로, 10%는 골격 또는 치아 속에 존재한다. 삼투압현상에 의한 수분의 순환 · 조절 · 작용과 소장액의 알칼리성 유지 등 산 · 염기 균형조절에 크게 기여한다.

19 이노시톨 … glucose의 기하학적 이성체이며, 근육당이라고도 한다. 비타민 B 복합체로서 항지방성 인자이다. 신장, 심장, 우유 등에 함유되어 있다.

20 dhurrin … 곡류 중의 수수류에 존재하는 시안 배당체로 식용으로 사용되기 전 효소에 의하여 배당체들이 가수분해되어 시안산의 함량은 급격히 감소된다.

제10회

| 1 | ② | 2 | ① | 3 | ② | 4 | ② | 5 | ① | 6 | ④ | 7 | ④ | 8 | ① | 9 | ② | 10 | ② |
| 11 | ④ | 12 | ③ | 13 | ④ | 14 | ② | 15 | ③ | 16 | ③ | 17 | ④ | 18 | ③ | 19 | ④ | 20 | ④ |

1 신선한 육류의 수분활성도는 0.98 ~ 0.99이다.

2 ② 알칼리의 농도가 클 때 클로로필린은 염의 형태로 존재한다.
③ 염류는 짙은 초록색을 갖고 있는 수용성 클로로필이다.
④ 자연식품은 물론 가공식품의 경우에도 알칼리성인 경우는 거의 없으므로, 클로로필과 알칼리와의 반응이 실제 식품 중의 클로로필에서 흔히 일어나는 반응으로 보기는 어렵다.

3 당의 감미도 … 과당 > 설탕 > 포도당 > 맥아당 > 유당의 순으로 단맛이 감소된다.

4 arabinose … pentosan의 일종인 araban(아라반)이나 기타의 일부 고분자 탄수화물의 주요 구성성분 또는 펙틴, 헤미셀룰로오스 등의 구성성분으로서 식물체에 존재한다.

5 아밀로오스는 포도당이 가지없이 α-1, 4결합으로 연결된 α-나선형을 가진 직쇄상의 중합체이다.

6 ④ 전분은 호화됨에 따라 점도가 증가한다.

7 ④ 셀룰로오스는 Ⅰ, Ⅱ, Ⅲ은 단사정계이고, Ⅳ만 사방정계이다.

8 ① 콜로이드 용액을 형성하는 성질 내지 경향은 콜로이드 입자를 형성하는 분자 또는 입자의 크기에 의해 좌우된다.

9 ② 최종단계의 분해산물로 최종단계에서 형성된 중합체는 불포화도가 큰 melanoidine 색소를 생성한다.

10 냄새의 흡수로 인해 산패되어 본래의 냄새와 다른 냄새를 가지는 유지나 지방질 식품 등은 경우에 따라 조리된 후에도 외무에서 흡수한 냄새를 그대로 가질 때가 있다.

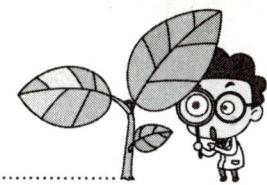

11 ④ 1kg의 유지에 함유된 과산화물의 밀리몰수 또는 밀리당량으로써 과산화물가를 표시한다.

12 필수지방산으로는 linoleic acid, linolenic acid, arachidonic acid가 있다.

13 ④ 콜레스테롤에 대한 설명이다.

14 ② 여러 식용유지들 사이의 비중은 차이가 크지 않기 때문에 실제적인 가치는 없다.

15 모든 용매에 녹지 않는 단백질로서 경성단백질이라고도 불리는 것을 scleroprotein라고 한다.

16 단백질 정색반응으로 뷰렛 반응, 크산토프로테인 반응, 밀론 반응, 홉킨스–콜 반응, 닌히드린 반응, 유황 반응, 사카구찌 반응 등이 있다.

17 ④ 닭고기 > 쇠고기 > 돼지고기 순으로 단백질 함량이 높다.

18 ③ 인에 대한 설명이다.

19 vit K는 출혈 시 혈액응고를 시켜 출혈을 막는 작용을 한다. 비타민 K가 결핍되면 프로트롬빈, 피브린이 형성되지 않아 혈액응고가 일어나기 어렵다. 설사제 섭취 시 결핍증세가 나타나며, 신생아 출혈, 출혈의 성향이 증가하며 혈액이 응고되지 않는 혈우병까지 초래한다.

20 ④ 대두·팥 등에는 사포닌이 존재하지만, 살구·자두·매실의 종자 등에는 amygdalin이 존재한다.

PART 부록 II

최근기출문제분석

2010. 5. 22 제1회 지방직 시행
2011. 5. 14 제1회 지방직 시행

2010. 5. 22 제1회 지방직 시행

1 트랜스지방과 관련이 있는 지질의 화학적 변화는?

① 지질의 중합

② 지질의 산화

③ 지질의 고리화

④ 지질의 이성질화

> **NOTE**| 불포화 지방산의 한 종류로 액체상태의 식물성 기름을 가공식품 제조에 사용할 때 글리세린과 결합하여 생기는 지방산을 가리킨다.
> ①②③은 유지와 관련이 있으며 유지를 높은 온도로 장시간 가열하면, 산화(oxidation), 중합(polymerization), 가수분해(hydrolysis)의 3가지 중요한 화학반응이 일어난다.

2 식품의 수분 활성도를 낮추는 방법이 아닌 것은?

① 식품 중 설탕의 함량을 증가시킨다.

② 식품 중 소금의 함량을 증가시킨다.

③ 식품 중 자유수의 함량을 증가시킨다.

④ 식품을 건조시킨다.

> **NOTE**| 수분활성도를 낮추는 방법
> ㉠ 온도를 낮추는 방법(냉장 및 냉동)
> ㉡ 수분을 제거하는 방법(건조)
> ㉢ 수분활성도를 낮추는 방법(설탕저장, 소금저장)
> ㉣ pH를 낮추는 방법(첨가물)

ANSWER | 1.④ 2.③

3 다음 중 전화당의 특징에 해당하는 것만을 고른 것은?

> ㉠ 수크로오스(sucrose)를 산이나 효소(invertase)로 가수분해하면 생성된다.
> ㉡ 좌선성 당에서 우선성 당으로 바뀐 당이다.
> ㉢ 포도당(glucose)과 과당(fructose)의 등량 혼합물이다.
> ㉣ 결정화되기 쉽다.

① ㉠㉡   ② ㉠㉢

③ ㉡㉢   ④ ㉠㉣

NOTE ㉡ 전화당은 6탄당이며 좌선성과 우선성을 모두 가진다.
㉣ 결정화를 지연하고 억제한다.
※ 전화당의 특징
① 설탕에 비해 감미도가 높다(1.2 ～ 1.3배)
② 용해성이 크다.
③ 흡습성과 수분 보유력이 좋아 결정화를 지연하고 억제한다.
④ 결정을 미세하고 균일한 크기로 만들어 준다.

4 물 분자의 비등점, 융점 등 물리적 성질이 비슷한 분자량을 갖는 다른 화합물(CH_4, NH_3, H_2S)과 비교하여 특이하게 높게 나타나는 이유와 관련된 것은?

① 원자수   ② 수소 결합

③ 공유 결합   ④ 밀도

NOTE 수소결합… 분자 내부에 플루오린(F), 산소(O), 질소(N)가 수소(H)와 직접 결합한 경우, 분자와 분자사이에 수소를 매개로 결합이 형성되어 이웃한 다른 분자와 강한 인력이 작용하는 것.
㉠ 수소 결합하는 물질 : 물 (H_2O), 플루오린화 수소(HF), 아세트산(CH_3COOH), 암모니아(NH_3)등
㉡ 수소 결합하는 물질의 특성 : 분자간의 인력이 매우 강함
• 녹는점과 끓는점이 비교적 높음
• 휘발성이 적으며 비열이 큼
• 기화열, 융해열이 비교적 큼

ANSWER | 3.② 4.②

5 다음 중 당알코올의 특성이 아닌 것은?

① 갈변반응에 관여하지 않는다.

② 과일, 채소 등의 천연식품에 존재한다.

③ 설탕보다 단맛이 강하다.

④ 충치예방 효과가 있다.

✎NOTE| ③ 설탕과 비슷한 것은 자일리톨밖에 없다.

※ 당 알코올
ㄱ 식물체에 함유되어 있으나, 인공적으로 대량합성하고 있다.
ㄴ 당알코올은 충치균인 스트렙토코커스 뮤탄스균에 의해 발효되지 못하므로 충치를 유발하지 않는다.
ㄷ 포도당의 $\frac{1}{2} \sim \frac{1}{3}$ 에 해당하는 저열량 당류로서, 급격한 혈당 상승을 일으키지 않으며, 대사에 인슐린을 거의 필요로 하지 않는다[설탕(100)일때 xylitol(100), glycerol(48), sorbitol(48), erythritol(45), mannitol(45)].
ㄹ 저열량, 청량감, 보수력 등 다양한 식품기능성을 가지고 있다.
ㅁ 비소화성 당이므로 과다 섭취시 복부 팽만감과 설사 증상을 유발 할 수 있다.
ㅂ 갈변반응에 관여하지 않는다.

6 단백질의 3차 구조의 공간배열과 관련이 있는 결합이 아닌 것은?

① 수소 결합   ② 펩티드(peptide) 결합

③ 이온 결합   ④ S-S(disulfide) 결합

✎NOTE| ② 펩타이드 결합은 1차 결합과 연관이 있다.

※ 단백질의 구조
ㄱ **1차 구조** : 아미노산간의 펩티드 결합만으로 이루어진 구조로 인슐린 등이 있다. 아미노산의 배열순서밖에 없는 구조다.
ㄴ **2차 구조**
• 알파나선 구조 : 아미노산간의 수소 결합때문에 이루어진 구조로 나선을 그리며 케라틴이 있다.
• 베타병풍 구조 : 아미노산간의 수소 결합때문에 이루어진 구조로 명주실이 있다.
ㄷ **3차 구조** : 수많은 1차 구조와 2차 구조가 이루어진 구조. 수소 결합, 이온 결합, 분산력, 이황화 결합 등 많은 결합에 의해 이루어진 구조로 미오글로빈이나 대부분의 효소가 해당된다.
ㄹ **4차 구조** : 3차 구조 2개 이상이 이루는 구조로 헤모글로빈이 있다

ANSWER | 5.③ 6.②

7 다음 중 S−S결합을 갖고 있는 아미노산은?

① 시스틴(cystine) ② 시스테인(cysteine)

③ 리신(lysine) ④ 메티오닌(methionine)

✎NOTE| S−S결합…이 결합을 가지는 저분자의 물질에는 산화형 글루타치온(glutathione), 시스틴(cystine), 호모시스틴(homocystine), 산화형 리포산(lipoic acid) 등이 있음.

8 펙틴(pectin)에 대한 설명으로 옳지 않은 것은?

① 헥소스(hexose), 펜토스(pentose), 유론산(uronic acid) 등이 결합된 복합다당류이다.

② 카복실기의 일부가 메틸에스테르화되어 있는 친수성 폴리갈라투론산(polygalacturonic acid) 이다.

③ 과채류가 연화되면 메틸에스테르로부터 메톡실기가 탈리되고, 저분자화된다.

④ 적당량의 당과 산이 존재할 때 겔(gel)을 형성할 수 있는 물질이다.

✎NOTE| 펙틴…주로 식물체의 세포간극, 세포막에 함유되고 cellulose 등과 함께 세포를 유지하는 중요한 기능을 갖는 물질로 과실, 채소에 많이 함유된다.
① 복합다당류가 아니라 단순한 당류로 기본 구성단위는 D-galacturonic acid이며 이것이 α−1,4결합으로 직쇄상으로 연결된 것이다. Galacturonic acid의 측쇄의 carboxyl기 일부가 임의로 methylester화되어 methoxyl을 함유한다.

9 가수분해에 의한 산패 시 산패취가 가장 심한 것은?

① 우지 ② 돈지

③ 버터 ④ 대두유

✎NOTE| 가수분해에 의한 산패취…야자유 등 분자량이 작은 유지에서는 유지가 가수분해되고 lactic acid, caproic acid, caprylic acid, capric acid, lauric acid 등의 저급지방산이 생성한다. 저장 중 온도가 높고 제품 중 수분이 많은 경우에 발생하기 쉽다. 이들 냄새를 비누냄새라고 한다. 경화야자유를 5℃ 전후의 저온에 저장하면 땀 냄새가 발생하는 경우가 있지만 이 냄새는 주로 caproic acid, caprylic acid에 의한 것으로 알려져 있다.

ANSWER | 7.① 8.① 9.③

10 변성전분 중 물에 잘 녹고, 그 용액을 건조하면 투명한 필름을 형성하여 가공식품의 피막제, 접착제, 설탕 결정억제제 등으로 이용되는 것은?

① 호화 전분

② 호정화(dextrinization) 전분

③ 가교 전분

④ 히드록시알킬(hydroxyalkyl) 전분

✎NOTE| **변성전분** … 흰색의 가루 또는 입자로서 냄새와 맛이 없고 호화시킨 것은 조각, 무정형의 가루 또는 거친 입자로서 냄새와 맛이 없다. 변성전분은 여러 가지 곡물이나 근경에서 유래한 전분을 소량의 화학물질로 처리하여 전분의 하이드록시기와 반응물질 사이의 반응에 의해 화학적으로 변형시킨 것 또는 이를 호화한 것으로서 천연 전분의 단점인 열안정성이 개선된 것이다.

① **호화전분**(pregelatinized starch, 화전분, 즉석전분) : 냉수에 쉽게 분산되며 가열 없이도 사용할 수 있고 천연전분보다는 점성이 낮고 거칠며 불투명한 겔을 형성한다. 또 겔형성속도와 겔점도도 낮은 편이다. 호화전분은 전분을 호화시킨 다음 드럼건조기로 건조한 것인데 이때 지나친 가열은 입자의 조각화가 일어나 수분결합력이 낮아진다. 그러나, 분무호화방법은 전분입자를 충분히 팽윤시켜 건조하므로 입자는 손상당하지 않게 된다.

③ **가교전분**(cross-linked starch) : 천연전분보다 점성이 높고 고온에 저항성이 강한 편인데 가교결합수가 클수록 전분입자의 팽윤이 잘 되지 않아 수화가 되지 않는다. 또 가교전분은 노화가 잘 일어나지 않으며 낮은 온도에서나 냉동, 해동조건에서도 안정성이 크다. 또 가교전분은 열처리 초기 단계에서는 특히 낮은 점성을 나타내어 호화를 연장시켜 주다가 그 후 온도가 높아지면 점도가 높아진다. 케이크믹스, 산성식품, 냉동식품, 레토르트식품을 비롯하여 수프, 스튜, 유아식품, 통조림 등 각종 식품에 원료로 사용되고 있다.

④ **히드록시 알킬전분** : 호화개시 농도가 낮고 용액은 비이온성을 나타내 안정성이 풍부하고 투명하며 노화되기 어렵고 더욱이 pH의 영향을 받지 않고 투명하여 부드러움이 강한 필름을 형성한다. 라텍스나 카제인, PVA, 왁스 혹은 기타 수지 등에 상용성도 좋다.

ANSWER | 10.②

11 시판되는 식용유를 식용 부적합으로 판정하기 위한 근거로 사용할 수 있는 것을 고른 것은?

> ㉠ 높은 산가
> ㉡ 높은 아이오딘가
> ㉢ 높은 비누화가
> ㉣ 높은 카보닐가

① ㉠㉡   ② ㉠㉢
③ ㉡㉢   ④ ㉠㉣

✎NOTE | ㉠ 산가의 변화는 자동산화시에는 거의 보이지 않으나 가열 산화시에 산가가 특히 높아지므로 유지의 가열시 산패의 정도를 사나를 측정하여 나타낸다.
㉡ 아이오딘가는 옥소가라고도 하며, 유지를 구성하고 있는 지방산의 불포화정도를 나타내는 값으로 유지 100g중에서 흡수되는 아이오딘의 g수이다. 아이오딘가는 유지의 자동산화시에는 거의 변화 없으나 가열산화시에는 감소되는 경향 보이므로 가열산패 정도를 측정할 때 이용된다. 결과적으로 신선하려면 아이오딘가가 낮아야 한다.
㉢ 불순물이 많이 들어 있는 유지의 경우에는 그 비누화값이 작다.
㉣ 가열유의 산화정도를 판정하는 측정항목 중의 하나이다. 유지를 가열하면 산화가 진행되면서 카보닐값이 증가한다.

12 유지의 자동산화에 대한 설명으로 옳은 것은?

① 유지의 자동산화는 불포화지방산을 많이 함유한 지질에 비해 포화지방산을 많이 함유한 지질에서 쉽게 발생한다.
② 유지의 산패정도는 산가나 과산화물가를 측정하여 주로 평가하며, 이들의 값은 유지 산패 과정 동안 계속 증가한다.
③ 불포화지방산을 많이 함유한 식물성 유지는 유지 중에 함유되어 있는 항산화물질에 의해 유도기간이 연장되어 산패가 일어나지 않는다.
④ 아이오딘가 130 이상인 건성유가 아이오딘가 100 이하의 불건성유에 비해 산패가 쉽게 일어난다.

✎NOTE | ①③ 불포화지방산의 산화가 진행되어 나타나는 것이 자동산화다.
② 산화의 초기 단계에서는 과산화물은 생성속도가 감소속도보다 크므로 과산화물가는 산화와 더불어 증가하지만, 산화가 더욱 진행되어 과산화물이 축적되면 과산화물의 생성속도보다 분해속도가 크므로 외관상 과산화물가는 감소한다. 그러므로 과산화물가는 유지의 자동산화 초기단계에서만 신뢰성이 높다.
④ 신선할수록 아이오딘가가 낮다.

13 식품의 갈변반응에 대한 설명으로 옳지 않은 것은?

① 수분활성도 0.25 이하에서는 마이야르(Maillard) 반응이 억제된다.

② 비타민 C의 산화생성물은 레몬이나 자몽 등의 농축과즙의 갈변원인이 된다.

③ pH를 높이면 캐러멜화(caramelization) 반응이 억제된다.

④ 이산화황은 폴리페놀산화효소(polyphenol oxidase)에 의한 갈변을 억제할 수 있다.

> **NOTE** | ③ 캐러멜화 반응의 최적 pH는 6.5~8.2이며, 산성 조건과 알칼리성 조건에서의 반응형식이 다르고 pH 3이하에서는 갈변속도가 느리다.
> ㉠ 산성에서의 반응 : 첫단계에서는 당분자가 에놀화 되어 1, 2-엔디올을 형성한다. 이 1, 2-엔디올은 탈수반응을 포함하는 여러 가지 경로를 거쳐 히드록시메틸프루프랄 및 이와 유사한 프로프랄 유도체가 만들어진다. 만일 산성분해에서 당이 5탄당일 경우에는 2-프루알데히드가 생성되고 육탄당인 경우에는 5-히드록시메틸-2-프루알데히드가 생성된다.
> ㉡ 알칼리성에서의 반응 : 산성때와 마찬가지로 1, 2-엔디올이 형성되고 이어서 탄소수가 적은 각종 알데히드 및 케톤의 중간체로 분해된다. 이들은 서로 축합 및 중합반응을 일으켜 흑갈색의 휴민물질을 형성한다.

14 맛에 대한 설명으로 옳은 것은?

① 김치의 짠맛은 신맛에 의하여 증가한다.

② 신맛은 해리된 수소이온의 맛으로 신맛의 강도는 pH와 비례한다.

③ 단맛 성분에 소량의 짠맛 성분을 가하면 단맛이 증가하고, 짠맛 성분에 소량의 신맛 성분을 가하면 짠맛이 감소한다.

④ 신맛이 강한 레몬즙은 그대로 먹기 어려우나 설탕을 가하면 신맛이 감소되고 부드러워진다.

> **NOTE** | ① 짠맛이 신맛을 감소시킨다.
> ② 수소이온의 수는 pH가 낮을수록 많다.
> ③ 단맛은 짠맛을 감소시킨다.
> ④ 신맛이 단맛을 증가시키므로 4번이 맞다.

ANSWER | 13.③ 14.④

15 참기름에 주로 들어있는 천연 항산화물질은?

① 토코페롤(tocopherol)　　　　② 고시폴(gossypol)

③ 세사몰(sesamol)　　　　　　④ 레시틴(lecithin)

✎NOTE| 참기름에 들어있는 항산화 물질
ㄱ 세사몰 : 페롤 유도체로서 산패 방지 및 유해 산소 제거 기능이 있다.
ㄴ 세사민 : 리그난(Lignan)의 일종으로 식물성 에스트로겐으로 항산화 효과 뿐만 아니라 콜레스테롤의 생성과 흡수를 막는 효능이 있다.

16 카로티노이드(carotenoid)계 색소의 특징이 아닌 것은?

① 다수의 공액 이중결합을 가지고 있다.

② 일광 건조에 의해 변색되지 않는다.

③ 황색, 적색, 오렌지색의 색소이다.

④ 산이나 알칼리에 비교적 안정하고 토마토에 들어있다.

✎NOTE| ② 빛을 쏘이면 급격히 산화된다.

17 다음 향신료의 매운 맛 성분 중 효소에 의해 생성되는 것을 고른 것은?

ㄱ 캡사이신(capsaicin)
ㄴ 알리신(allicin)
ㄷ 알릴이소시아네이트(allyl isothiocyanate)
ㄹ 챠비신(chavicine)

---

① ㄱㄴ　　　　　　　　　　② ㄱㄷ

③ ㄴㄷ　　　　　　　　　　④ ㄱㄹ

✎NOTE| ㄴ 마늘의 성분인 알린은 자르거나 다지면 효소에 의해 알리신이라는 성분으로 변한다.
ㄷ 겨자과 고추냉이뿌리를 마쇄하면 효소 미로시나아제의 작용으로 배당체 시니그린이 분해되어 아릴 이소티오시아네이트와 미량의 부틸 이소티오시아 네이트가 생겨 매운맛을 낸다.

18 다음은 물성측정기(texturometer)를 사용하여 식품의 물성을 측정한 곡선이다. 곡선의 값을 물성으로 표현한 것 중 옳지 않은 것은? (단, A_1은 첫 번째 peak의 면적, A_2는 두 번째 peak의 면적, A_3은 기준선 아래에 생긴 첫 번째 peak의 면적, H_1은 첫 번째 peak의 높이, H_2는 두 번째 peak의 높이이다)

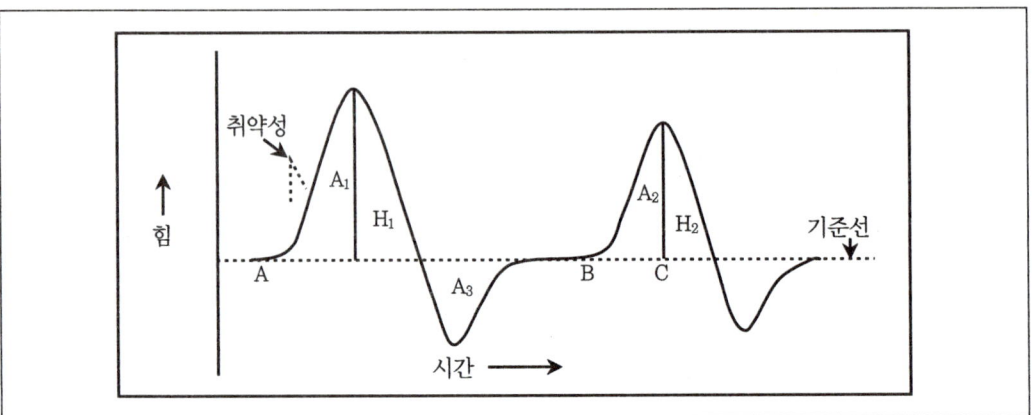

① $H_1 + H_2$ = 견고성

② $\dfrac{A_2}{A_1}$ = 응집성

③ A_3 = 부착성

④ 견고성 × 응집성 × 100 = 점착성

✏️**NOTE** | 경도(hardness) … 물질을 변형시킬 때 필요한 힘으로 표시.

19 전분의 호화가 진행됨에 따라 나타나는 현상은?

① 투명도의 증가

② 겔 상태로의 변화

③ 점성의 감소

④ 덱스트린(dextrin)으로 분해

> NOTE | 호화의 진행에 따른 현상
> ㉠ 전체가 반투명으로 되어감
> ㉡ 점도가 매우 투명하거나 유백색의 콜로이드 형성
> ㉢ 점성 증가
> ㉣ β 전분이 α 전분으로 됨

20 식품의 점성에 대한 설명으로 옳지 않은 것은?

① 점성은 유체의 흐름에 저항하는 성질을 말한다.

② 점성은 온도와 밀접한 관련이 있으며, 온도가 상승할수록 점성은 증가한다.

③ 용액의 점성은 용질의 종류 및 농도에 따라 변화된다.

④ 점성은 압력이 증가할수록 증가한다.

> NOTE | ② 점성은 온도 상승과 함께 작아진다.

1 식품과 식품의 성분에 대한 설명으로 옳지 않은 것은?

① 식품이란 한 종류 이상의 영양소를 가지며, 인체에 해가 없고, 먹을 수 있는 모든 음식물을 말한다.

② 단백질, 지질, 탄수화물, 무기질, 비타민을 식품의 5대 영양소라고 한다.

③ 식품은 영양 기능, 기호적 기능 및 생체조절 기능이 있다.

④ 식품의 영양소는 열량소, 구성소, 조절소로 구분할 수 있고, 탄수화물과 비타민을 조절소라 한다.

> **NOTE** ㉠ 열량소 : 탄수화물(4cal), 단백질(4cal), 지방(9cal)
> ㉡ 구성소 : 단백질, 무기질
> ㉢ 조절소 : 비타민, 무기질, 물

2 전분의 가수분해도는 포도당 당량(dextrose equivalent : DE)으로 표시할 수 있는데, 이 때 DE 값이 높은 전분가수분해당의 물리적 성질에 대한 설명으로 옳지 않은 것은?

① 감미도가 높다.

② 결정성이 크다.

③ 점도가 낮다.

④ 삼투압이 낮다.

> **NOTE** ④ 용해도가 크니까 삼투압이 크다

ANSWER | 1.④ 2.④

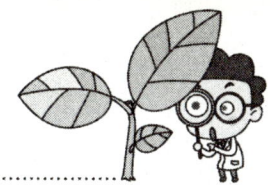

3 식품에 함유되어 있는 수분 중 자유수가 아닌 것은?

① 탄수화물이나 단백질 분자의 일부분을 형성하는 물

② 미생물의 번식과 발아에 이용되는 물

③ 식품의 압착이나 일반적인 식품의 건조 조건에서 제거되는 물

④ 용질에 대한 용매로 작용하는 물

> **NOTE** ① 결합수에 대한 이야기이다. 결합수는 식품 중의 단백질이나 탄수화물 성분의 잔기에 수소 결합 등으로 단단히 묶여(그 일부분을 형성하기도 함) 있기 때문에 행동에 구속받고 있어 자유수와는 그 기능이 매우 다르다. 결합수는 용매로서의 기능이 없고 −40℃ 이하의 저온에서도 얼지 않으며, 수증기압이 극히 낮아서 대기 중에서 잘 증발하지 않고 큰 압력을 가하여도 쉽게 분리·제거되지 않으며 미생물의 발육이나 그 포자의 발아에 이용될 수 없는 수분이다. 한 식품내의 결합수와 자유수는 완전히 서로 독립적으로 존재하는 것은 아니며, 일부 결합수는 상황에 따라 자유수가 될 수 있으며, 일부 자유수도 결합수로 될 수 있다. 즉, 이들 사이의 이동은 일반적으로 어떤 제한된 범위 내에는 가역적이며, 그 평형은 온도나 물에 녹아 있는 물질들의 종류, 양 등에 의해서 크게 영향 받는다.

4 단백질의 구조에 대한 설명으로 옳지 않은 것은?

① 단백질의 1차 구조의 예로는 나선 구조나 병풍 구조가 있다.

② 두 분자의 아미노산이 펩티드 결합으로 형성된 것을 디펩티드라고 한다.

③ 폴리펩티드 사슬 중에 프롤린이나 히드록시 프롤린 같은 아미노산은 규칙적인 나선 구조의 형성을 방해한다.

④ 두 개 이상의 폴리펩티드 사슬이 수소 결합과 소수성 상호작용에 의하여 만든 복합체를 4차 구조라 한다.

> **NOTE** ① 1차 구조는 아미노산간의 펩티드 결합만으로 이루어진 구조이다.
> ※ 단백질의 구조
> ㉠ 1차 구조 : 아미노산간의 펩티드 결합만으로 이루어진 구조로 인슐린 등이 있다.
> ㉡ 2차 구조
> • 알파나선 구조 : 아미노산간의 수소 결합때문에 이루어진 구조로 나선을 그리며 케라틴이 있다.
> • 베타병풍 구조 : 아미노산간의 수소 결합때문에 이루어진 구조로 명주실이 있다.
> ㉢ 3차 구조 : 수많은 1차 구조와 2차 구조가 이루어진 구조. 수소 결합, 이온 결합, 분산력, 이황화 결합 등 많은 결합에 의해 이루어진 구조로 미오글로빈이나 대부분의 효소가 해당된다.
> ㉣ 4차 구조 : 3차 구조 2개 이상이 이루는 구조로 헤모글로빈이 있다.

ANSWER | 3.① 4.①

5 식품의 유화에 대한 설명으로 옳지 않은 것은?

① 서로 잘 섞이지 않는 두 액체가 침전되지 않고 잘 분산되어있는 상태를 유화라 한다.

② 유화제는 한 분자 내에 친수성기와 소수성기를 모두 가지고 있다.

③ 버터는 대표적인 수중유적형 식품이다.

④ 유화 특성을 가지는 식품의 예로는 우유, 마요네즈, 아이스크림 등이 있다.

> **NOTE** ③ 기름이 방울이 되어 물에 산포되어 있는 식품이 수중유적형 식품으로 우유, 아이스크림, 마요네즈 등이 있다.

6 과일 및 채소류에 함유되어 있는 펙틴(pectin) 물질의 특성에 대한 설명으로 옳은 것은?

① 고메톡실펙틴(high methoxyl pectin)은 다가양이온을 첨가하면 젤(gel)을 형성한다.

② 펙트산(pectic acid)은 펙틴분해 효소에 의해 가수분해되어 불용성 칼슘펙테이트(calcium pectate)를 형성한다.

③ 프로토펙틴(protopectin)은 미숙과에 들어 있고, 불용성이므로 젤(gel) 형성이 어렵다.

④ 저메톡실펙틴(low methoxyl pectin)은 산성조건에서 당을 첨가하면 단단한 젤을 형성한다.

> **NOTE** ① 메톡실기의 함량이 7% 이상인 경우의 고메톡실펙틴은 대부분의 잼과 젤리를 만들기 위하여 사용하고, 이때 설탕 함량은 적어도 50% 이상은 되어야 한다.
> ② 펙틴 가수분해 효소의 작용에 의해 수용성 식물 섬유인 펙틴이 만들어진다.
> ④ 저메톡실기는 당의 함량이 적어도 칼슘이온과 같은 2가 양이온과의 이온결합에 의하여 망상구조를 형성한다. 산 함량에 따른 pH가 3.2~3.5가 되어야 하지만 산 함량이 적을 때는 유기산을 첨가하는데 너무 많은 양을 사용하여 pH가 2.8 이하가 되면 잼의 조건인 젤화가 일어나지 않고 물이 분리되는 현상이 발생한다.

7 보리와 귀리 등의 겨층에 많이 들어 있으며, $\beta-D-glucopyranose$ 단위들이 $\beta-1, 4$ 결합과 $\beta-1, 3$ 결합으로 이루어진 수용성 식이섬유로 혈당이나 혈중 콜레스테롤 저하 효과가 있는 다당류는?

① 헤미셀룰로오스(hemicellulose) ② 베타글루칸($\beta-glucan$)

③ 아라비아 검(gum arabic) ④ 펜토산(pentosan)

> **NOTE** ② 보리와 귀리의 식이섬유인 '베타글루칸'은 대장에서 담즙과 결합한 뒤 몸 밖으로 배설되면서 혈중 지질 수치를 낮추며 혈당 조절에도 도움을 준다.

ANSWER | 5.③ 6.③ 7.②

8 육류의 근육섬유조직 단백질에서 근육섬유의 수축 기작에 직접적으로 관련이 없는 것은?

① 마이오신(myosin)
② 콜라겐(collagen)
③ 액틴(actin)
④ 트로포닌(troponin)

✎NOTE | ② 콜라겐 : 대부분 동물에서 발견되는 단백질로 특히 포유동물의 살과 결합조직을 구성하는 주요 단백질이다. 이 단백질은 피부, 혈관, 뼈, 치아, 근육 등을 구성하는 섬유상 구조단백질로 경단 백질의 일종이다. 대단히 강한 인장 강도를 가지기 때문에 수축기작에 작용하기는 어렵다.

9 트랜스(trans) 지방에 대한 설명으로 옳지 않은 것은?

① 마가린이나 쇼트닝 등 경화유 제조 시 발생할 수 있다.
② 동맥경화나 심혈관 질환과 밀접한 관련이 있다.
③ 유제품과 고기류에는 천연적으로 소량 존재한다.
④ 유지의 산패 시 다량 발생된다.

✎NOTE | ④ 유지의 가공식품 제조에 사용할 때 생기는 지방산이다.

10 아미노산에 대한 설명으로 옳지 않은 것은?

① 아미노산은 pH에 따라 서로 다른 전하를 띠고, 산성용액에서는 양이온(+) 전하를 띠며, 알칼리성 용액에서는 음이온(-) 전하를 띤다.
② 아미노산은 한 분자 중 염기성을 나타내는 카르복실기($-COOH$)와 산성을 나타내는 아미 노기($-NH_2$)를 가지고 있다.
③ 어떤 pH에서는 아미노산 중의 양이온과 음이온의 수가 같아서 분자 전체적으로 중성이 되 는데, 이 때의 pH를 그 아미노산의 등전점이라 한다.
④ 아미노산은 수용액에서 양성이온으로 존재하고, 용액의 pH에 따라 산 또는 염기로 작 용한다.

✎NOTE | ② 염기성인 아미노기($-NH_2$)와 산성인 카르복시기($-COOH$)를 모두 가지고 있는 화합물이다.

ANSWER | 8.② 9.④ 10.②

11 동물성 식품의 색소에 대한 설명으로 옳지 않은 것은?

① 마이오글로빈(myoglobin)은 마그네슘(Mg)을 함유한 색소단백질이다.

② 헤모글로빈(hemoglobin)은 글로빈(globin)과 GPA(heme)이 함유된 4개의 소단위(subunit)로 구성되어 있다.

③ 마이오글로빈(myoglobin)은 육색소로서 아질산염에 의해 붉은 색이 고정될 수 있다.

④ 헤모글로빈(hemoglobin)은 산소를 운반한다.

✎NOTE | ① 철과 산소 결합 단백질이다.

12 다음에서 불포화지방산에 해당되는 것만을 모두 고른 것은?

> ㉠ 스테아린산(stearic acid)
> ㉡ 올레인산(oleic acid)
> ㉢ 팔미틴산(palmitic acid)
> ㉣ 아라키돈산(arachidonic acid)
> ㉤ 리놀레인산(linoleic acid)
> ㉥ 미리스틴산(myristic acid)
> ㉦ DHA(docosahexaenoic acid)
> ㉧ 로오린산(lauric acid)

① ㉠, ㉡, ㉥, ㉧　　　　　　　② ㉠, ㉢, ㉥, ㉧

③ ㉡, ㉢, ㉤, ㉦　　　　　　　④ ㉡, ㉣, ㉤, ㉦

✎NOTE | 지방산은 2중결합이 있느냐 없느냐에 따라서 2중결합이 없으면 포화지방산(saturated fatty acid), 있으면 불포화지방산(unsaturated fatty acid)으로 분류한다.
　　㉠ 불포화지방산 : 필수지방산인 리놀산, 리놀렌산, 아라키돈산등과 올레산, 리놀레산, DHA등등
　　㉡ 포화지방산 : 라우르산, 미리스트산, 팔미트산 , 스테아르산등

13 겔(gel)상 식품에서 조건에 따라 졸(sol)과 겔(gel)로 바뀌지 않는 비가역적 겔을 형성하는 것은?

① 한천   ② 젤라틴
③ 펙틴   ④ 전분

> **NOTE** ④ 전분 콜로이드용액이 유동성을 잃고 그물조직을 만들어 굳어진 겔은 졸로 변하지 않는다. 전분이 물속에서 가열된다면, 물 분자의 에너지는 전분 분자 사이의 결합을 느슨하게 하면서 전분과 물 분자 사이의 수소결합이 형성되는데, 전분입자가 물을 흡수하여 팽윤된다. 미셀구조가 흐트러지면 호화전분(a전분)이라 하고, 이처럼 생전분에서 호화전분(a전분)으로 변화하는 것을 교질화(콜로이드화), 호화 또는 a화라고 한다. 호화(gelatinization)가 진행되면 걸쭉하게 되면서 점도가 증가하게 되는데 점도는 흐르는 것에 저항하는 정도로서 전분의 농도가 커질수록, 그 결과물의 풀은 점도가 더 높아진다. 전분의 호화에 영향을 미치는 요인으로는 전분의 종류, 내부구조, 형태, 수분함량, pH, 온도, 염류 등이 있다. 호화된 a전분을 낮은 온도에서 장시간 방치하면 다시 전분입자가 모여서 규칙정의 미셀구조로 되돌아가 다시 생전분으로 변화하여 결정성을 갖게 되어 푸딩처럼 변하는 것을 볼 수 있는데 이것을 노화(retrogradation)라고 한다. 즉, 전분은 비가역적이기 때문에 풀을 젓지 않고 식히면 겔로 변한 뒤 노화되어 전에 가졌던 흐르는 속성을 잃어버리게 된다. 노화 중에 겔은 물을 방출하는데 이는 겔이 오래되면서 새어 나오는 것으로 이액(syneresis)이라고 불린다.

14 전분질 식품의 품질을 떨어뜨리는 전분의 노화에 영향을 미치는 요인에 대한 설명으로 옳은 것은?

① 수분함량을 30 % 이하로 낮추면 노화가 촉진된다.
② −20°C 이하에서는 노화가 잘 일어난다.
③ 설탕 등 용질을 첨가하면 노화가 지연된다.
④ 유화제를 사용하면 빵류나 과자류의 노화를 촉진시킨다.

> **NOTE** 노화를 억제하는 방법
> ㉠ 수분함량조절 : a-전분은 80°C 이상의 고온에서 급히 수분을 제거하거나 0°C 이하로 냉각하여 급히 탈수하여 수분을 15% 이하로 한다. 라면, 비스킷, 건빵 등이 있다.
> ㉡ 냉동 : 노화는 0°C보다 낮아 −20~−30°C가 되면 노화가 거의 일어나지 않는다.
> ㉢ 설탕의 첨가 : 설탕은 탈수제로 작용하여 a-전분을 단시간에 건조시킨 것과 같은 효과가 있다. 양갱 등이 있다.
> ㉣ 유화제 첨가 : monoglyceride, diglyceride등의 유화제는 전분 교질용액의 안정도를 높여 전분입자의 침전 또는 부분적인 결정화를 방지하여 β화를 억제시킨다.

15 지방을 다량 함유하는 식품의 품질에 중요한 영향을 미치는 지방의 자동 산화에 대한 설명으로 옳지 않은 것은?

① 유지의 자동 산화는 라이페이스(lipase)의 작용에 의하여 시작된다.

② 유지의 자동 산화를 촉진하는 요인으로는 광선, 산소, 온도, 금속이온 등이 있다.

③ 적당량의 수분은 유지의 자동 산화를 억제한다.

④ 자동 산화를 통해서 생성되는 물질은 주로 알데히드(aldehyde), 알콜(alcohol) 및 케톤 (ketone)류이다.

✎NOTE| ① 라이페이스에 의한 산화는 효소적 산화로 자동산화가 아니다.

16 단백질 식품의 가공 처리 공정 중 발생하는 단백질의 변성에 대한 설명으로 옳지 않은 것은?

① 알코올에 의한 단백질의 침전 원리는 우유의 신선도 판정에 이용된다.

② 치즈는 젖산균에 의한 우유 단백질의 변성을 이용하여 제조된다.

③ 동결 시 단백질의 변성을 최소화하기 위해서는 급속동결법이 효과적이다.

④ 난백을 세게 저을 때 형성되는 거품은 계면장력에 의한 변성 때문이다.

✎NOTE| ② 단백질과 지방성분의 가수분해에 의해 치즈가 형성된다.

17 식품의 비효소적 갈변 중 하나인 아미노-카아보닐(amino-carbonyl) 반응에 대한 설명으로 옳은 것은?

① 아마도리 전위(Amadori rearrangement)는 반응의 최종 단계에서 일어난다.

② 반응 중간 단계에서 많은 환원당 물질이 생성된다.

③ 멜라노이딘(melanoidin) 색소와 향기성분이 생성된다.

④ 식품의 pH가 낮을수록 반응속도가 빠르다.

✎NOTE| 아미노-카아보닐반응… 활성을 가진 유리 알데하이드기나 케톤기와 같은 카아보닐기를 가진 환원당류뿐만 아니라 가수 분해되어 환원당을 만들 수 있는 당류는 아미노산들, 펩타이드류, 단백질과 같은 유리아미노기나 이미노기를 가진 질소화합물들과 함께 있을 때는 쉽게 상호반응하여 궁극적으로는 갈색색소인 멜라노이딘 색소(melanoidins)를 형성한다.

ANSWER | 15.① 16.② 17.③

18 마늘과 양파에 함유되어 있는 시스테인(cysteine) 유도체로 매운 맛의 전구체인 물질은?

① 알리인(alliin) ② 알리신(allicin)

③ 캡사이신(capsaicin) ④ 피페린(piperine)

✎NOTE ① 마늘의 성분인 알린은 자르거나 다지면 효소에 의해 매운맛을 내는 알리신이라는 성분으로 변한다.

19 식품의 냄새에 대한 설명으로 옳은 것은?

① 식품의 냄새는 식품에 함유되어 있는 비휘발성 성분에 기인한다.

② 냄새의 역치는 미각의 역치에 비해 높다.

③ 볶은 커피의 중요한 냄새성분은 구아이아콜(guaiacol)과 메틸피롤(methylpyrrole) 등이다.

④ 어류의 비린내는 트리메틸아민(trimethylamine)의 환원에 의해 생성된 트리메틸아민옥시드(trimethylamine oxide)에 기인한다.

✎NOTE ① 휘발성 성분이어야 날아가서 냄새를 맡을 수 있다.
② 냄새의 역치는 감각 중에 가장 낮아서 매우 민감하다.
④ 비린내는 트리메틸아민옥사이드가 주로 세균의 효소에 의해 환원되어 생성되는 휘발성 염기질소화합물인 트리메틸아민에 의해 난다.

20 클로로필에 대한 설명으로 옳지 않은 것은?

① 식물의 엽록체(chloroplast)에 분포하고, 흔히 카로테노이드(carotenoid) 색소와 공존한다.

② 산과 함께 가열하면 녹갈색으로 변색한다.

③ 아연과 함께 가열하면 녹색이 잘 유지된다.

④ 클로로필레이스(chlorophyllase)에 의하여 가수분해되면 피오피틴(pheophytin)을 형성한다.

✎NOTE ④ 클로로필레이스(chlorophyllase)는 클로로필을 클로로필리드와 파이톨로 가수분해된다. 피오피틴은 열에 약한 클로로필의 산화물로 클로로필은 공기·열·수분을 만나면 갈색의 피오피틴 성분으로 바뀐다.

ANSWER | 18.① 19.③ 20.④

공무원 기출문제집

기출문제 정복하기 ▶

전 직렬 공통 필수과목
일반행정직
사회복지직
교육행정직

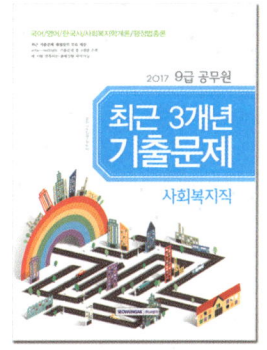

▲ 최근 3개년 기출문제

필수과목/행정직
교육행정직/사회복지직

▲ 최근 10개년 기출문제

국어/영어/한국사/사회
행정법총론/행정학개론
교육학개론

◀ 최근 5개년 기출문제

국어/영어/한국사/사회
행정법총론/행정학개론
교육학개론

상식키우기

▲ 공사공단 일반상식

▲ 박학다식 시사일반상식

▲ MAC을 짚어주는 일반상식

▼ **한눈에 쏙! 시리즈**
경제 용어사전/시사 용어사전/부동산 용어사전

경제 용어사전 - 단기간에 완성하는 경제용어 및 금융상식
시사 용어사전 - 시사용어 및 시사 상식을 한눈에 쏙
부동산 용어사전 - 부동산과 관련된 핵심 용어를 쉽고 간결하게 정리

▼ **공기업/공공기관 채용 일반상식**
기본서/문제집

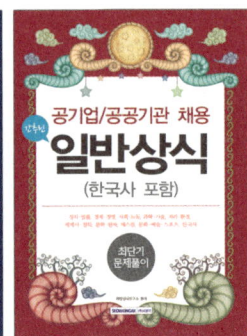

- 공사공단 기출유형문제로 구성한 한국사 포함
- 중요도 높은 시사 상식 및 빈출용어 수록

취업대비서

▲ 취업영어면접

▲ 자기소개서 Before&After

▲ 대기업 및 공사공단 취업한자

『기업체 통합본』

▲ 공사공단 채용
공사공단 인적성검사
공사공단 고졸채용 인적성검사

▲ 금융권 채용
금융권 인적성검사
금융권 채용 법학/ 경영학
금융경제 상식

▲ 대기업 채용
대기업 채용 인적성검사
대기업 고졸채용 인적성검사
대기업 생산직채용 인적성검사

한국사능력검정시험

3단계 ▶
기쎈 한국사능력검정시험 30일 벼락치기

30일만에 중요 핵심이론만 공부하여
최종마무리로 합격

◀ 2단계
한국사능력검정시험
실력평가모의고사(중 · 고급)

출제가 예상되는 주요 문제들만을 모은
실전 모의고사로 실력 점검

1단계 ▶
한국사능력검정시험(중 · 고급)

시대 · 주제별로 모은
실전 연습문제로 기초실력 다지기

▲ **1단계**

한국사능력검정시험(중 · 고급)

▲ **2단계**

한국사능력검정시험
실력평가모의고사(중 · 고급)

▲ **3단계**

기쎈 한국사능력검정시험 30일 벼락치기